Magdala Gronau (Hrsg.) · Technologien für Mikrosysteme

Technologien für Mikrosysteme

Stand und Entwicklung

Integrierte Optik – Schichttechniken – Mikromechanik –
Halbleitertechniken – Faseroptik

Dr. Magdala Gronau (Hrsg.)

Dr. rer. oec. Joachim Hafkesbrink
Dipl.-Ing. Dipl.-Wirt.-Ing. Michael Krause
Dr. rer. nat. Wilfried Mokwa
Dipl.-Phys. Matthias Rospert

Springer-Verlag Berlin Heidelberg GmbH

Die Deutsche Bibliothek – CIP-Einheitsaufnahme

Technologien für Mikrosysteme : Stand und Entwicklung ;
integrierte Optik, Schichttechniken, Mikromechanik,
Halbleitertechniken, Faseroptik / Magdala Gronau (Hrsg.).
Joachim Hafkesbrink ... – Düsseldorf : VDI-Verl., 1993
  (Mikro- und Nanotechnik)

NE: Gronau, Magdala [Hrsg.]; Hafkesbrink, Joachim

ISBN 978-3-540-62228-4   ISBN 978-3-662-30512-6 (eBook)
DOI 10.1007/978-3-662-30512-6

Geleitwort

Der Trend zur Verkleinerung technischer Produkte hält nun schon seit vielen Jahren an - der Weg von den Großrechnern früherer Tage über Tischrechner bis zu den Notebooks und Palmtops von heute, der Fernseher im Streichholzschachtelformat und CD-Plattenspieler, die bequem in Rock- und Hosentaschen Platz finden, sind nur einige Beispiele für diese Entwicklung.

Zur Realisierung dieser Produkte mußten mechanische Komponenten wie Steckverbindungen oder Antriebe, optische und optoelektronische Komponenten wie Linsen oder Laser genauso miniaturisiert werden wie die mikroelektronischen Bauelemente. Die Integration solcher Komponenten zu einem System verlangte darüberhinaus nach ganz neuen Wegen in der Fertigungstechnik. Der gesamte Entwicklungsprozeß war nicht nur mit Investitionen in neuartige Maschinen und Anlagen verbunden, sondern auch mit einer ständigen Weiterbildung der Mitarbeiter.

Der Trend zur Miniaturisierung ist bis heute ungebrochen und greift längst über die augenfälligen Beispiele der genannten Art hinaus. Von der Autoelektronik bis zur minimal-invasiven Chirurgie, von der Sicherheitstechnik in Gebäuden bis zum Hörgerät - miniaturisierte technische Geräte sind dabei, alte Probleme besser zu lösen oder bisher unlösbare lösbar zu machen. Besondere Beachtung werden dabei in Zukunft die vielfältigen Möglichkeiten zur Material- und Energieeinsparung finden.

Während andernorts die Miniaturisierung von technischen Produkten seit vielen Jahren erklärte Firmenstrategie ist, kam dieses Gebiet bei uns eher zögerlich in Gang. Nun ist es zwar noch längst nicht zu spät einzusteigen, nur sollte vor dem Einstieg der Stand der Technik bekannt sein und es sollten die Chancen des eigenen Unternehmens, in diesem interessanten Technikbereich erfolgreich zu sein, sorgfältig abgeschätzt werden. Dieses Buch will dabei behilflich sein.

Essen im Juni 1993   Dr. Magdala Gronau

Vorwort

Mit zunehmender Bedeutung der Technologie in der Wettbewerbsstrategie werden möglichst frühzeitige Informationen über neue Technologien sowie deren Umsetzung in Produkte und Verfahren zu einem wichtigen strategischen Erfolgsfaktor. Die Bewertung des Technikstandes zur Technologiefrüherkennung und damit zur Bestimmung der Potentiale neuer Technologien bzw. zur Erkennung der künftigen technischen Entwicklung (Technologietrends) erscheint daher unverzichtbar.

Die etablierten ökonomischen Kennzahlen (wie z.B. die Höhe der Forschungs- und Entwicklungsaufwendungen (FuE) oder der Einsatz qualifizierten FuE-Personals in einzelnen Technologiebereichen) geben nur indirekt Auskunft über den technischen Wandel, sind für eine Messung des Technikstandes lediglich in sehr eingeschränktem Maße geeignet und lassen die Verfolgung technikspezifischer Entwicklungslinien nicht zu.

In der vorliegenden Untersuchung wird ein Verfahren zur Messung des Standes der Techniken für Mikrosysteme mit Hilfe von **Technikindikatoren** dargestellt. Dabei widmet sich dieser Band den folgenden technischen Themenfeldern:

- Integrierte Optik,

- Schichttechniken,

- Mikromechanik,

- Halbleitertechniken und

- Faseroptik.

Ein zweiter Band (erscheint Anfang 1994) ist der Analyse weiterer Mikrotechniken, den Aufbau- und Verbindungstechniken, den Systemtechniken sowie den Entwicklungswerkzeugen gewidmet.

Zur Messung des Technikstandes werden drei Arten von Technikindikatoren verwendet:

- **Technometrische Indikatoren**, die auf konkreten Leistungsdaten über einzelne Prozeßschritte, verwendete Materialien und Bauteile basieren und den Entwicklungsstand der Einzeltechniken direkt über die Ausprägung dieser Leistungsdaten messen;

- **Bibliometrische Indikatoren**, die den Stand der Einzeltechniken im Hinblick auf deren Einsatz in Mikrosystemen, speziell physikalischen und (bio-)chemischen Sensoren, **indirekt** über das Aktivitätsprofil an wissenschaftlichem Output in Form von Zeitschriften- und Kongreßbeiträgen im internationalen Vergleich messen;

- **Patent-Indikatoren**, die über eine Analyse der Patentanmeldungen zur chemischen Sensorik **indirekt** den Einsatz der Techniken im internationalen Vergleich messen.

Ziel der vorliegenden Untersuchung ist es, auf der Basis der verwendeten Technikindikatoren

- technologiepolitische Handlungsempfehlungen in Form von Förderungs-Optionen in den behandelten Technologiefeldern im Hinblick auf Anwendungen in der Mikrosystemtechnik zu erarbeiten und

- Informationen für die Orientierung der einzelwirtschaftlichen Forschung und Entwicklung über eine Einschätzung der Technologieattraktivität der behandelten Technologiefelder bereitzustellen.

Die verwendeten Technik-Indikatoren sollen zu einer breit abgesicherten Einschätzung über den Stand der Technik führen, Hinweise zu technischen Entwicklungstrends geben und auf dieser Basis eine Abschätzung der FuE-Bedarfe für einen Einsatz dieser Techniken in Mikrosystemen ermöglichen.

Zugleich sollen sowohl Instituten als auch Unternehmen im Feld der Mikrosystemtechnik Orientierungshilfen für die FuE-Planung gegeben werden, die die Informationsbasis für den Einstieg in bzw. für die weitere Beschäftigung mit Mikrotechniken verbessern. Die verwendeten Technik-Indikatoren eröffnen hier insbesondere die Möglichkeit,

- die eigenen Technikpotentiale mit dem "State of the Art" der Techniken zu vergleichen und

- die eigenen FuE-Aktivitäten vor dem Hintergrund der festgestellten FuE-Bedarf für den Einsatz dieser Techniken in Mikrosystemen zu positionieren, um damit Chancen und Risiken für die Produktinnovation und den Einstieg in mikrotechnische Fertigungsprozesse abschätzen zu können.

Diese Untersuchung wurde mit Mitteln des Bundesministeriums für Forschung und Technologie (BMFT) gefördert. Sie ist Teilergebnis einer Evaluierung (Aus- und Bewertung) des Förderungsschwerpunktes Mikrosystemtechnik (MST) des BMFT. Die Aus- und Bewertung wurde im Auftrag des BMFT durchgeführt [Förderkennzeichen MST 0006]. Der BMFT war an der Abfassung der Aufgabenstellung und der wesentlichen Randbedingungen beteiligt. Der BMFT hat das Ergebnis der Aus- und Bewertung nicht beeinflußt; der Auftragnehmer (iBi GmbH, Düsseldorf) trägt allein die Verantwortung.

Wir danken den zahlreichen Gesprächspartnern, die uns für diese Untersuchung zur Verfügung gestanden haben, insbesondere den Technik-Experten aus Forschungseinrichtungen und Unternehmen sowie des Projektträgers VDI/VDE-IT, ohne deren Input die Ergebnisse nicht zustandegekommen wären.

Für die Unterstützung bei den Schreibarbeiten, insbesondere bei der Erstellung der Graphiken, bedanken wir uns bei unseren studentischen Mitarbeiterinnen und Mitarbeitern. Besonders hervorzuheben ist das Engagement von Herrn cand. rer. oec. Norbert Hellmanns, dessen Beteiligung am vorliegenden Ergebnis das übliche Maß bei weitem überstieg.

Bochum, Duisburg und Düsseldorf im Dezember 1992

Inhaltsverzeichnis

Abkürzungsverzeichnis

A-D	Analog - digital
AFE	Angewandte Forschung und Entwicklung
ASIC	Application Specific Integrated Circuit
BMFT	Bundesministerium für Forschung und Technologie
bzgl.	bezüglich
CAD	Computer Aided Design
CAM	Computer Aided Manufacturing
CHEMFET	Chemisch sensitiver Feld-Effekt-Transistor
CMOS	Complementary metal-oxyde-semiconductor
C-Techniken	Computerunterstützte Techniken
CVD	Chemical vapour deposition
DBW	Die Betriebswirtschaft
DIN	Deutsche Industrie Norm(en)
EPROM	Erasable programmable read only memory
EPÜ	Europäische Patent-Übereinkunft
et.al.	et alii
FET	Feld-Effekt-Transistor
FuE	Forschung und Entwicklung
FhG-IMS	Fraunhofer Gesellschaft - Institut für Mikroelektronische Schaltungen und Systeme
GaAs	Galliumarsenid
GE	Grundlagenentwicklung
GU	Großunternehmen
HL	Halbleitertechnik
i.allg.	im allgemeinen
iAi	Institut für angewandte Innovationsforschung, Bochum, e.V.
IBF	Industrielle Basisforschung
iBi	Innovationsberatungsinstitut, Gesellschaft für Innovationsforschung und -beratung mbH
IC	Integrated circuit
ICB	Ion Cluster Beam
i.d.R.	in der Regel

IO	Integrierte Optik
IPC	International Patent Classification
IR	Infrarot
ISFET	Ion sensitive field effect transistor
ISI	Institut für Systemtechnik und Innovationsforschung
KfK - IMT	Kernforschungszentrum Karlsruhe - Institut für Mikrostruktur-technik
KMU	Kleine und mittlere Unternehmen
LED	Light emitting diode
LIGA	Lithographie-Galvanik-Abformtechnik
LWL	Lichtwellenleiter
max.	maximal
MB	Mega Byte
MBB	Messerschnitt-Bölkow-Blohm
MBE	Molucular beam epitaxy
MM	Mikromechanik
MIS	Metal insulator semiconductor
MOCVD	Metal organic chemical vapour deposition
MOS	Metal oxyde semiconductor
MST	Mikrosystemtechnik
MOVPE	Metal organic vapour phase epitaxy
N MOS-FET	n - Kanal MOS - FET
OEIC	Opto-electronic-integrated circuit
OTTI	Ostbayrisches Technologie-Transfer-Institut
ppb	parts per billion
ppm	parts per million
PMMA	Polymethylmethacrylat (Handelsname: Plexiglas)
SAW	Surface acustic waves
Sch	Schichttechniken
Si	Silizium
SIMOX	Separation by implanted oxygen
SOI	Silicon on insulator
TAB	Tape Automated Bonding
TDM	Tausend Deutsche Mark
ULSI	Ultra large scale integration
VDE	Verband Deutscher Elektrotechniker
VDI	Verein Deutscher Ingenieure

VDI/VDE-IT	VDI/VDE - Technologiezentrum Informationstechnik GmbH, Berlin
VDE/VDI-GME	VDE/VDI - Gesellschaft für Mikroelektronik
VLSI	Very Large Scale Integration

1 Technologische Innovationen durch Mikrosystemtechniken

1.1 Das Feld der Mikrosystemtechnik

Mikrosystemtechnik (MST) beschreibt den kombinierten und abgestimmten Einsatz von Mikrotechniken und deren Integration über Systemkonzepte sowie Aufbau- und Verbindungstechniken zu Mikrosystemen, die z.B. als Sensoren oder Sensor-Aktor-Familien Eingang in Produkt- oder Prozeßinnovationen finden [1-1].

Die Technikfelder der Mikrosystemtechnik lassen sich grob einteilen in:

❏ **Einzeltechniken (Mikrotechniken)**, die als Verfahrenstechnologie zur Herstellung bzw. als Komponenten von Mikrosystemen dienen:

- *Schichttechniken*: Verfahren zur Herstellung von Schichten vom Submonolagen- bis in den Mikrometerbereich; man unterscheidet Dünnfilm- und Dickschichttechnik sowie das Abscheiden aus der flüssigen Phase

- *Mikromechanik*: die Mikromechanik umfaßt im allgemeinsten Sinne die dreidimensionale Strukturierung von Festkörpern, wobei in mindestens einer Dimension Strukturgrößen im Mikrometerbereich auftreten; Werkstoffe der Mikromechanik sind z.B. einkristallines Silizium, Polysilizium, Quarz und Metalle

- *Halbleitertechnik*: Herstellung mikroelektronischer Bauelemente durch gezielte Beeinflussung der Halbleitereigenschaften, Verfahren zur Schichterzeugung und Strukturierung

- *Integrierte Optik*: Technik zur Herstellung miniaturisierter planarer optischer Schaltungen, die in Analogie zur Mikroelektronik das Ziel hat, miniaturisierte optische Komponenten wie Koppler, Modulatoren, Schalter auf einem einheitlichen Substrat, wie z.B. Glas, Halbleiter, Lithiumniobat, Polymere, zu vereinen

- *Faseroptik*: in der Faseroptik werden optische Signale in lichtleitenden Medien geführt. Man unterscheidet zwei Anwendungsgebiete, (1) die Kommunikationstechnik (Ausnutzung einer möglichst ungestörten Signalübertragung) und (2) die Sensorik (Ausnutzung von Änderungen der Übertragungseigenschaften von Lichtwellenleitern zur Erfassung verschiedener physikalischer, chemischer und biochemischer Parameter)

- *Leistungshalbleitermodule*: hybride Bausteine oder monolithisch-integrierte Schaltungen zur Steuerung und Regelung elektrischer Leistungen mit einem Leistungsbauelement und Steuer/Logik-Schaltkreiselementen

- *Keramiktechniken*: Herstellung und Einsatz von keramischen Materialien für Mikrosysteme bzw. Mikrosystemkomponenten

- *Polymerverfahren*: z.B. lichtempfindliche Schichten für die Foto-lithographie, Polymerschichten für physikalische und chemische Sensoren, Elastomere für Mikroaktoren

☐ **Systemtechniken,** die die Kombination von einzelnen Mikrotechniken zu einem System unterstützen:

- *Systemkonzepte*: Architekturen von Mikrosystemen und Schnitt-stellenkonzepte zwischen Einzeltechniken der MST

- *Signalverarbeitungskonzepte*: Durchführung mathematischer, um-formender und speichernder Operationen, Aufnahme primärer elek-trischer Signale eines Sensors und/oder Steuersignale einer dezen-tralen Systemkomponente, Lieferung von Prozeßdaten als Ergebnis der Signalverarbeitung

- *Systementwicklungsmethoden und -werkzeuge*: rechnergestützte Analyse, Simulation und Entwurf von Mikrosystemen

- *Aufbau- und Verbindungstechnik*: Montage, Kontaktierung und Gehäusung z.B. von Chips sowie die Herstellung von Multi-Chip-Systemen

☐ **Techniken der Sensorik und Aktorik,** die, auf Einzel- und System-techniken basierend, Problemlösungen für spezifische Anwendungs-felder bieten:

- *Techniken der physikalischen und (bio-)chemischen Sensorik*: Sensorelemente zur Messung der physikalischen Größen Druck, Beschleunigung, Temperatur etc., oder chemische Sensorelemente wie Festkörpersensoren, elektrochemische Sensoren, SAW's u.a.

- ***Techniken der Mikroaktorik***: z.B. piezoelektrische Mikroaktoren, magnetostriktive Werkstoffe, elektrorheologische Flüssigkeiten

Bild 1-1 zeigt den prinzipiellen Aufbau eines Mikrosystems als Kombination von Baugruppen mit elektr(on)ischer und nicht-elektr(on)ischer Funktionalität:

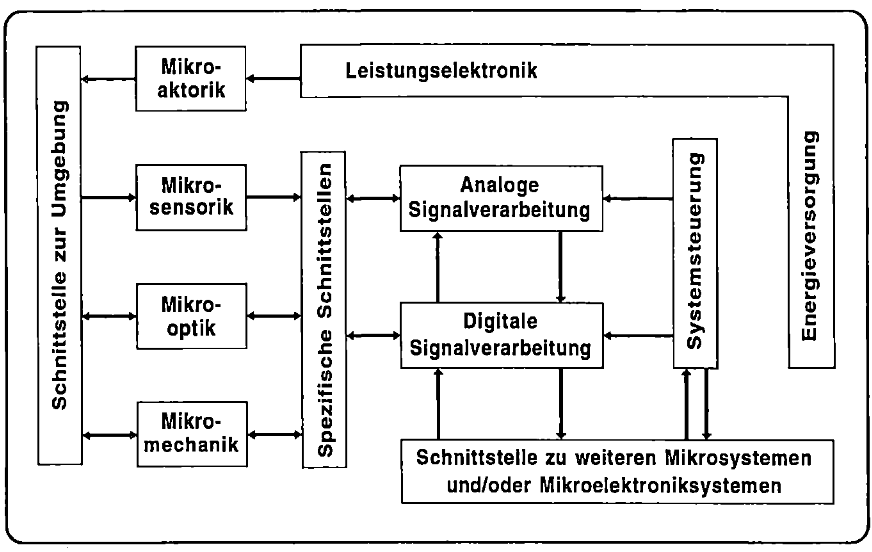

Bild 1-1:   Prinzipieller Aufbau eines Mikrosystems. Quelle: [1-2]

Mit der noch am Beginn ihrer Entwicklung stehenden Mikrosystemtechnik steht erstmals eine Technologie vor der Anwendung, die mehrere bislang nicht direkt bzw. allenfalls über aufwendige Schnittstellen kombinierbare Einzeltechniken integrativ auf einer zuvor nicht realisierbaren miniaturisierten Ebene zusammenführt.

Zu erwarten ist, daß mit dieser Technik über die bloße Addition von Einzeltechniken hinausgehende Nutzeffekte entstehen, so daß bei der MST von einer **synergetischen Kombination von Einzeltechniken** zu sprechen ist, deren Anwendungsbereiche heute noch nicht abgesehen werden können, weil sie weitgehend offen und damit noch innovativ gestaltbar sind.

Es zeichnen sich dabei gewisse Parallelen mit der in den achtziger Jahren zum Synonym für "neue Technologien" gewordenen **Mikroelektronik** und deren Folgetechniken (speicherprogrammierbare Steuerungen, Bürokommunikation, CAD, CAM und übrige C-Techniken) ab. Deren Schnittstellen zu anderen digitalen und analogen Umfeldbedingungen und den entsprechenden Produkten wurden mit dem Förderungsschwerpunkt **"Mikroperipherik"** (1985 bis 1989) durch die Förderung von technisch leistungsfähigen Mikroperipherik-Komponenten (z.B. intelligente Mikrosensoren) und der Weiterentwicklung technologischer Grundlagen gezielt angegangen.

Anders nun die Mikrosystemtechnik: dadurch, daß die Schnittstellen zwischen unterschiedlichen digitalen und analogen Prozessen in das Produkt selbst wandern und sogar zuvor als nicht integrierbar geltende Bestandteile einer Technik (z.B. Mechanik) mit anderen Techniken (wie z.B. Mikroelektronik, Optik) gleichsam verschmelzen, wird eine **neue Qualität der integrativen Nutzung verschiedener Techniken** erreicht, die über die bisherige, mühsam über Schnittstellen realisierte technische Abstimmung von Komponenten weit hinausreicht.

In dem Förderungsschwerpunkt **"Mikrosystemtechnik"** (1990 bis 1993) des BMFT (vgl. Kapitel 7) stehen in konsequenter Fortführung der Förderungspolitik in der Informationstechnologie vor diesem Hintergrund im Mittelpunkt:

❏ Die Förderung von Einführungsprozessen neuer technischer Verfahren bei der Entwicklung von Prototypen miniaturisierter intelligenter Systeme (indirekt-spezifische Maßnahme) einschließlich damit verbundener Fragen des betrieblichen Innovationsmanagements;

❏ die Bereitstellung von Mikro- und Systemtechniken und die Anpassung an die Anwendererfordernisse insbesondere von kleinen und mittleren Unternehmen im Rahmen der Verbundförderung;

❏ die Förderung von Querschnittsaufgaben (wie z.B. Qualtitätssicherung, Qualifizierung und Normung) und Technologietransfer, um die Unternehmen über die Ergebnisse technischer Entwicklungen in der Mikrosystemtechnik, insbesondere ihrer Einsatzreife, sowie in Fragen des Innovationsmanagements zu informieren und aktiv Kooperationskontakte von Unternehmen untereinander sowie zwischen Unternehmen und Forschungseinrichtungen zu vermitteln [1-3].

Die hohe volkswirtschaftliche Bedeutung und das Innovationspotential der MST zeigt sich in der Vielzahl von (möglichen) Anwendungsfeldern [1-4], die z.B. in der Umwelt- und Sicherheitstechnik, Medizintechnik, Kommunikationstechnik, Automobil- und Verkehrstechnik, Rohstoff- und Energietechnik, Fertigungstechnik, Verfahrenstechnik und Haustechnik (Domotik) liegen und starke Wachstumspotentiale insbesondere für kleine und mittlere Unternehmen (KMU) bergen. Die Einsatzgebiete und deren Verteilung stellen sich nach ersten Ergebnissen aus einer Diffusionsstudie zum Förderungsschwerpunkt Mikrosystemtechnik [1-4] wie folgt dar:

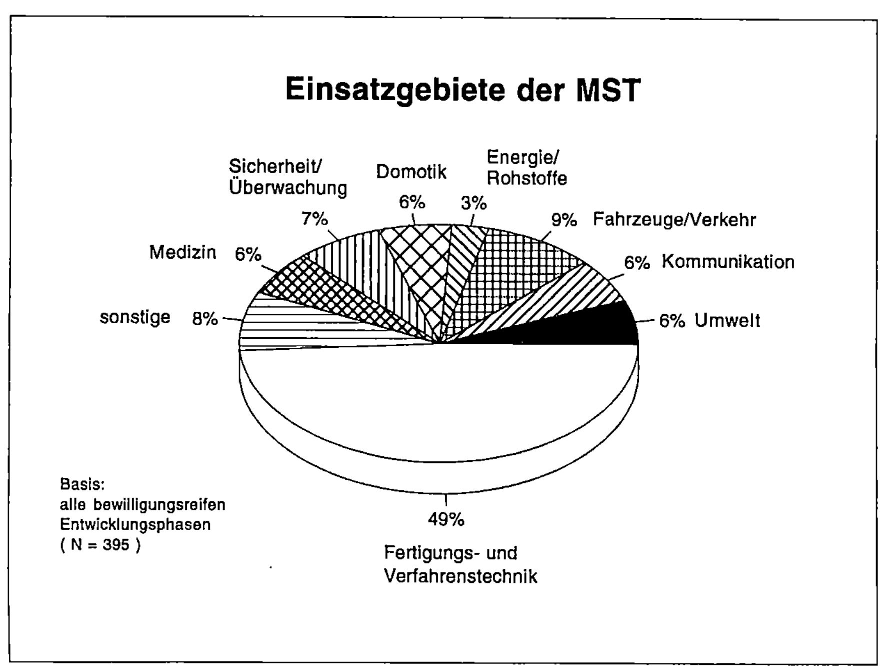

Bild 1-2:   Einsatzgebiete der MST. Quelle: [1-4]

Prototypen für Anwendungsbeispiele von Mikrosystemen in der Medizintechnik und im Kraftfahrzeug-Bereich sind in den Bildern 1-3 und 1-4 dargestellt.

Der Herzkatheter zur invasiven Messung von Blutdruck und Bluttemperatur enthält an der Katheterspitze ein Mikrosystem auf Siliziumbasis mit

Sensoren, integrierter Signalverarbeitung sowie Analog- / Digitalumsetzung:

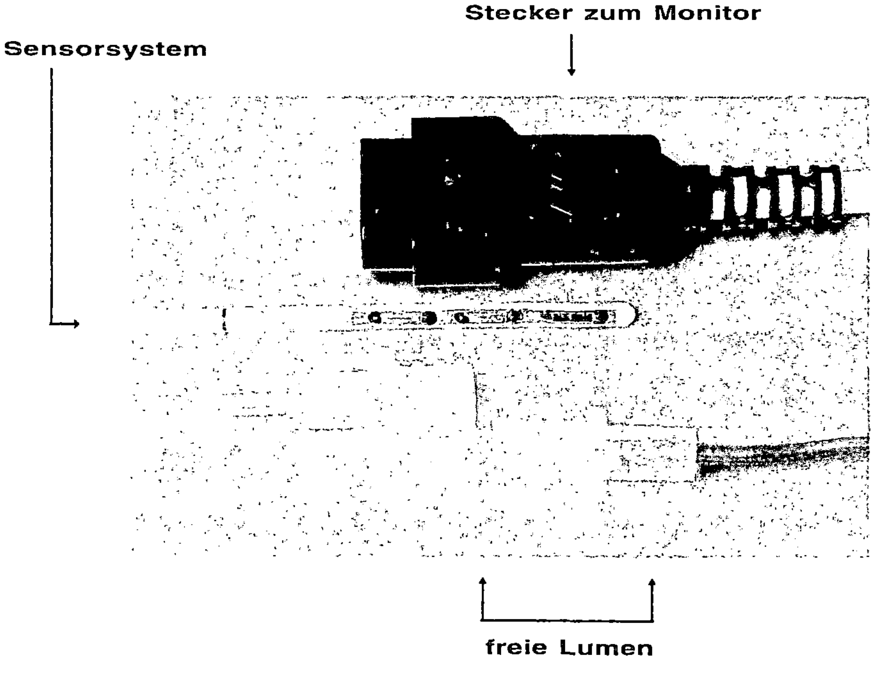

Bild 1-3: Herzkatheter zur invasiven Messung von Blutdruck und -temperatur.
Quelle: FhG-IMS, Duisburg

Der Katheter besteht aus drei Lumen: ein Lumen dient zur Aufnahme des Sensorsystems und der Signalleitungen; über die zwei freien Lumen können - wie bei konventionellen Kathetern - Medikamente appliziert werden.

Bild 1-4 zeigt das Chip-Photo eines hybrid aufgebauten, mikromechanisch hergestellten Silizium-Beschleunigungssensors mit integrierter Auslese-Elektronik.

Das Sensorelement mit der beweglichen Masse befindet sich zwischen zwei Deckgläsern, die als Elektroden dienen. Der mikromechanische Sensor ist auf ein Silizium-Substrat aufgebaut, das die notwendige Elektronik zur Sensor-Signalverarbeitung enthält.

Bild 1-4:   Hybrid integriertes Beschleunigungssensor-System.
Quelle: MBB/FhG-IMS, Duisburg

1.2 Herausforderungen bei der Produkt- und Prozeßinnovation: Probleme des Innovations- und Kooperationsmanagements

Bei der Produkt- und Prozeßinnovation im Feld der Mikrosystemtechnik treffen unterschiedliche Anforderungen und Entwicklungsniveaus aufeinander, die einzelbetrieblich häufig nur schwer zu bewältigen sind:

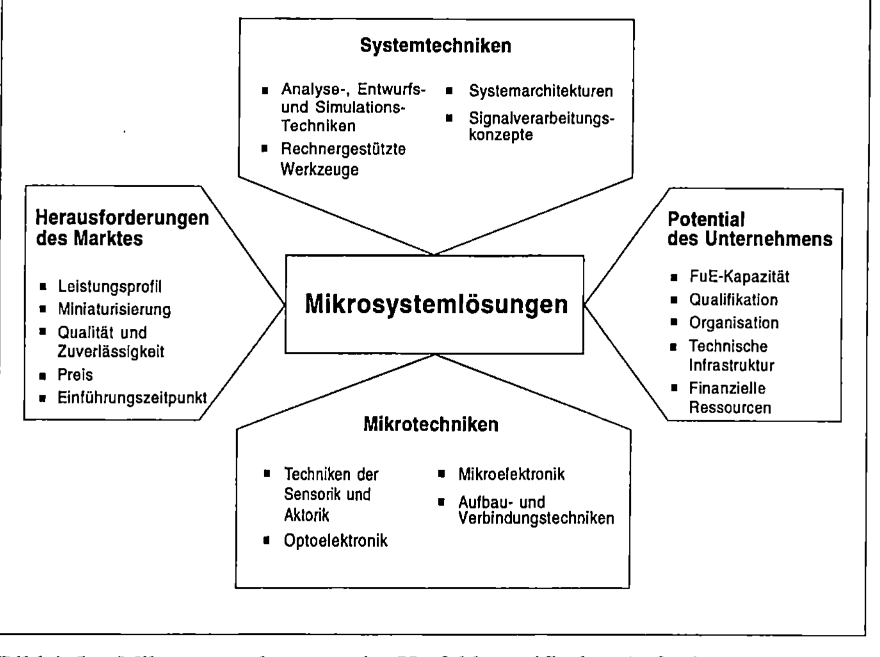

Bild 1-5:　Mikrosystemlösungen im Umfeld spezifischer Anforderungen und technischer Entwicklungsniveaus. Quelle: [1-5]

Den **Herausforderungen des Marktes** mit einem hohen Bedarf an preiswerten, leistungsfähigen MST-Komponenten (Sensoren, Aktoren, Signalverarbeitungsbausteine etc.) und hohen Qualitätseigenschaften (z.B. hinsichtlich der Langzeitstabilität, der Meßgenauigkeit, der Ansprechzeiten etc.) steht der unterschiedliche **Entwicklungsstand einzelner Mikrotechniken** (vgl. Bild 1-6 und ausführlich Kapitel 2.3.2) und der **Systemtechniken** (für Systementwurf, Signalverarbeitung etc.) gegenüber. Dies hat erhebliche Konsequenzen für die Produktentwicklung und das Innovationsmanagement.

Das verfügbare **Innovationspotential des Unternehmens**, insbesondere bei kleinen und mittleren Unternehmen, reicht in diesem Kontext häufig nicht aus. Der hohe Entwicklungsaufwand für die Realisierung von Mikrosystemlösungen führt i.d.R. dazu, daß Unternehmen die volle Palette der Gerätetechnik nicht selber vorhalten können und damit auf kooperative Lösungsstrategien und somit eine Ressourcenbündelung in FuE-Kooperationen oder auf externe technische Dienstleistungen angewiesen sind. So stehen neben dem Problem der **mangelnden finanziellen Ressourcen** und **fehlender technischer Infrastruktur** insbesondere Probleme im Rahmen des **Innovationsmanagements** und der **Durchführung von FuE-Kooperationen** im Mittelpunkt (vgl. zu folgenden Ergebnissen [1-6]):

❑ Bereits bei der Einführung der Mikroelektronik wurden bei vielen Prototypenentwicklungen Zeit und Kosten erheblich überschritten. "Jedes vierte Unternehmen hat Entwicklungsvorhaben zum Einsatz der Mikroelektronik in Produkten abgebrochen" [1-7]. In der Mikrosystemtechnik verschärft sich dieses Problem insoweit, als durch die Anwendung verschiedener für das Unternehmen neuer Techniken die Anforderungen an das FuE-Projektmanagement erheblich steigen. So erweist sich insbesondere (mit Blick auf die Entwicklungszeiten) der Übergang von sequentiellen Entwicklungsschritten zu simultanen und aufeinander abgestimmten FuE-Arbeiten intern oder im Rahmen von FuE-Kooperationen als schwierig.

❑ Jedes der unter dem Begriff "Mikrosystemtechnik" zusammengefaßten Technologiefelder erfordert einzeln betrachtet bereits ein nicht alltägliches **Know-how für die Entwicklung, Produktion und Vermarktung der entsprechenden Produkte**. Gleichzeitig werden durch die Verlagerung von Anschlußtechniken und deren Schnittstellen in mikrosystemtechnische Komponenten die im Zusammenhang mit der Mikroelektronik vieldiskutierten extrafunktionalen Qualifikationen (etwa: Prozeßkenntnisse, systemisches Denken, Abstraktionsfähigkeit etc.) gleichsam zu funktionalen Qualifikationen. Bereits in der Mikroelektronik wurden hier Probleme aufgedeckt (vgl. zu einem Überblick [1-8], [1-9]), die sich daraus ergeben, daß den **neuen Qualifizierungserfordernissen** häufig tradierte Formen der Personalentwicklung und Bildungsarbeit gegenüberstehen [1-10] und damit die Nutzung technischer Optionen für den Innovationserfolg einschränken.

❑ Ein weiteres Problem für die erfolgreiche Anwendung der Mikrosystemtechnik ist die **Organisation des Innovationsprozesses**. Das Managementproblem besteht dabei in der funktionsübergreifenden Verbindung technischer, personeller, sozialer, organisatorischer und marktlicher Innovation. Technische Entwicklungen müssen, um sie erfolgreich in Produkte oder Verfahren umzusetzen, begleitet werden durch eine mit- bzw. vorlaufende Organisationsentwicklung. Dazu gehören z.B. funktionsübergreifende Planungskonzepte zur Abstimmung von FuE, Marketing und Produktion oder die Förderung der individuellen Kreativität durch Einräumung entsprechender Freiräume (Intrapreneurship) [1-11].

❑ Für die Durchführung von Eigenprojekten kann i.d.R. auf bewährte Kommunikationsstrukturen in Organisationen zurückgegriffen werden, während in FuE-Kooperationen diese erst eingerichtet werden müssen. Im Mittelpunkt stehen dabei **Bildung und Pflege horizontaler und vertikaler Informationspfade** mit der Möglichkeit des **informellen Informationsaustausches** zwischen den Partnern, die **Kommunikation** der Projekt(zwischen)ergebnisse **auf die Ebene des Top-Managements** der eigenen Organisation, um von dort her die nötige Projektunterstützung zu erhalten sowie das **Wissen um die Entscheidungsstrukturen in den Partnerorganisationen**, um das Verhalten der Akteure einschätzen und im Projektablauf berücksichtigen zu können.

❑ Wesentlich ist auch die **Einrichtung flexibler und anpassungsfähiger Kooperationsstrukturen**, die eine (Neu-) Ausrichtung des Kooperationszweckes dann erlauben, wenn sich die Rahmenbedingungen der Kooperation verändern (z.B. Veränderungen in den Zielmärkten aufgrund technologischer oder wettbewerblicher Verschiebungen, Ausstieg eines wichtigen Partners aus dem Netzwerk).

❑ Der Erfolg der technologischen Wissensgewinnung hängt entscheidend davon ab, ob das Kooperationsvorhaben im eigenen Hause eine hohe Akzeptanz genießt, mit anderen Vorhaben der Eigenforschung verzahnt und informationell mit der Produktion, dem Marketing und dem Vertrieb koordiniert ist. Damit wird die **effektive Schnittstellen-Koordination** durch den Projektmanager zu einem wesentlichen Erfolgsfaktor auch von FuE-Kooperationen.

Dieser "Exkurs" zu den Problemen des Innovations- und Kooperationsmanagements macht deutlich, daß der Einstieg in die Mikrosystemtechnik weit über Fragen der Beherrschung der Technologie hinausreicht und komplexe Anforderungen an das Management von Innovations- und Kooperationsprozessen richtet. Die vorliegende Untersuchung kann diese Fragestellungen daher nur am Rande beleuchten (zu weiteren Ausführungen vgl. [1-6]) und konzentriert sich im folgenden auf die Probleme des Technologiemanagements, d.h. insbesondere auf die Bewertung des Technikstandes, der Entwicklungspotentiale und FuE-Bedarfe für MST-Anwendungen sowie auf Möglichkeiten zur Einschätzung der Technologieattraktivität zur besseren Orientierung einzelwirtschaftlicher FuE-Aktivitäten.

1.3 Technologie-Lebenszyklus von Mikrotechniken: Unterschiedliche Aufgabenstellungen von der vorwettbewerblichen Grundlagenentwicklung bis zur marktlichen Verwendung

Die Möglichkeiten eines kombinierten Einsatzes verschiedener Mikrotechniken für die Produktentwicklung sind derzeit noch sehr begrenzt, da aufgrund des unterschiedlichen Entwicklungsniveaus der Einzeltechniken im Vorfeld z.T. noch erhebliche Anpassungsentwicklungen erforderlich sind, um die verschiedenen Einzeltechniken miteinander kombinieren zu können.

In der vorwettbewerblichen Forschung sind daher noch zahlreiche technische und organisatorische Lücken zu schließen, die bisher einem breiten Einsatz für die Produktentwicklung entgegenstehen. Das BMFT unterstützt derartige vorwettbewerbliche FuE durch Maßnahmen der Verbundförderung, in denen die vielfältigen Ziele zur Schließung der technischen Lücken niedergelegt sind [1-1]. Hier arbeiten Unternehmen zusammen mit Forschungseinrichtungen arbeitsteilig in Form von FuE-Kooperationen an Problemen, die z.T. das gesamte Spektrum von der Grundlagenentwicklung bis zur angewandten Forschung und Entwicklung abdecken. Die Aktivitäten innerhalb der Verbundvorhaben zielen auf

❑ eine Verbesserung der Systemfähigkeit von einzelnen Mikrotechniken,

❑ die bessere Handhabbarkeit für kleine und mittlere Unternehmen,

❑ Systemtechnikentwicklungen,

❑ die Entwicklung von modellhaften Mikrosystemlösungen (z.B. Funktionsmuster, Prototypen),

❑ die Weiterentwicklung von Prozeßtechniken bis zu einem Reifegrad, der es ermöglicht, sie als technische Dienstleistung anzubieten,

❑ die Bearbeitung von Querschnittsfragen und

❑ Probleme innerhalb der industriellen Basisforschung [1-12].

Eine wichtige Voraussetzung zur Schließung der noch bestehenden technischen Lücken ist die genauere Kenntnis über den derzeitigen Entwicklungsstand der einzelnen Mikrotechniken sowie über FuE-Bedarfe zur Weiterentwicklung dieser Mikrotechniken für ihren Einsatz in Systemen.

Eine wichtige Voraussetzung zur Schließung der noch bestehenden technischen Lücken ist die genauere Kenntnis über den derzeitigen Entwicklungsstand der einzelnen Mikrotechniken sowie über FuE-Bedarfe zur Weiterentwicklung dieser Mikrotechniken für ihren Einsatz in Systemen. Informationen darüber zu erarbeiten, ist Gegenstand der vorliegenden Untersuchung.

Zur Visualisierung des Entwicklungsstandes der Einzeltechniken in der MST kann die sog. S-Kurve als Abbildung der Leistungsfähigkeit einer Technik über ihren Lebenszyklus herangezogen werden.

Der durch den idealisierten Verlauf der S-Kurve implizierte serielle Ablauf der FuE-Tätigkeiten im Verlauf des Technologie-Lebenszyklus (von der Entstehungs- über die Wachstums- und Reife- bis zur Altersphase) wird in der Realität häufig durchbrochen. Gerade in der Mikrosystemtechnik bauen die Innovationsprozesse nicht diskret aufeinander auf; vielmehr finden FuE-Aktivitäten gleichzeitig auf unterschiedlichen Ebenen und Entwicklungsniveaus statt und sind eng miteinander verzahnt.

Auch wenn das S-Kurven-Konzept nur eine modellhafte Annäherung an den typischerweise rekursiven FuE-Prozeß darstellt, trägt es als Orientierungs-Instrument entscheidend zum Verständnis der strategischen Möglichkeiten von Technologien bei (vgl. hierzu ausführlicher Kapitel 5).

Bild 1-6 zeigt den Entwicklungsstand ausgewählter Mikrotechniken und ihrer Kombinationen. Einige der Einzeltechniken befinden sich noch im Stadium der Grundlagenforschung, andere wiederum befinden sich am Übergang in die industrielle Basisforschung bzw. werden in der angewandten FuE bereits als Produkttechnologien im Rahmen der Produktentwicklung eingesetzt. Andere Einzeltechniken sind bereits markteingeführt und befinden sich bereits in ihrer technologischen Reifephase.

Die spezifische Leistungsfähigkeit, d.h. der Stand der einzelnen technikspezifischen Prozeßschritte, der verwendeten Materialien oder Bauteile, muß demnach für die einzelnen Phasen des dargestellten Technologie-Lebenszyklus jeweils unterschiedlich beurteilt werden (vgl. Bild 1-6).

Kennzeichen für ein frühes Stadium und damit die Positionierung von Techniken in der **Grundlagenforschung** ist das Vorhandensein von "lediglich" theoretischen und praktischen Grundlagen, d.h. allgemeiner wissenschaftlicher und technischer Kenntnisse, die nicht auf industrielle oder kommerzielle Ziele ausgerichtet sind. In diesem Bereich sind z. Zt. Techniken der Mikroaktorik (wie z.B. elektrorheologische Flüssigkeiten) oder die Integrierte Optik auf Polymerbasis, anzusiedeln.

Kennzeichen für die Einordnung von Techniken in der Phase der **industriellen Basisforschung** ist, daß die in der Grundlagenforschung

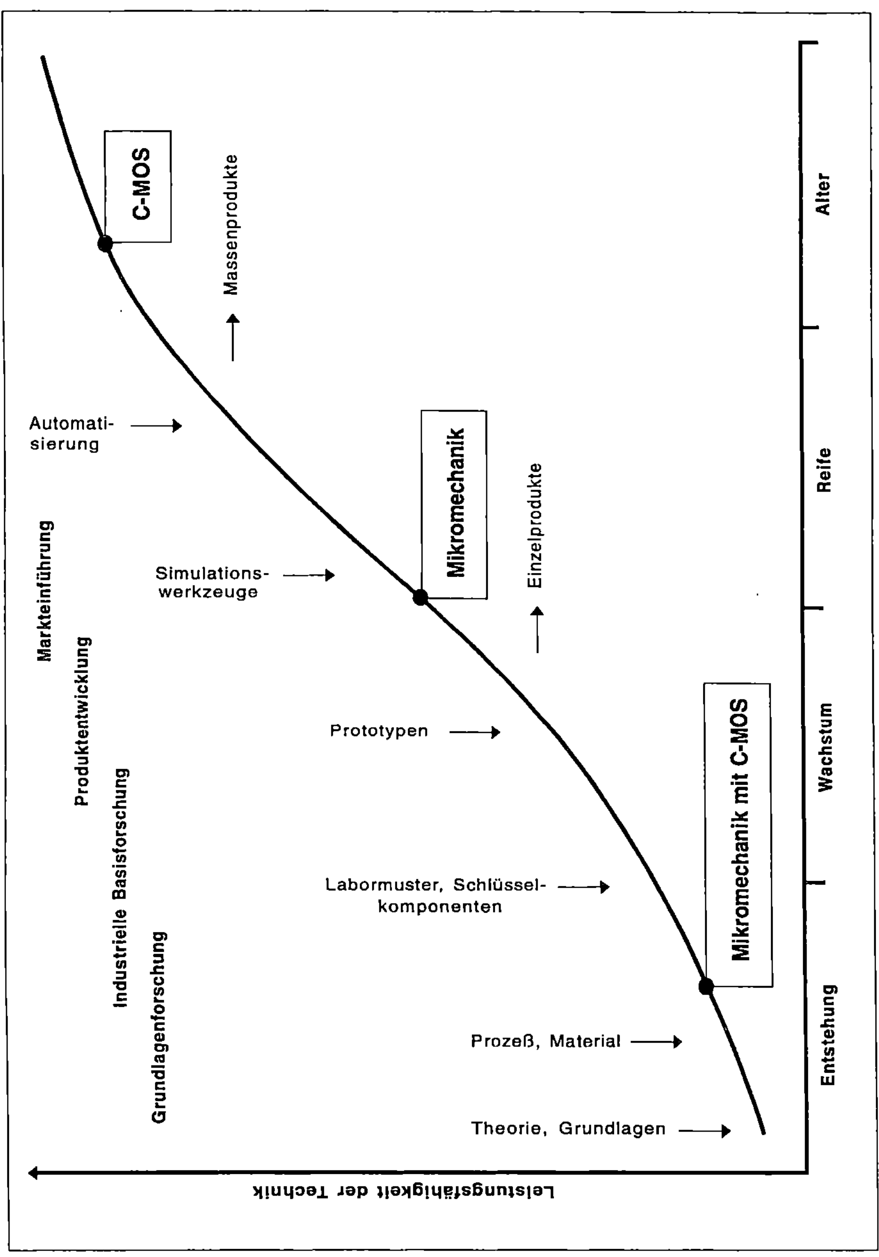

Bild 1-6: Entwicklungsstand ausgewählter Mikrotechniken und ihrer Kombinationen. Quelle: [1-13]

gewonnenen Erkenntnisse aufgegriffen und weiterentwickelt werden, um ein besseres Verständnis über mögliche Anwendungen in bestimmten Industriesektoren oder einzelnen Unternehmen zu gewinnen. Die theoretischen Grundlagen sowie die Erkenntnisse aus der Materialforschung und

Bild 1-7: Mikrokontakte in LIGA-Technik.
Quelle: Werkfoto der Fa. MicroParts GmbH

Prozeßentwicklung werden auf bestimmte Anwendungen untersucht (z.B. Einsatz von laserunterstützten Abscheideverfahren zur Erstellung strukturierter Dünnfilmen ohne Fotolithographieschritte), erste Labormuster und Schlüsselkomponenten für spezifische Anwendungen werden entwickelt (z.B. Mikrokontakte im LIGA-Verfahren; vgl. Bild 1-7).

In der **angewandten Forschung und Entwicklung** werden auf der Basis der Ergebnisse der Grundlagen- und industriellen Basisforschung Forschungs- und Experimentierarbeiten mit dem Ziel durchgeführt, neue Erkenntnisse für die Entwicklung neuer Produkte, Verfahren oder Dienstleistungen zu gewinnen. Das Ergebnis angewandter FuE ist i.d.R. ein Prototyp des späteren Produktes (z.B. Stickoxid-Gassensor auf Basis eines Silizium-Dünnfilmsubstrates; vgl. Bild 1-8).

Bild 1-8: Stickoxid-Gassensor auf Basis eines Silizium-Dünnfilmsubstrates.
Quelle: Werkfoto der Fa. E.T.R. GmbH

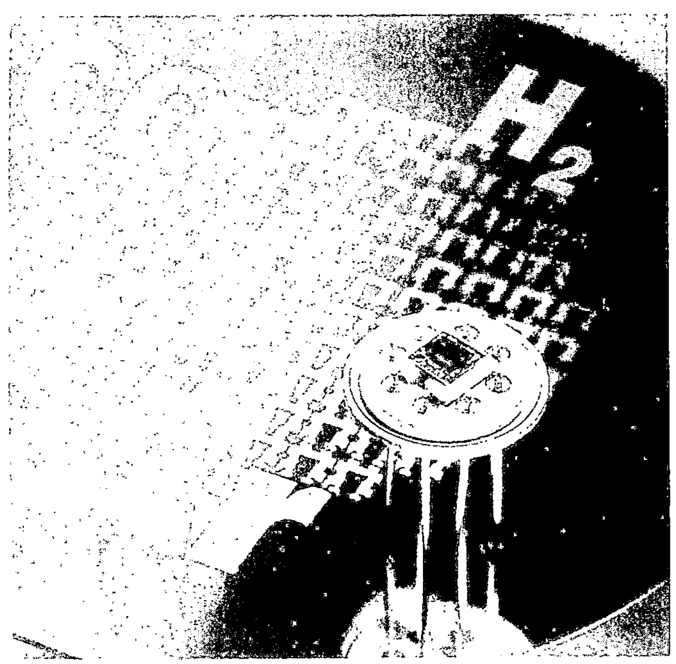

Bild 1-9: Sensor zur Messung der Wärmeleitfähigkeit.
Quelle: Werkfoto der Fa. Hartmann + Braun AG

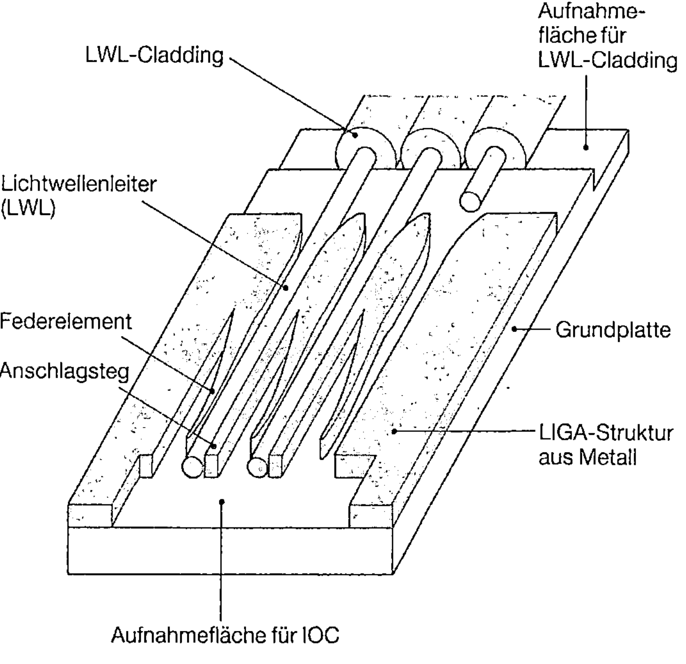

Bild 1-10: Justierhilfen zur Faser-Chip-Kopplung in LIGA-Technik.
Quelle: Werkfoto der Fa. MicroParts GmbH

Die **Produktentwicklung** führt die entwickelten Prototypen zur Marktreife. Mikrotechniken werden hier sowohl als Produkttechnologie (z.B. Wärmeleitfähigkeitssensor auf Basis einer mikromechanischen Struktur zum Nachweis von Gasen; vgl. Bild 1-9) als auch im Rahmen mikrotechnischer Fertigungsprozesse eingesetzt (z.B. mikromechanisch hergestellte Justierkomponenten zur Faser-Chip-Kopplung; vgl. Bild 1-10).

Kennzeichen für zunehmende **Marktreife** und damit für einen fortgeschrittenen Einsatz von Mikrotechniken in der industriellen Anwendung ist die Existenz von Simulationswerkzeugen zur Konstruktion und Produktionsunterstützung (z.B. Simulationsprogramme für mikromechanische Drucksensoren, CAD für mikroelektronische Schaltungen) sowie die Automatisierung einzelner mikrotechnischer Fertigungsschritte (z.B. vollautomatische Anlagen zur Abscheidung von SiO_2 und Planarisierung im Bereich der Halbleitertechnologie) und Herstellung von Massenprodukten (z.B. Fertigung von CMOS-Schaltkreisen).

1.4 Technometrie, Bibliometrie und Patentanalyse: Indikatorenkonzept im Rahmen der vorliegenden Untersuchung

Die Mikrosystemtechnik umfaßt in ihren einzelnen Technikfeldern das gesamte Spektrum der Aktivitäten von der Grundlagenentwicklung über angewandte Forschung bis zur Prototypen- und Produktentwicklung (vgl. Bild 1-6). Zur Erfassung des Standes der Mikrotechniken wird im Rahmen der vorliegenden Untersuchung vor diesem Hintergrund ein System von Technikindikatoren eingesetzt, die auf die einzelnen Phasen des Technologie-Lebenszyklus zugeschnitten sind.

Bild 1-11 zeigt die Verwendung unterschiedlicher Technikindikatoren als Elemente der Aus- und Bewertung von FuE- und Innovationsprozessen bzw. -programmen:

❏ Die in Kapitel 2 dargestellte **Technometrie** erfaßt den Entwicklungsstand solcher Mikrotechniken, die sich vom Übergang der Grundlagenentwicklung in die Anwendung befinden. Die Technometrie verwendet zur Beurteilung des Technikstandes einzelner Mikrotechniken direkt meßbare technische Leistungskriterien, sofern für die den Einzeltechniken zugrundeliegenden Materialien und Prozeßschritte bereits konkrete Leistungsdaten aus Versuchsreihen und Laboranwendungen, bzw. Leistungskennziffern für Prototypen bzw. Geräte und Anlagen vorliegen (zu Beispielen für die Technometrie-Indikatoren vgl. Bild 2-2).

Diese Leistungsdaten sind mit Blick auf den Technologie-Lebenszyklus in zwei Richtungen zu ergänzen:

❏ Ist die Diffusion einzelner Mikrotechniken in verschiedene Anwendungsbereiche bereits weiter fortgeschritten, so ist das Leistungspotential der jeweiligen Technik nicht mehr durch einzelne technische Indikatoren beschreibbar, da die Anwendungsfälle unterschiedliche Leistungsanforderungen an die Technik stellen. Der konkrete Stand der Technik ist damit nur für bestimmte Anwendungsfälle der Technik beschreibbar:

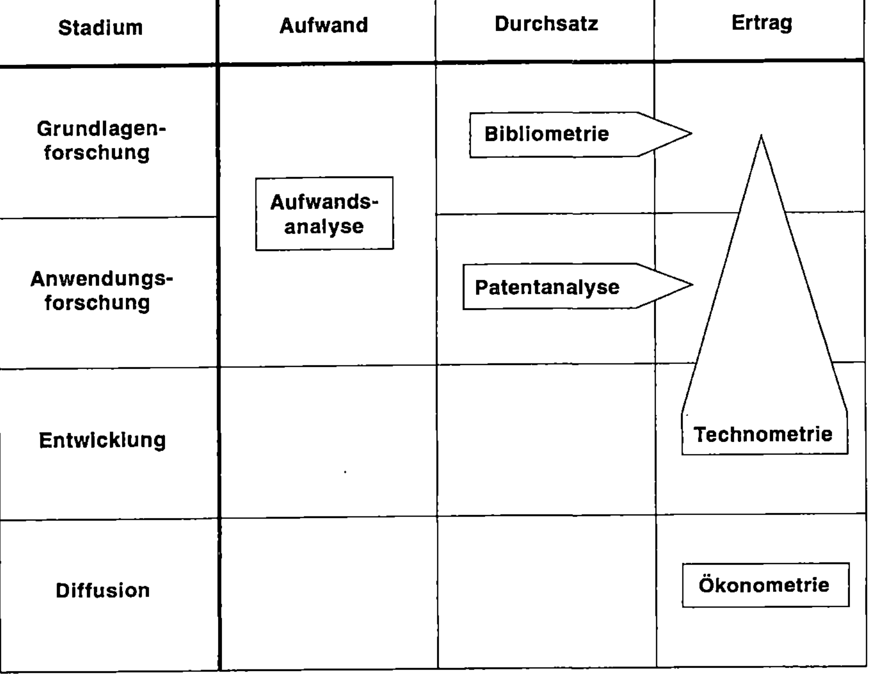

Bild 1-11: Indikatorenkonzept der vorliegenden Untersuchung. Quelle: [1-14]

Beispiel:

Für das Feld der chemischen Sensorik liegt bereits eine große Anzahl von Anwendungen vor, die jeweils spezifische Anforderungen an die Herstellungstechnologien, die verwendeten Substratmaterialien etc. stellen. Dies ist zurückzuführen auf die Vielzahl

- chemischer oder biochemischer Substanzen, die gemessen werden können (> 1 Mio. Stoffe),

- unterschiedlicher Meßprinzipien (Flüssigkeitselektrolyt-, Festkörperelektrolyt-, elektronische Leitfähigkeits-, Feldeffekt-, dielektrische, kalorimetrische photochemische und photometrische sowie massensensitive Sensoren) und

- einsetzbarer neuer Materialien (Halbleiter, Oxide, Nitride ohne/mit Dotierungen, optimierte Katalysatorsysteme, Festkörper-Ionenleiter, Keramiken und Gläser, (metall-) organische Verbindungen und Polymere, Membranen, Enzym-Systeme, Antikörper etc.).

Eine Technometrie für die Anwendung der in Kapitel 2.3.1 erfaßten Mikrotechniken im Bereich chemischer Sensorik ist forschungsökonomisch daher nicht sinnvoll

> durchführbar, da in dem durch die oben angeführten drei Dimensionen Substanzen/Meßprinzipien/Materialien ein Kubus mit mehreren Millionen Anwendungsfeldern entsteht, die jeweils einzeln technometrisch zu erfassen wären.

❏ Im Bereich der Grundlagenforschung werden vorwiegend theoretische Basiskenntnisse über grundlegende Prozesse und Materialien erarbeitet, erste Laborversuche und Anwendungstests durchgeführt, die i.d.R. aber noch nicht zu reproduzierbaren und validierten Leistungsdaten zu einzelnen technischen Themenfeldern führen. Der konkrete Leistungsstand der Technik ist auch in diesen Fällen nicht technometrisch erfaßbar.

Aus diesen Gründen ist auf Hilfsindikatoren zurückzugreifen, die den Stand der Technik indirekt zu erfassen versuchen:

❏ Die in Kapitel 3 dargestellte **Bibliometrie** erfaßt die wissenschaftlichen Ergebnisse im Bereich der Grundlagenforschung und -entwicklung für die Sensorik über eine Analyse relevanter Tagungen und Zeitschriftenartikel im betreffenden Technologiefeld. Sie gibt Auskunft über internationale Aktivitäten und technologische Schwerpunkt-Trends und ergänzt die Technometrie dort, wo noch keine operationalen Leistungskriterien, z.B. aus Anwendungstests einzelner Techniken, vorliegen.

❏ Die in Kapitel 4 dargestellte **Patentrecherche** zeigt anhand der Patentanmeldeaktivitäten für spezifische Anwendungsfelder die Diffusion der Techniken in die industrielle Anwendung auf und ergänzt die Technometrie dort, wo aufgrund der hohen Zahl möglicher Anwendungsfelder eine technometrische Erfassung forschungsökonmisch nicht sinnvoll ist.

2 Technometrie der Mikrosystemtechnik

2.1 Überblick über bisherige Verfahren zur Messung und Bewertung des Technikstandes

In der Vergangenheit sind verschiedene Konzepte zur direkten, in erster Linie quantitativen Messung des Standes der Technik mit Hilfe von Technikindikatoren entwickelt worden. Die unterschiedlichen Methoden sind jedoch zumeist auf die verfolgte Zielsetzung und/oder spezielle Technikbereiche zugeschnitten, sodaß sie nur einen beschränkten Anwendungsbereich besitzen. Bei allen Konzepten bereitet insbesondere die Beschaffung der Informationen bzw. Daten Probleme, da einheitliche und damit vergleichbare Technikstatistiken in der Regel nicht existieren und viele Daten aus Vertraulichkeitsgründen nicht preisgegeben werden.

Der **systemtechnische Ansatz** von *Scholz* [2-1] zielt auf die direkte Bestimmung des Standes der Technik in der industriellen Produktion mittels eines Systems von Technikindikatoren. Dabei erfolgt die Charakterisierung des Technikstandes durch vier Technik-Variablen (Arbeitsverfahren, Automatisierung, Komplexität der technischen Organisationsstruktur, Dimensionierung der Produktionsanlagen), die den Stand der Technik nach dem Gesichtspunkt der technischen Effizienz erfassen. Der Technikstand wird alternativ über Profile, die aus den vier gemessenen Technik-Variablen gebildet werden, oder durch einen Einzel-Indikator, der durch Aggregation der Variablen entsteht, dargestellt [2-2].

Das ebenfalls systemtheoretisch orientierte "**Konzept der Isofunktionalen**" [2-3] legt bei der Bemessung von technologischen Standards in der Industrie (das entspricht der Höhe des in einem Unternehmen vorhandenen naturwissenschaftlich-technischen Wissens und dem technischen Niveau der bereits angewandten Produktionsverfahren und gefertigten Produkte) als Kriterium die Funktion(en) zugrunde, die ein Produktionsverfahren oder ein Produkt erfüllen (z.B. Kraftübertragung, Transport). Als relevante Meßvariablen dienen deshalb die Leistungsdaten, die die einzelnen Komponenten im Hinblick auf die Funktionserfüllung in einem System erzielen. Dieses Konzept ist im Rahmen einer empirischen Untersuchung im Bereich Maschinenbau angewendet und einem Vergleich mit verschiedenen anderen Meßkonzepten unterzogen worden [2-4].

Ein relativ neues Meßkonzept, das im Gegensatz zu den oben beschriebenen nicht auf den Bereich der Produktionstechnik beschränkt ist, sondern vielmehr für verschiedene (Hoch-) Technologiefelder (Biotechnologie, Industrieroboter, Laser u.a.) angewendet worden ist, ist das **Technometrieverfahren** des Fraunhofer-Instituts für Systemtechnik und Innovationsforschung (ISI). Die Technometrie wird hier als Verfahren zur Bemessung des technisch-wirtschaftlichen Leistungsstandes von Techniken, der Definition, Erhebung und Verarbeitung technischer Indikatoren definiert [2-5].

Neben der Früherkennung technisch-wirtschaftlicher Chancen ist im Ansatz des ISI eines der Ziele der Technometrie-Analyse der internationale Vergleich der technischen Leistungsfähigkeit von Volkswirtschaften, insbesondere zwischen der Bundesrepublik Deutschland, den USA und Japan. Die dabei erhobenen technometrischen Indikatoren sind aggregierte Kenngrößen, die aus verschiedenen Maßzahlen für naturwissenschaftlich-technische Spezifikationen einer Verfahrenstechnik oder eines Produktes zusammengesetzt werden. Dabei definieren die Einzelelemente des Technikindikators eine Eigenschaft des Produktes oder des Prozesses (zur Berechnung der Technometrie-Indikatoren vgl. [2-5]).

Im Gegensatz dazu mißt das der folgenden Untersuchung zugrundeliegende Technometriekonzept den Stand der Technik nicht rein quantitativ, sondern enthält neben den erfaßbaren technischen Leistungsdaten auch qualitative Aussagen bzgl. des Entwicklungsstandes, der Verfügbarkeit, des Preises etc. der betrachteten Technik (eine detaillierte Beschreibung der erfaßten Daten findet sich zu Beginn des Kapitels 6).

2.2 Methodik der Technometrie für die Mikrosystemtechnik

2.2.1 Operationalisierung der technischen Themenfelder und Datenerhebung

Die Operationalisierung der technischen Themenfelder der Mikrosystemtechnik ist geprägt durch die im Förderungsschwerpunkt Mikrosystemtechnik des BMFT vorgenommene Gliederung der Techniken [1-1].

Die vom BMFT in Auftrag gegebenen Studien zu den Förderungsschwerpunkten "Mikroperipherik" und "Mikrosystemtechnik" (vgl. Anlage 3) dienten zur grundlegenden Strukturierung der Techniken sowie z.T. als Datenbasis für Leistungskriterien zur Beschreibung des Technikstandes.

Zur Erhebung der relevanten Technometrie-Daten wurden in einem zweiten Schritt im Rahmen mehrerer Expertendelphis Daten und Informationen zu den einzelnen Mikrotechniken erhoben, soweit diese nicht aus den genannten Studien entnommen werden konnten, und in anschließenden Workshops diskutiert. Der Kreis der befragten Experten je Techniklinie schwankte zwischen 3 und 8 Experten. Workshops dienten dazu, die im Vorfeld gewonnenen Ergebnisse vor einem größeren Kreis von Experten zu diskutieren und zu validieren.

Der erste Schritt der Operationalisierung der technischen Themenfelder bestand darin, für jede Technik eine übersichtliche Strukturierung im Hinblick auf

❑ die zugrundeliegenden Substratmaterialien sowie

❑ auf einzelne Prozeßschritte bzw.

❑ auf bereits entwickelte Bauteile (speziell in der Faseroptik)

zu erarbeiten.

Auf diese Weise wurde für jede Technik eine Baumstruktur entwickelt (vgl. Bild 2-1), die die jeweiligen Bestandteile der Einzeltechniken abbildet und mittels zahlreicher Querverweise (auf der Ebene der Datenblätter) über Verzahnungen zwischen einzelnen technischen Themenfeldern Auskunft gibt.

Diese "mehrstufige Operationalisierung" wurde für jede Einzeltechnik soweit ausformuliert, bis auf der Ebene der "Blätter" der Baumstruktur jeweils einzelne Kriterien zur Messung des Leistungsstandes der Technik/Prozeßschritte/Bauteile entwickelt werden konnten.

Zu beachten ist, daß in den Baumstrukturen auch alternativ einsetzbare Prozeßschritte aufgeführt sind (z.B. verschiedene Ätzverfahren oder Bondtechniken bei der Mikromechanik auf Silizium-Basis; vgl. Bild 2-1).

Die einzelnen "Verästelungen" (d.h. Einzelthemen) im Rahmen der Strukturierung der technischen Themenfelder wurden einer dekadischen Gliederung folgend mit einer Code-Nummer versehen, die einerseits das zugehörige Datenblatt zur Einzeltechnik bezeichnet (vgl. Kapitel 6), andererseits für Querverweise zwischen den Techniken herangezogen wird. Für die in der Baumstruktur stark umrandeten "Blätter" liegen detaillierte Angaben in Form eines Datenblattes vor (vgl. Bild 2-2).

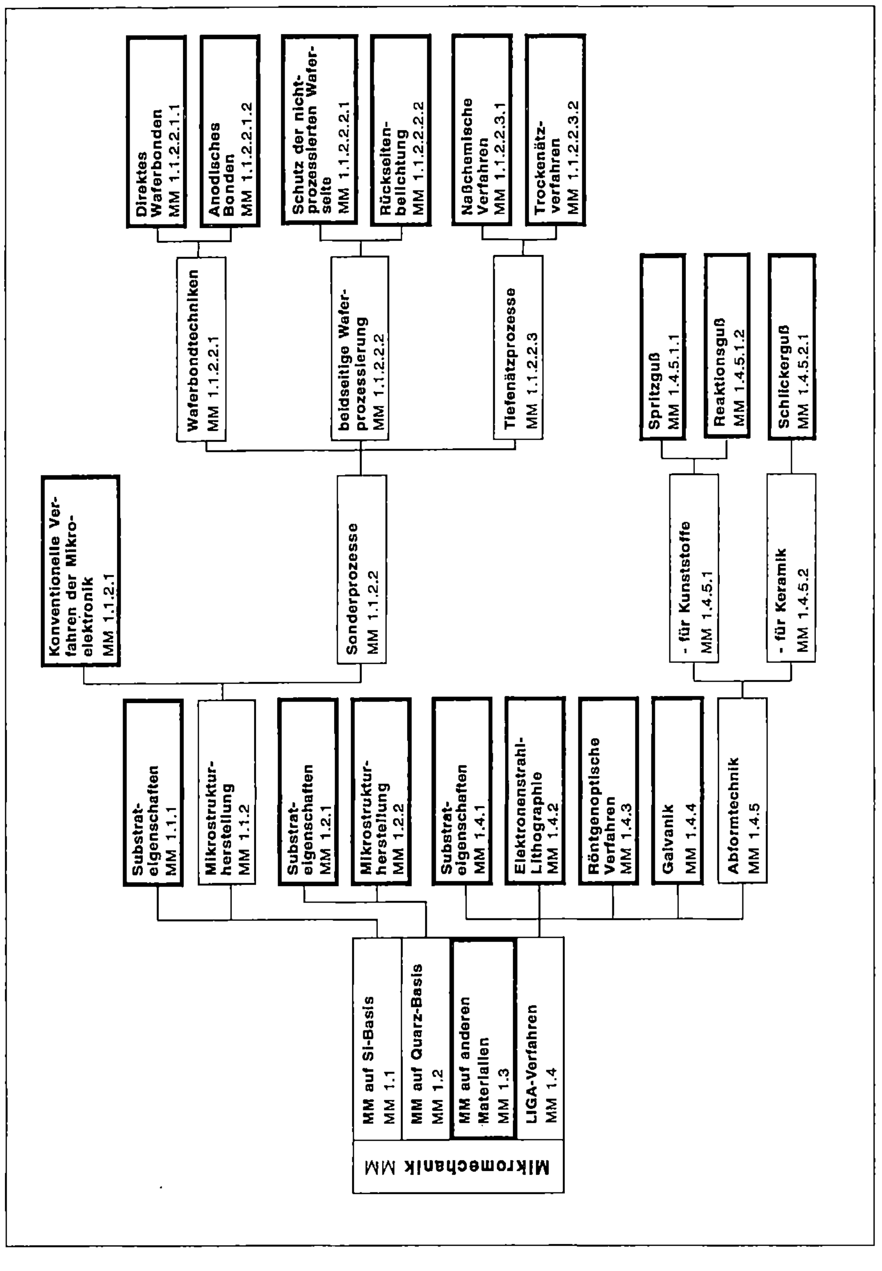

Bild 2-1: Strukturierung von Mikrosystemtechniken
(Beispiel: Mikromechanik)

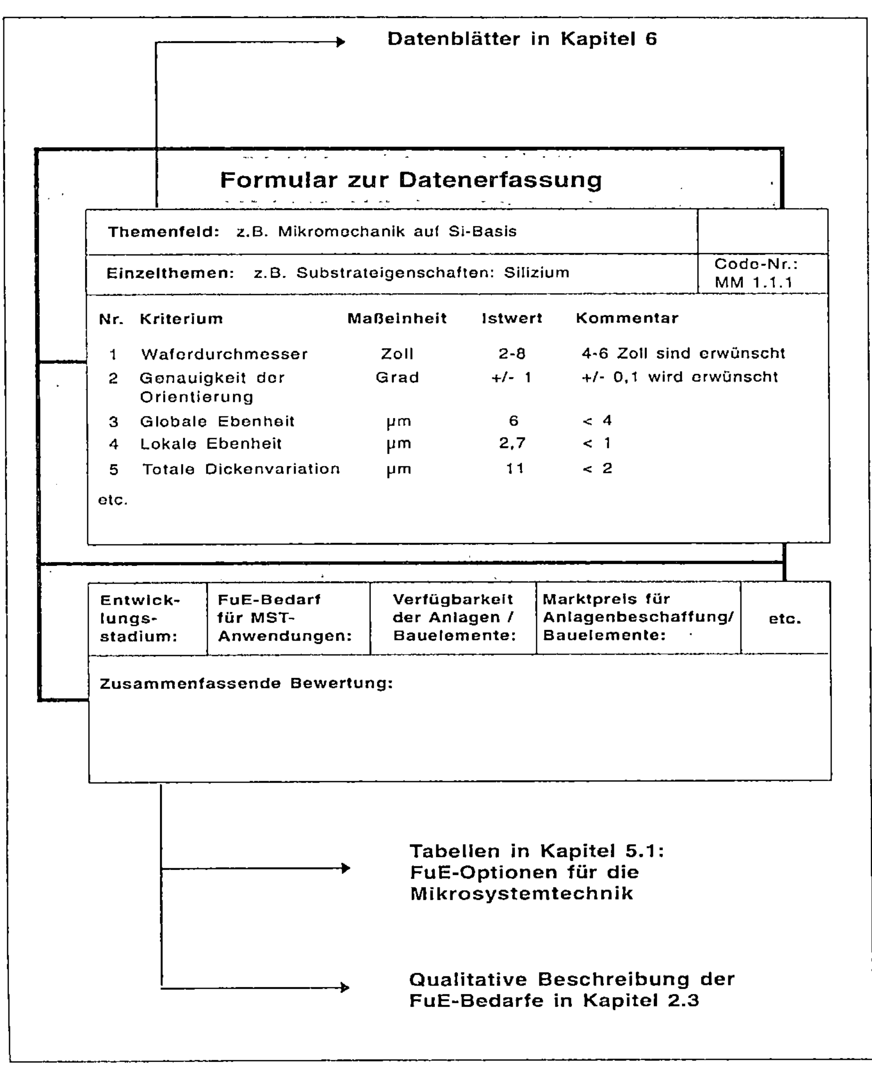

Bild 2-2: Datenblatt der Technometrie für die Mikromechanik
(Beispiel: Substrateigenschaften des Siliziums)

Die generierten Informationen werden in der qualitativen Beschreibung der FuE-Bedarfe in Kapitel 2.3 sowie im Rahmen der Darstellung der FuE-Optionen für die Mikrosystemtechnik in Kapitel 5.1 in Tabellenform umgesetzt. Die Kriteriensätze befinden sich als Datenblätter in Kapitel 6.

Im Rahmen der Expertendelphis wurde neben der grundsätzlichen Baumstruktur jeweils der Katalog der Leistungskriterien auf Vollständigkeit, Überschneidungsfreiheit, Operationalisierbarkeit sowie auf notwendige Querverweise zu anderen technischen Themenfeldern diskutiert.

Für die einzelnen Leistungskriterien wurde dann vor dem Erfahrungshintergrund der Experten jeweils der technische **Ist-Stand**, z.T. auch auf der Basis der Angaben von Substratherstellern, Anbietern von Sensoren usw., durch Angabe einer physikalisch-technischen Maßeinheit und der gegenwärtig erreichten Ausprägung dieses Wertes ermittelt (eine genaue Erläuterung der einzelnen Angaben in den Datenblättern ist Kapitel 6 dieser Untersuchung vorangestellt).

2.2.2 Verdichtung der technometrischen Ergebnisse in FuE-Portfolios

2.2.2.1 *Positionierung der Technologiefelder in FuE-Portfolios*

Auf der Basis der in den Datenblättern der Technometrie zusammengefaßten Informationen wurde für jede Techniklinie ein sog. **FuE-Portfolio** erstellt, das den jeweiligen Entwicklungsstand der Einzeltechniken sowie den abgeleiteten FuE-Bedarf für MST-Anwendungen ausweist (vgl. Bild 2-3).

Die Klassifizierung des FuE-Bedarfes als "gering", "mittel" oder "hoch" hängt dabei von der Ausprägung der verschiedenen hier verwandten Technometrie-Indikatoren ab. Eine Definition und genaue Charakterisierung der jeweiligen Felder innerhalb der Portfolios zur Einordnung der Technologien in den Lebenszyklus und zur Klassifizierung des FuE-Bedarfes für MST-Anwendungen wird in Kapitel 5.1 gegeben.

Das FuE-Portfolio visualisiert die Einzelergebnisse der Technometrie und stellt die Einzeltechniken einander gegenüber. Unternehmen wie auch Forschungsinstitutionen und Forschungsförderer erhalten so wichtige Informationen für die Ausrichtung ihrer FuE-Aktivitäten bzw. -Politik.

2.2.2.2 *Interpretation der FuE-Portfolios zur Ableitung technologiepolitischer Handlungsoptionen*

Der ermittelte Entwicklungsstand und FuE-Bedarf hinsichtlich der einzelnen behandelten Mikrotechniken für MST-Anwendungen eröffnet über deren Positionierung in den dargestellten FuE-Portfolios unterschiedliche Förderungs-Optionen (vgl. Bild 2-4). Dabei lassen sich drei grundsätzliche **Förderungs-Optionen** ableiten (vgl. ausführlich Kapitel 5.1):

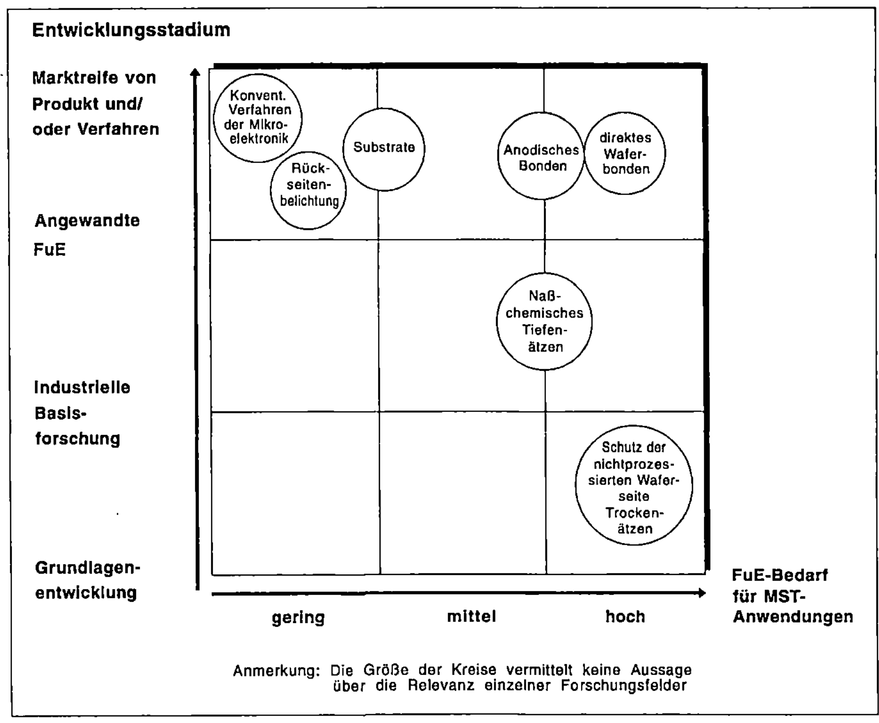

Bild 2-3: FuE-Portfolio (Beispiel: Mikromechanik auf Silizium)

(1) Koordinierte Förderung von Technologieentwicklungen in Zusammenhang mit angrenzenden Förderungsprogrammen und -schwerpunkten (z.B. Materialforschung, Dünnfilmtechnologien, Laserforschung) zur Lösung von Grundlagenfragen mit dem Ziel, die Problemkenntnisse über die Anwendungsrelevanz neuer Prozeßtechnologien für MST-Anwendungen innerhalb der behandelten Mikrotechniken zu verbessern **(Felder 4, 7 in Bild 2-4)**

(2) Förderung von Technologieentwicklungen zur Lösung von Anpassungsproblemen der behandelten Mikrotechniken für MST-Anwendungen im Rahmen grundlagennaher **(Felder 8, 9)** oder anwendungsorientierter Verbundvorhaben **(Felder 5, 6)** innerhalb der Förderung der Mikrosystemtechnik

(3) Förderung der Breitendiffusion von Technologien, die sich bereits auf einem hohen Entwicklungsniveau befinden, deren Anwendungsstand für Mikrosysteme sich aber erst am Anfang des Diffusionsprozesses befindet **(Felder 2, 3)**.

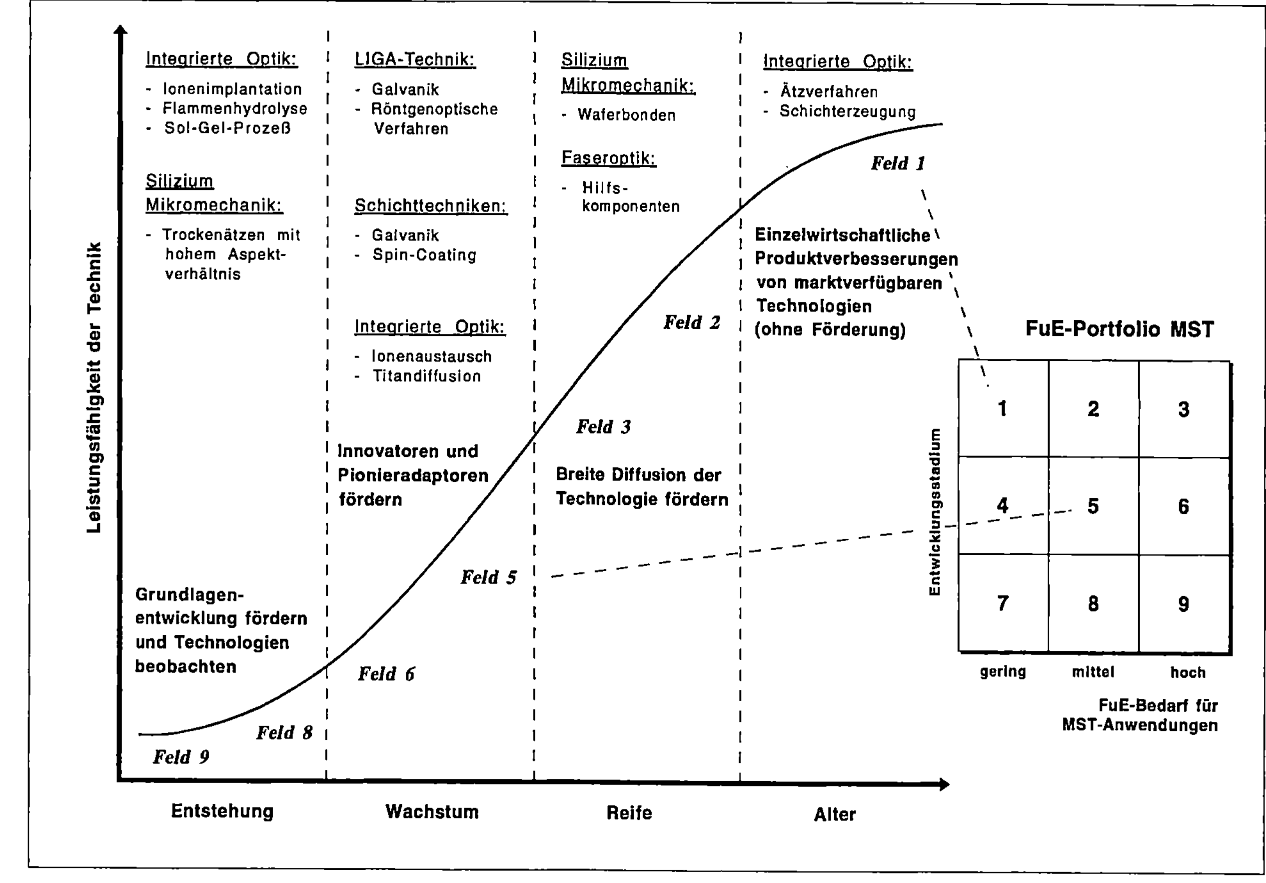

Bild 2-4:	Förderungs-Optionen für Mikrotechniken vor dem Hintergrund von Technologie-Lebenszyklus und FuE-Portfolios

In Bild 2-4 ist der Zuammenhang zwischen dem Entwicklungsstadium der Einzeltechniken, ihrer Positionierung in den FuE-Portfolios und den daraus ableitbaren Förderungs-Optionen anhand von Beispielen aus der Mikrosystemtechnik dargestellt. Eine Zusammenfassung der auf der Basis der vorliegenden Untersuchung abgeleiteten Förderungs-Optionen erfolgt in Kapitel 5.1.

2.2.2.3 Interpretation der FuE-Portfolios zur Ableitung einzel-wirtschaftlicher FuE-Strategien

Die im Rahmen dieser Untersuchung entwickelte **Technometrie** dient u.a. als Verfahren zur Charakterisierung von Mikrotechniken und ihrer Einordnung in den Technologie-Lebenszyklus. Dies legt zugleich die Grundlage für die Ableitung einzelwirtschaftlicher FuE-Strategien über eine Einschätzung der Technologieattraktivität der Einzeltechniken (vgl. dazu Bild 2-6):

- **Technologien in der Entstehungsphase** sind Schrittmacher-Technologien, die Auswirkungen auf Marktpotential und Wettbewerbsdynamik in der Zukunft erkennen lassen; sie besitzen eine hohe Technologieattraktivität, da der Grad des ausgeschöpften Marktpotentials noch sehr gering ist, bergen andererseits hohe FuE-Risiken, da noch Unsicherheiten über die technische Leistungsfähigkeit und die Anwendungsbreite der Technologien bestehen.

- **Technologien in der Wachstumsphase** sind Schlüssel-Technologien, die die Wettbewerbsfähigkeit in einer Branche gegenwärtig signifikant beeinflussen; die FuE-Aufwendungen sind aufgrund der Anwendungsentwicklungen sehr hoch, eine zunehmende Integration in Produkte und Verfahren ist erkennbar.

- **Technologien am Übergang in die Reifephase** sind sog. Basis-Technologien. Der Grad der Erreichung ihres Wettbewerbspotentiales nimmt zu, da Basis-Technologien häufig allgemein verfügbar sind und von den Wettbewerbern in etwa gleichem Maße beherrscht werden. Mit zunehmender Reife nimmt die Attraktivität dieser Technologien ab, da sie die Grenze ihrer Leistungsfähigkeit erreicht haben und durch andere Technologien absehbar verdrängt werden (**"Degenerations-/ Altersphase"**).

Eine Abgrenzung der verschiedenen Technologien nach dem Grad ihrer Beeinflussung des Wettbewerbes und der Integration in Produkten und Verfahren ist mit Hilfe der in Bild 2-5 dargestellten "Impact-Matrix" möglich:

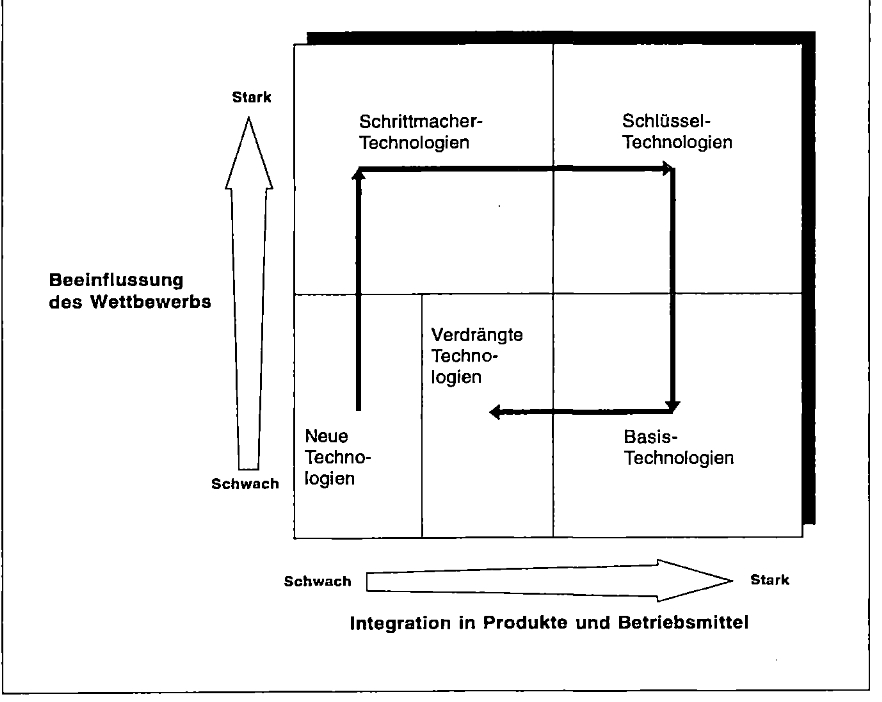

Bild 2-5: Impact-Matrix zur Abgrenzung von Technologien. Quelle: [2-6]

Durch die hier verwendeten Technometrie-Indikatoren ist eine Einschätzung über die zentralen Indikatoren zur Beurteilung der **Technologie-Attraktivität** der hier behandelten Mikrotechniken möglich. Die jeweilige Ausprägung der Technometrie-Indikatoren gibt dabei für die einzelnen Technikfelder Auskunft über (vgl. Bild 2-6)

❑ das **technische Risiko** (z.B. über die derzeit erreichten Ausprägungen der technischen Leistungskriterien, durch Kennzeichnung der Prozeßsicherheit, Reproduzierbarkeit, Automatisierbarkeit von Prozeßschritten)

❑ die **erforderlichen FuE-Investitionen** (über Angabe der Marktpreise für Anlagen und Bauelemente)

❑ **Eintrittsbarrieren** (über Hinweise zur Verfügbarkeit der Anlagen/ Bauelemente und der Verfügbarkeit von Prozeßschritten als technische Dienstleistungen)

❑ den **Anwendungsstand** in Wissenschaft und Industrie sowie

❑ den **Typ der erforderlichen Entwicklungsanforderungen** (wissenschaftliche Grundlagenentwicklung, industrielle Basisforschung, angewandte FuE).

Die Ausprägung unterschiedlicher (technometrischer) Indikatoren kennzeichnet die Phasen des Technologie-Lebenszyklus:

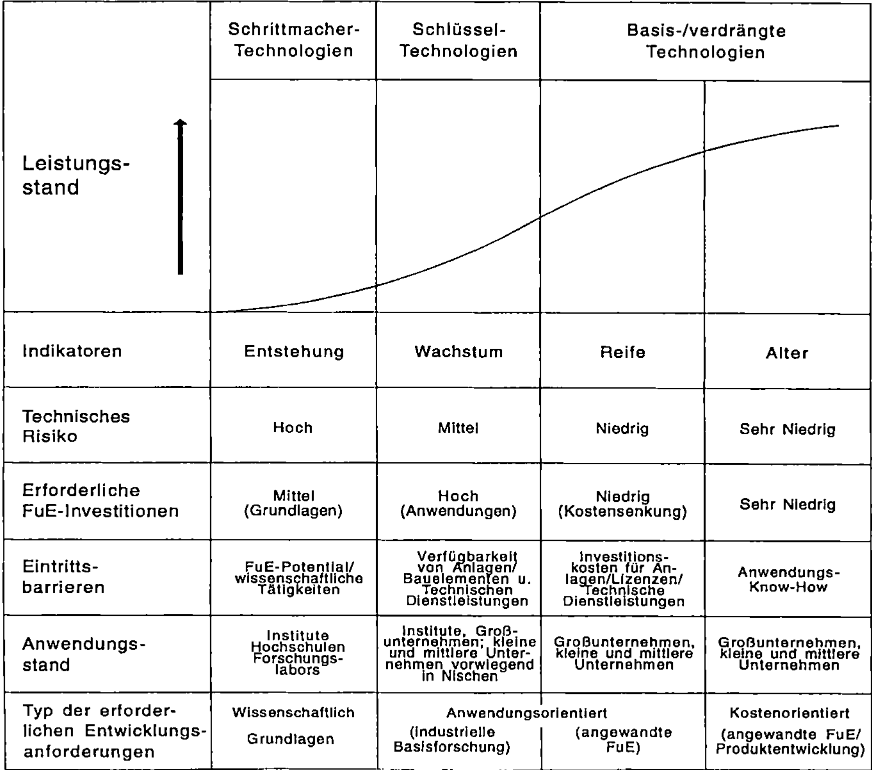

	Schrittmacher-Technologien	Schlüssel-Technologien	Basis-/verdrängte Technologien	
Leistungs-stand				
Indikatoren	Entstehung	Wachstum	Reife	Alter
Technisches Risiko	Hoch	Mittel	Niedrig	Sehr Niedrig
Erforderliche FuE-Investitionen	Mittel (Grundlagen)	Hoch (Anwendungen)	Niedrig (Kostensenkung)	Sehr Niedrig
Eintritts-barrieren	FuE-Potential/ wissenschaftliche Tätigkeiten	Verfügbarkeit von Anlagen/ Bauelementen u. Technischen Dienstleistungen	Investitions-kosten für Anlagen/Lizenzen/ Technische Dienstleistungen	Anwendungs-Know-How
Anwendungs-stand	Institute Hochschulen Forschungs-labors	Institute, Groß-unternehmen; kleine und mittlere Unternehmen vorwiegend in Nischen	Großunternehmen, kleine und mittlere Unternehmen	Großunternehmen, kleine und mittlere Unternehmen
Typ der erforder-lichen Entwicklungs-anforderungen	Wissenschaftlich Grundlagen	Anwendungsorientiert (industrielle Basisforschung)	(angewandte FuE)	Kostenorientiert (angewandte FuE/ Produktentwicklung)

Bild 2-6:   Indikatoren der Lebenszyklusphase einer Technologie. Quelle: [2-7]

Die Nutzung der Technometrie-Indikatoren im Rahmen der Entwicklung einer einzelwirtschaftlichen Technologie-Strategie, insbesondere bei Make-Or-Buy-Entscheidungen, wird in Kapitel 5.2 dargestellt.

2.3 Stand und FuE-Bedarf der Mikrosystemtechniken in ausgewählten Feldern

Nachfolgend werden technometrische Ergebnisse für ausgewählte Einzeltechniken (vgl. Kapitel 2.3.1), Aussagen über die Kompatibilität von Einzeltechniken im Hinblick auf ihre Systemintegration (vgl. Kapitel 2.3.2) sowie Ergebnisse der Bibliometrie und Patentrecherche für die (bio-) chemische und physikalische Sensorik dargestellt (vgl. Kapitel 3 und 4).

2.3.1 Technometrie der Integrierten Optik, Schichttechniken, Mikromechanik, Halbleitertechnik und Faseroptik

2.3.1.1 Integrierte Optik

Die Integrierte Optik hat zum Ziel, in Analogie zur integrierten Elektronik miniaturisierte optische Bauelemente herzustellen. In der Integrierten Optik werden Planartechniken verwendet, die funktionale Basisbauelemente einer optischen Schaltung auf einem gemeinsamen Substrat (Glas, Silizium, Lithiumniobat, III-V-Halbleiter, Polymere) vereinen. Durch lokale Erhöhung des Brechungsindexes werden Strukturen zur Lichtführung oder Lichtwandlung hergestellt. Dabei finden weitgehend Prozesse der Halbleitertechnik Verwendung.

Bild 2-7 zeigt Querschnitte typischer planarer optischer Streifenwellenleiter. Mit ihnen lassen sich die verschiedensten Grundkomponenten realisieren.

Neben diesen passiven Bauelementen können in bestimmten Materialien wie Lithiumniobat oder III-V-Halbleitern aktive optische Komponenten realisiert werden. Dazu gehören elektro-optische, akusto-optische und optisch nicht-lineare Bauelemente sowie Laser und Photodetektoren.

Durch Kombination aktiver und passiver Komponenten auf einem gemeinsamen Substrat, verbunden durch Wellenleiter, können dann integriert-optische Schaltkreise für spezielle Anwendungen entwickelt werden.

Integriert-optische Komponenten werden meist im Zusammenhang mit der Faseroptik eingesetzt. Dabei dient die Faser i.d.R. zur Ein- und Auskopplung des Lichts in den integriert-optischen Baustein; darüber hinaus kann die Faser aber auch als Sensorelement eingesetzt werden (z.B. Faseroptischer Kreisel mit integriert-optischer Signalverarbeitung).

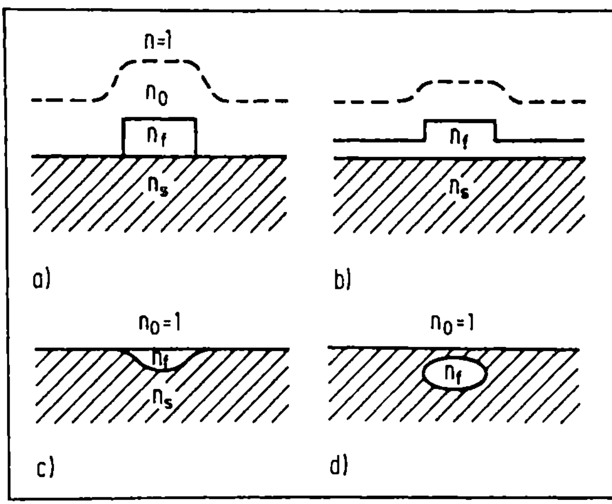

Bild 2-7:   Planarer optischer Streifenwellenleiter. Quelle: [2-8]

Querschnitte typischer planarer optischer Streifenwellenleiter

(n = Brechzahl des Materials):

a) Aufliegender Streifenwellenleiter,

b) Rippenwellenleiter,

c) Diffundierter oder ionenausgetauschter Streifenwellenleiter,

d) Vergrabener Streifenwellenleiter

Bild 2-8 zeigt eine Interferenzkontrastaufnahme eines fasergekoppelten Streifenwellenleiters:

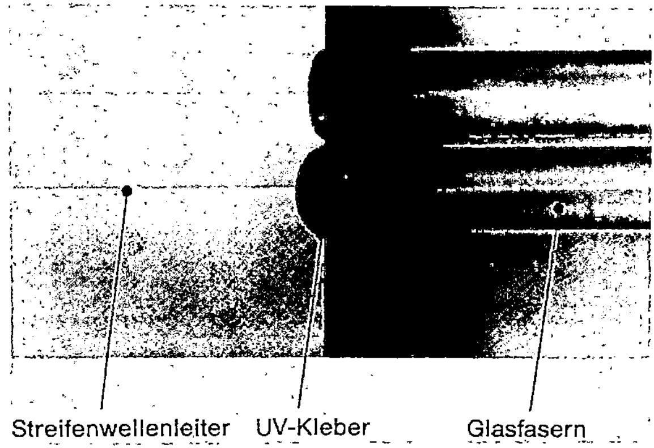

Bild 2-8:   Fasergekoppelter Streifenwellenleiter. Quelle: [2-9]

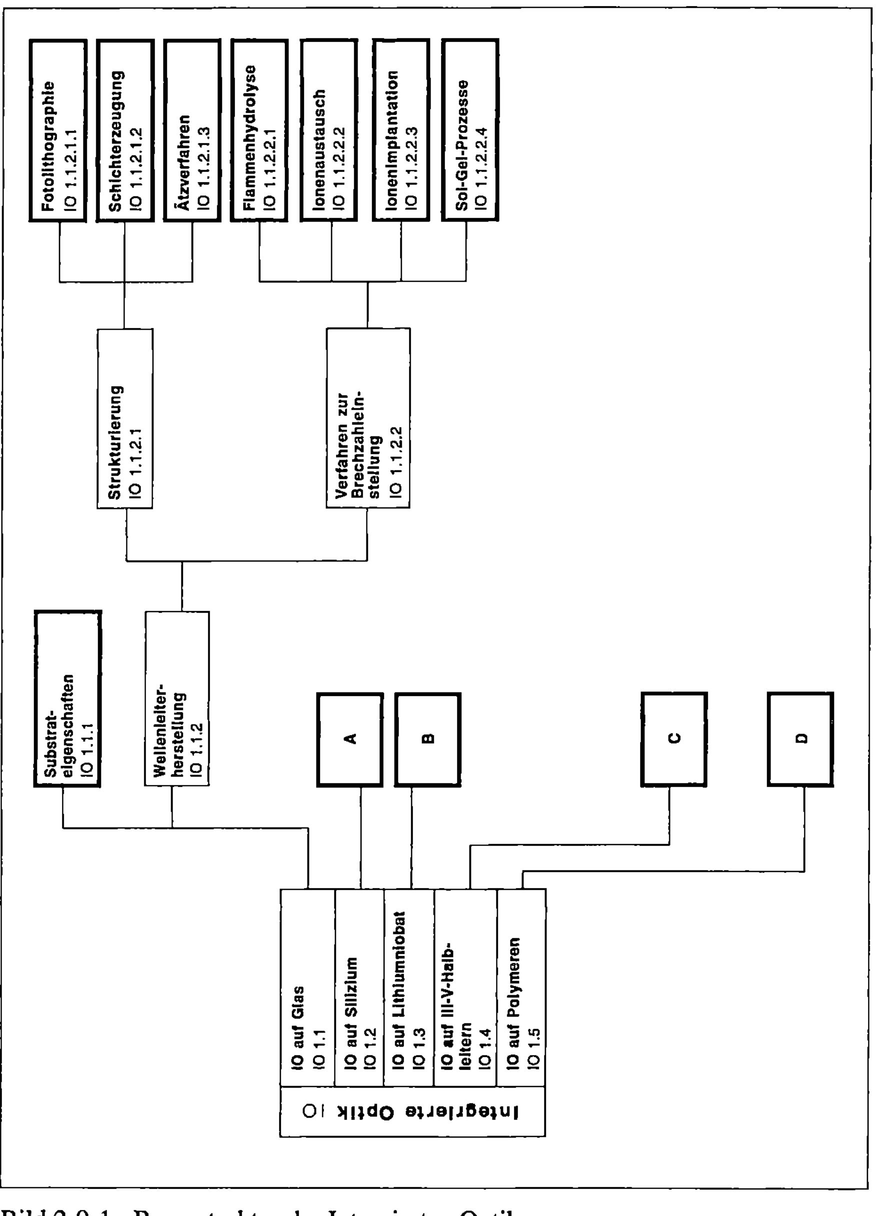

Bild 2-9-1: Baumstruktur der Integrierten Optik

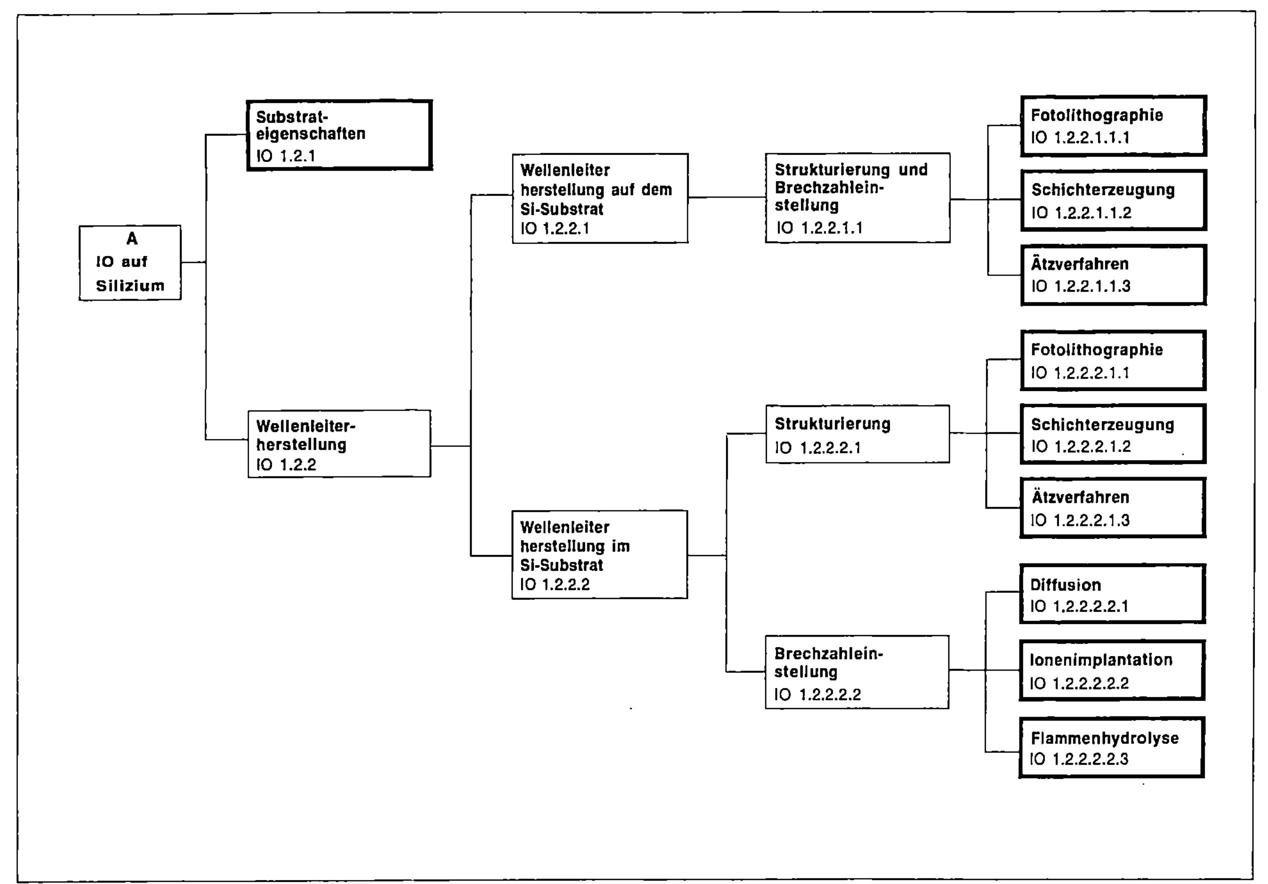

Bild 2-9-2: Baumstruktur der Integrierten Optik (Fortsetzung)

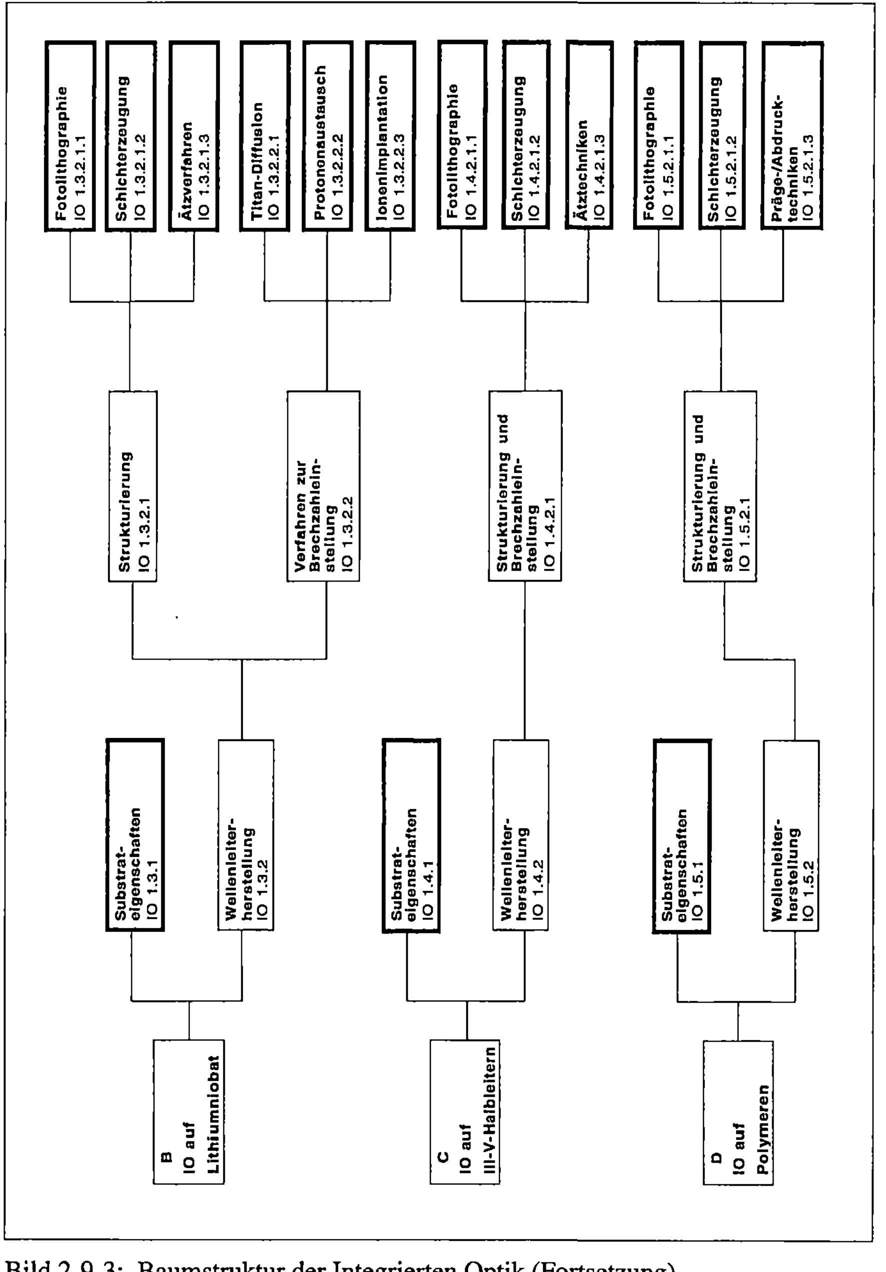

Bild 2-9-3: Baumstruktur der Integrierten Optik (Fortsetzung)

Die integriert-optische Baugruppe ist der diskret aufgebauten Baugruppe hinsichtlich Miniaturisierung, Stabilität, Komplexität und Kosten überlegen. In ihr kann das in Strukturen mit Querschnittsdimensionen von wenigen Wellenlängen konzentrierte Licht präziser geführt und schneller sowie mit geringerer Leistung beeinflußt werden.

Anwendungsfelder sind vor allem in der optischen Nachrichtenübertragung sowie der Meßtechnik zu sehen.

Zur Strukturierung der Integrierten Optik im Hinblick auf die Technometrie wurde in einem ersten Schritt eine Systematisierung nach zugrundeliegenden Materialien vorgenommen (Glas, Lithiumniobat, Silizium, III-V-Halbleiter, Polymere). Die Technometrie erfaßt auf dieser Grundlage dann jeweils Substrateigenschaften, Verfahren zur Strukturierung und Schichterzeugung sowie Verfahren zur Brechzahleinstellung hinsichtlich des FuE-Bedarfes für MST-Anwendungen.

Die Bilder 2-9-1 bis 2-9-3 zeigen die vorgenommene Strukturierung der Integrierten Optik als Baumstruktur.

2.3.1.1.1 Integrierte Optik auf Glas

Bei der Integrierten Optik auf Glas wird als Verfahren zur Brechzahleinstellung in erster Linie der Ionenaustausch eingesetzt. Darüberhinaus kommen auch Sol-Gel-Prozesse, die Flammenhydrolyse und die Ionenimplantation zum Einsatz. Als Strukturierungstechnik finden die in der Halbleitertechnik gebräuchlichen Verfahren wie Schichterzeugung, Fotolithographie und Ätzverfahren Anwendung (vgl. Bild 2-9-1).

Die Technometrie für die Integrierte Optik auf Glas führt zu der Darstellung im FuE-Portfolio, Bild 2-10.

Qualitativ stellen sich die einzelnen FuE-Bedarfe im Hinblick auf MST-Anwendungen der Einzeltechniken wie folgt dar:

❏ Die Qualität der **Substrate** für die Integierte Optik auf Glas ist im allgemeinen ausreichend. Optische Standardgläser sind in hoher Qualität verfügbar; mit ihnen werden gute Ergebnisse erzielt. Dagegen werden mit Spezialgläsern, die frei von zweiwertigen Kationen sind, eindeutig bessere Ergebnisse erreicht. Spezialgläser für den Ionenaustausch werden derzeit jedoch nur von wenigen Firmen für den Eigenbedarf produziert. Anpassungsentwicklungen sind in der angewandten FuE für spezifische Anwendungsfelder erforderlich.

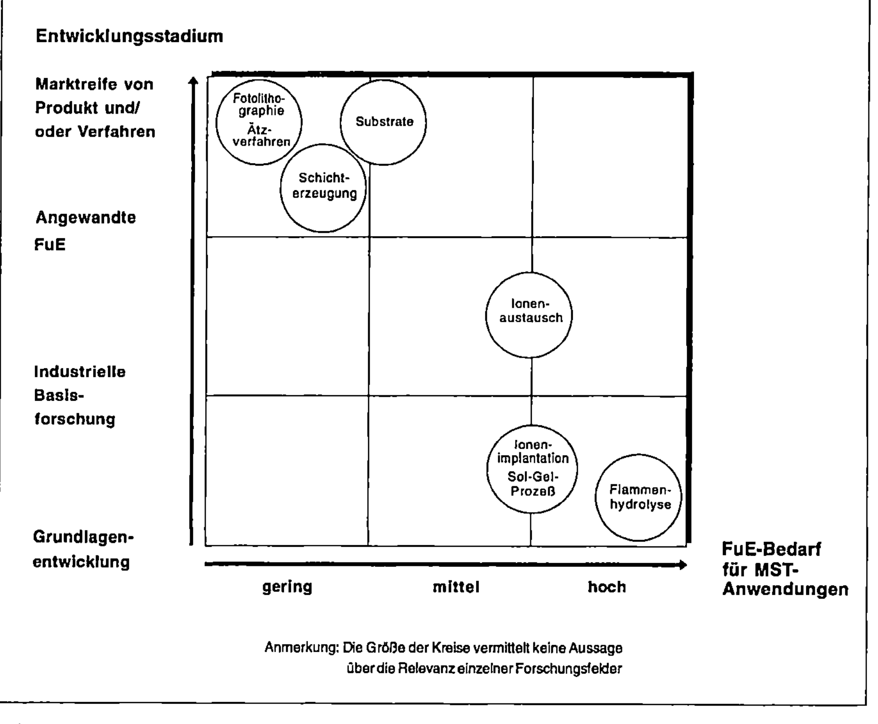

Bild 2-10: FuE-Portfolio "Integrierte Optik auf Glas"

❑ Die Verfahrensschritte zur **Strukturierung** (Fotolithographie, Schicht-erzeugung und Ätzverfahren) sind in ausreichender Weise entwickelt (aus der Halbleitertechnik/Schichttechnik), es besteht lediglich Bedarf nach einer Optimierung von abgeschiedenen Schichten bezüglich der Resistenz gegen Salzschmelzen (280 - 450 °C). Integriert-optische Schaltungen für monochromatisches Licht erfordern sehr geringe Toleranzen bei der Strukturierung. Elektronenstrahlbelichtete Fotomasken und eine hochpräzise Fotolithographie sind erforderlich.

❑ Der **Ionenaustausch** ist heute das Standardverfahren zur Herstellung von Wellenleitern in Glas. Die benötigten Geräte müssen allerdings vom Anwender selbst zusammengestellt werden. Verfahren zur Quali-fizierung des Ionenaustausches (Brechzahlprofilmessung) sind eben-falls nicht am Markt erhältlich.

❑ Unter den Verfahren zur Brechzahleinstellung wird die **Flammen-hydrolyse** derzeit weltweit nur von wenigen Arbeitsgruppen auf universitärer Ebene eingesetzt. Sie befindet sich noch im Stadium der Grundlagenentwicklung. Ihr Einsatz bei der Realisierung von Mikrosystemen setzt einen hohen FuE-Aufwand voraus.

❑ Die **Ionenimplantation** befindet sich im Übergang von der Grundlagen- zur industriellen Basisforschung. Derzeit fehlen geeignete Ionenimplanter, die mit genügend hoher Dosis (ca. 10^{13} cm^{-2}) den benötigten Durchsatz schaffen. Die industriell verfügbaren Anlagen für die Ionenimplantation müssen für diese Aufgaben vom Anwender modifiziert werden.

❑ Die benötigten Geräte für den **Sol-Gel-Prozeß** müssen vom Anwender derzeit noch selbst zusammengestellt werden. Im Vergleich zum Ionenaustausch erfordert der Sol-Gel-Prozeß mehr Verfahrensschritte.

2.3.1.1.2   Integrierte Optik auf Silizium

In der Integrierten Optik wird Silizium heute vorwiegend als Substratträger verwendet. Die Wellenleiter werden <u>auf</u> dem Substrat mit Schichttechniken aufgebaut. Durch die Wahl der Schichtmaterialien erfolgt die Brechzahleinstellung. Die Strukturierung der Wellenleiter erfolgt durch die in der Halbleitertechnik üblichen Verfahren wie Fotolithographie, Schichterzeugung und Ätzen (vgl. auch Bild 2-9-2). Aufgrund der geringen Schichtdicken lassen sich hier i.d.R. nur monomode Lichtleiter realisieren.

Verfahren zur Wellenleiterherstellung <u>im</u> Siliziumsubstrat sind wenig verbreitet. Hier werden Verfahren wie z.B. die Eindiffusion von Germanium oder die Ioenenimplantation sowie die Flammenhydrolyse eingesetzt.

Siliziumsubstrate sind aus der Halbleitertechnik in ausreichender Qualität industriell verfügbar. Die Strukturierungsverfahren zur Wellenleiterherstellung auf einem Siliziumsubstrat sind ausgereift. Erste Produkte mit integriert-optischen Bauteilen auf Silizium sind bereits kommerziell vorgestellt worden (z.B. Interferometrischer Sensor der Hommelwerke Sensor GmbH; vgl. Bild 2-11).

Das FuE-Portfolio für die Integrierte Optik auf Basis des Siliziums zeigt - ähnlich wie das der Integrierten Optik auf Glas - einen mittleren bis hohen Forschungsbedarf, insbesondere für die Verfahren zur Brechzahleinstellung für Wellenleiter <u>im</u> Silizium-Substrat, die sich noch weitgehend im Stadium der Grundlagenentwicklung bzw. im Übergang in die industrielle Basisforschung befinden (vgl. Bild 2-12).

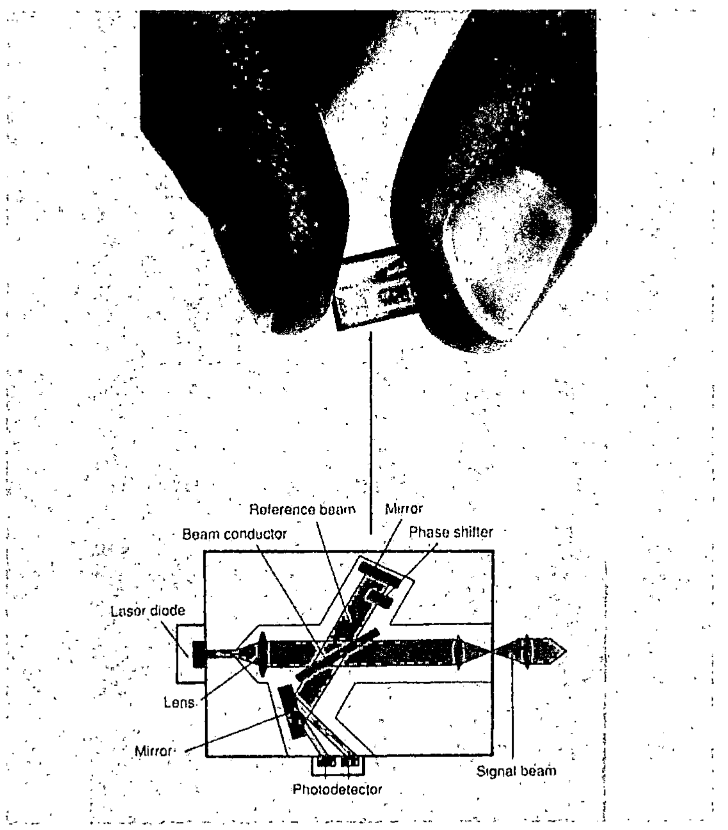

Bild 2-11: Interferometrischer Sensor.
Quelle: Werkfoto der Hommelwerke Sensor GmbH

Integriert-optisches Michelson-Interferometer für Abstands- und Bewegungssensoren.
Im unteren Teil des Bildes ist schematisch der Strahlengang auf dem integriert-
optischen Chip dargestellt.

Qualitativ stellen sich die einzelnen FuE-Bedarfe im Hinblick auf MST-Anwendungen der Einzeltechniken wie folgt dar:

❑ **Substrate** und Verfahren zur **Strukturierung** (Fotolithographie, Schichterzeugung, Ätzverfahren), wie in der Halbleitertechnik genutzt, genügen den Anwendungserfordernissen der Integrierten Optik auf Silizium. Die in der Halbleitertechnik verwendeten Geräte übertreffen zum Teil sogar in ihren Leistungen die Anforderungen der Integrierten

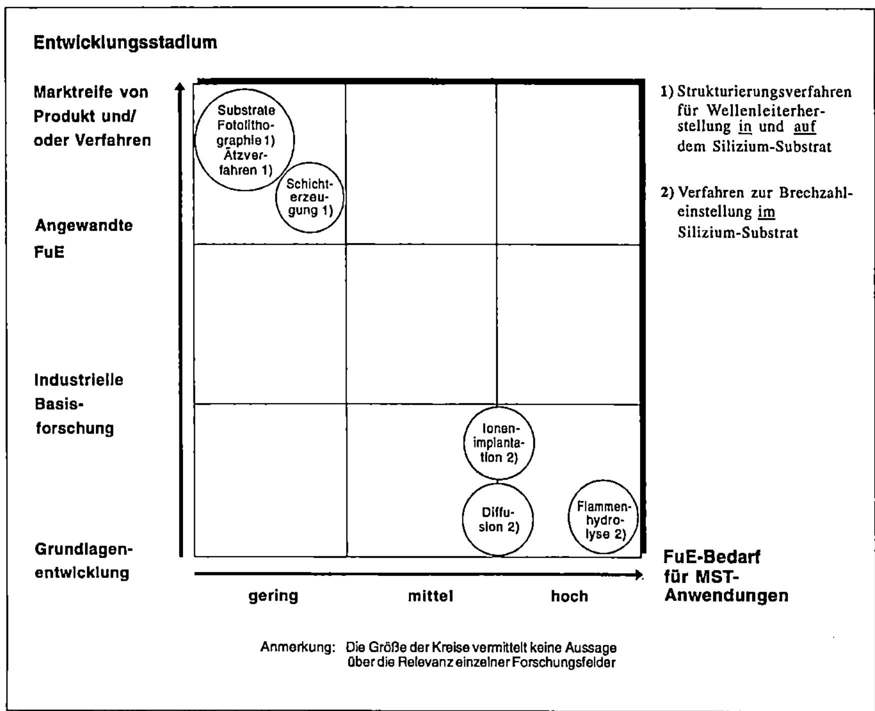

Bild 2-12: FuE-Portfolio "Integrierte Optik auf Silizium"

Optik. Für die Herstellung von Lichtwellenleitern reicht ein Mask-Aligner aus. Mit Wafersteppern können sämtliche integriert-optischen Komponenten hergestellt werden. Da teilweise äußerst enge Toleranzen der Strukturierung verlangt werden, benötigt man elektronenstrahlbeschriebene Fotomasken, die jedoch über Dienstleister bezogen werden können.

❏ Die Wellenleiter werden heute in der Regel **auf** dem Substrat mit Schichttechniken aufgebaut. Die Verfahren zur Herstellung optischer Wellenleiter **im** Siliziumsubstrat (z.B. durch **Ge-Eindiffusion, Ionenimplantation**) befinden sich noch in der Grundlagenentwicklung und werden derzeit in Deutschland nur in Forschungsinstituten untersucht.

❏ Die **Flammenhydrolyse** wurde in der Vergangenheit vorwiegend für Zwecke der optischen Nachrichtentechnik, insbesondere in Japan entwickelt. Mit Anwendungen in der Mikrosystemtechnik (speziell Sensorik) beschäftigen sich weltweit nur wenige universitäre Arbeitsgruppen.

2.3.1.1.3 Integrierte Optik auf Lithiumniobat

Die Wellenleiterherstellung auf Lithiumniobat ist vergleichbar zur Wellenleiterherstellung auf Glas (vgl. Bild 2-9-3). Auf Lithiumniobat lassen sich im Gegensatz zur Integrierten Optik auf Glas und Silizium nicht nur passive (z.B. optische Verzweiger) sondern auch aktive integriert-optische Bauelemente (z.B. optische Modulatoren) realisieren.

Das FuE-Portfolio für die Integrierte Optik auf Lithiumniobat weist folgenden Entwicklungsstand der Substrateigenschaften und Prozeßschritte aus:

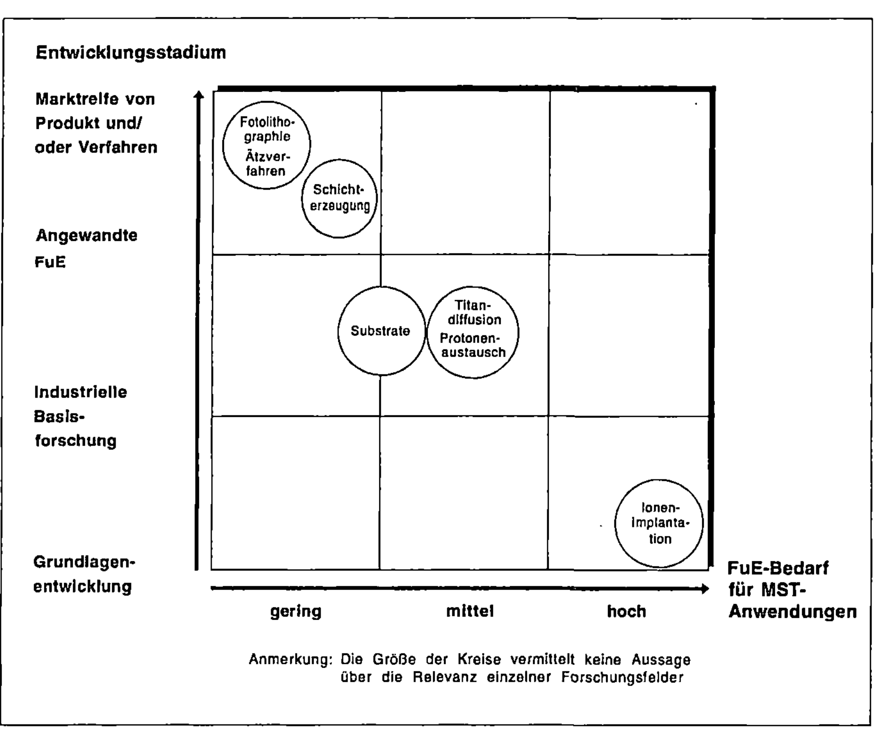

Bild 2-13: FuE-Portfolio "Integrierte Optik auf Lithiumniobat"

Qualitativ stellen sich die einzelnen FuE-Bedarfe im Hinblick auf MST-Anwendungen der Einzeltechniken wie folgt dar:

❑ Bezüglich der Anwendung im sichtbaren Spektralbereich ist hinsichtlich des **Substrates** Lithiumniobat eine Verbesserung der Reinheit notwendig. Für bestimmte Anwendungen (z.B. Arbeitspunktdrift bei

Phasen- und Amplitudenmodulatoren) reicht zugleich die Langzeitstabilität nicht aus. Analog zur Integrierten Optik auf Glas sind auch hier elektronenstrahlbelichtete Fotomasken erforderlich.

❏ Die Verfahren der **Strukturierung**, wie sie aus der Halbleitertechnik bekannt sind, reichen für Anwendungen in der Integrierten Optik auf Lithiumniobat aus.

❏ Die **Titan-Diffusion** und der **Protonenaustausch** stehen als relativ weit entwickelte Verfahren zur Wellenleiterherstellung zur Verfügung. FuE-Bedarf liegt z.B. noch in der Verminderung von globalem Verlust für Resonatoren sowie in der Verbesserung von Gleichmäßigkeit und Reproduzierbarkeit der Dotierung (Titan-Diffusion) und für den Austausch anderer als Li^+-Ionen, z.B. Ionen Seltener Erden (Protonenaustausch).

❏ Die **Ionenimplantation** wird nur in Spezialfällen eingesetzt. Diese Technik ermöglicht die Erzeugung von vergrabenen Wellenleitern durch entsprechende Dotierung. Derzeit werden z.B. im Labormaßstab Wellenleiter in Lithiumniobat durch Implantation von Titan hergestellt. Geeignete Geräte für die Massenproduktion fehlen. Industriell verfügbare Ionenimplanter müssen vom Anwender für den Einsatz in der Integrierten Optik auf Lithiumniobat modifiziert werden.

2.3.1.1.4   Integrierte Optik auf III-V-Halbleitern

Die Integrierte Optik auf III-V-Halbleitern bietet von allen Verfahren das größte Technologiepotential zur monolithischen opto-elektronischen Integration, da mit III-V-Halbleitern Fotodioden, Laserdioden, passive und aktive Wellenleiterstrukturen sowie mikroelektronische Bauelemente auf einem Substrat realisiert werden können. Probleme ergeben sich dabei derzeit insbesondere aufgrund der unterschiedlichen Anforderungen an das Material bzw. die verschiedenen Techniken für die einzelnen Bauelemente.

Wellenleiter werden mit den Verfahren der Fotolithographie, Schichterzeugung und Ätztechnik hergestellt. Bei der Schichterzeugung finden Epitaxieverfahren wie die Molekularstrahlepitaxie (MBE) und die metallorganische Gasphasenepitaxie (MOCVD bzw. MOVPE) Verwendung.

Trotz des oben beschriebenen Potentials sind derzeit integriert-optische Bauelemente auf Basis von III-V-Halbleitern kommerziell noch nicht verfügbar; es läßt sich vielmehr feststellen, daß sich diese Technik derzeit im Bereich der Grundlagenforschung befindet.

Das FuE-Portfolio für die Integrierte Optik auf III-V-Halbleitern weist demgemäß insbesondere für die Schichterzeugung und die Substrateigenschaften (quaternäre III-V-Halbleiter) einen hohen Forschungsbedarf im Grundlagenentwicklungsbereich aus (vgl. Bild 2-14):

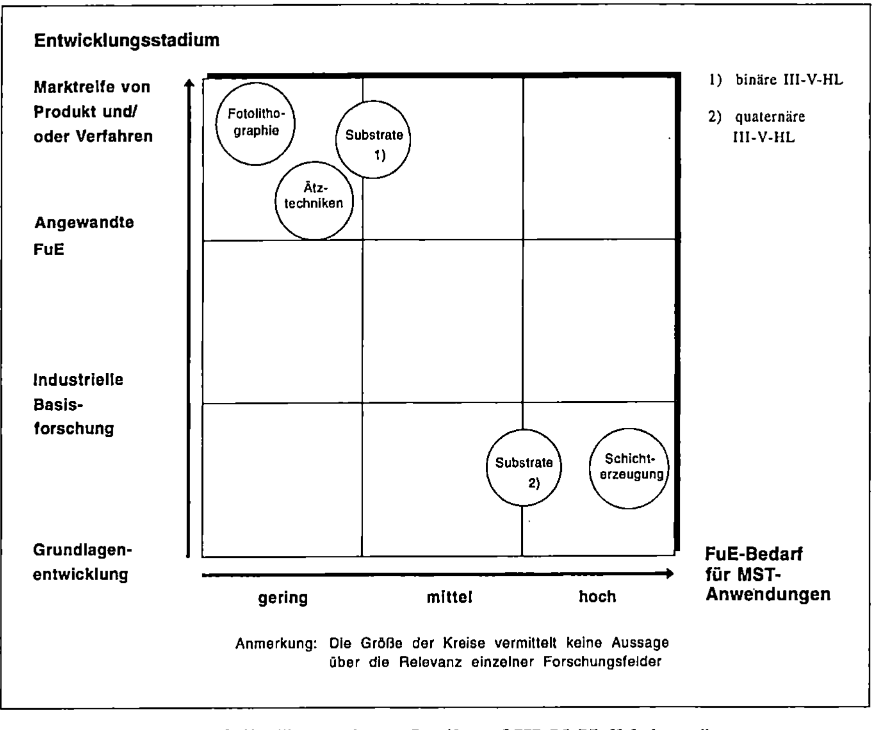

Bild 2-14: FuE-Portfolio "Integrierte Optik auf III-V-Halbleitern"

Qualitativ stellen sich die einzelnen FuE-Bedarfe im Hinblick auf MST-Anwendungen der Einzeltechniken wie folgt dar:

❏ Die Verfahren der **Fotolithographie** und der **Ätztechniken** sind für die Integrierte Optik auf III-V-Halbleitern ausreichend. Durch Ionenätzen kann ein Reihe von Metallen geätzt werden, die chemisch schwer ätzbar sind (z.B. Platin).

❏ Als **Substrate** stehen nur die binären III-V-Halbleiter (Galliumarsenid, Indiumphosphid) zur Verfügung. In GaAs/GaAlAs-Systemen kann eine Integrierte Optik für den Wellenlängenbereich von 0,7 - 0,9 µm, InP von 1,0 - 1,5 µm entwickelt werden. Wünschenswert sind quaternäre III-V-Halbleiter, die ein "Maßschneidern" des Bandabstandes und damit die Einstellung gewünschter Wellenlängen für die verschiedenen Anwendungen der Integrierten Optik ermöglichen würden.

❑ Zur Verringerung der optischen Dämpfung im Wellenleiter müssen die Verfahren der **Schichterzeugung** optimiert werden. Mit der Molekularstrahlepitaxie (MBE) und der metallorganischen Gasphasenepitaxie (MOVPE) können sehr dünne (bis monoatomare) Schichten, mit Hilfe der MOVPE auch phosphorhaltige Schichten hergestellt werden. Die Flüssigphasenepitaxie (LPE) liefert ebenfalls sehr gute Kristallqualität, zeigt jedoch Inhomogenitäten über größere Flächen.

❑ Die Prozeßentwicklung für monolithisch-integrierte Schaltungen erlaubt noch keine in-situ-Fertigung (siehe auch Kapitel 2.3.2.1).

2.3.1.1.5 Integrierte Optik auf Polymeren

Die Integrierte Optik auf Polymeren befindet sich derzeit noch im Stadium der Material- bzw. Werkstoff-Grundlagenentwicklung. Neben der Möglichkeit, kostengünstige integriert-optische Schaltungen herzustellen, wird ein großes Potential im Bereich der nichtlinearen Optik gesehen. Auf Polymeren können sowohl Monomode- als auch Multimode-Wellenleiter realisiert werden.

Es bestehen verschiedene Möglichkeiten zur Realisierung planarer integriert-optischer Schaltungen mit Polymeren:

(a) Auf ein Glassubstrat wird durch Verfahren wie Aufschleudern oder Aufdampfen ein Polymer aufgebracht; anschließend erfolgt eine fotolithographische Strukturierung.

(b) Organische Substrate werden mit physikalischen oder chemischen Methoden so verändert, daß oberflächennah die Brechzahl erhöht wird, z.B. durch maskiertes Belichten mit UV-Licht ähnlich wie in der Fotoresisttechnik.

(c) Die Wellenleiterstruktur wird sehr kostengünstig durch Präge- oder Abdrucktechniken realisiert.

Das FuE-Portfolio der Integrierten Optik auf Polymeren weist derzeit einen hohen Forschungsbedarf in der Grundlagenentwicklung aus (vgl. Bild 2-15), da z.B.

❑ die Temperatur- und Langzeitstabilität der Bauelemente noch nicht ausreichend ist,

☐ die Dämpfung der Wellenleiter zu hoch ist,

☐ Probleme bei der Strukturierung der Wellenleiter vorliegen (z.B. Schrumpfungsprozesse bei der Polymerisation),

☐ bzgl. der Materialentwicklung die Verfahren zur Herstellung optisch aktiver Polymere noch weiterentwickelt werden müssen.

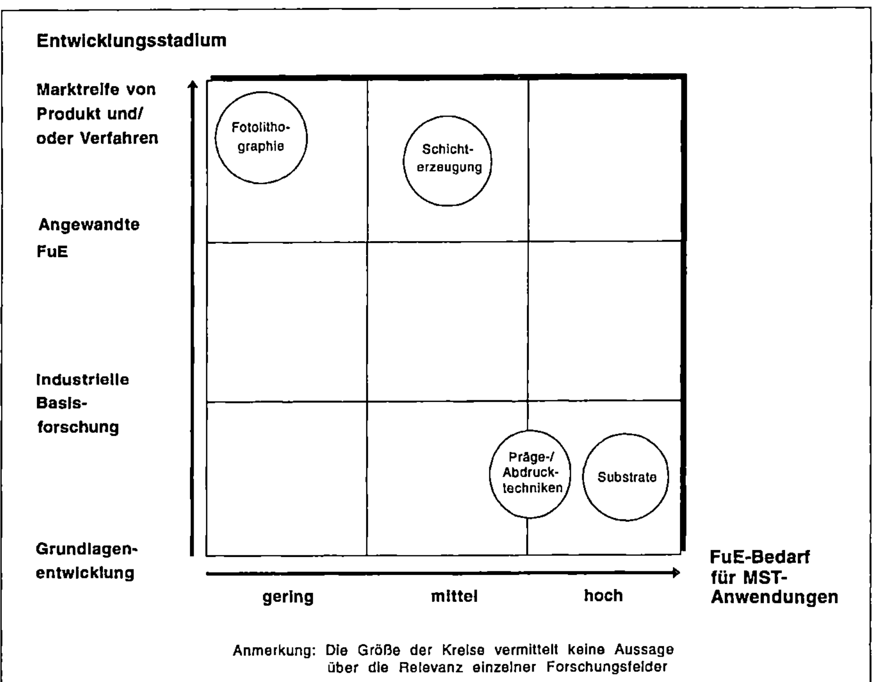

Bild 2-15: FuE-Portfolio "Integrierte Optik auf Polymeren"

Auf dieser Basis kann für die Integrierte Optik damit die in Bild 2-16 dargestellte Positionierung der Technik auf dem Lebenszyklus vorgenommen werden.

2.3.1.2 Schichttechniken

Unter Schichttechniken versteht man Verfahren, die Schichten im Bereich von weniger als einer Atomlage bis zu einigen 10 Mikrometern auf geeigneten Substraten abscheiden.

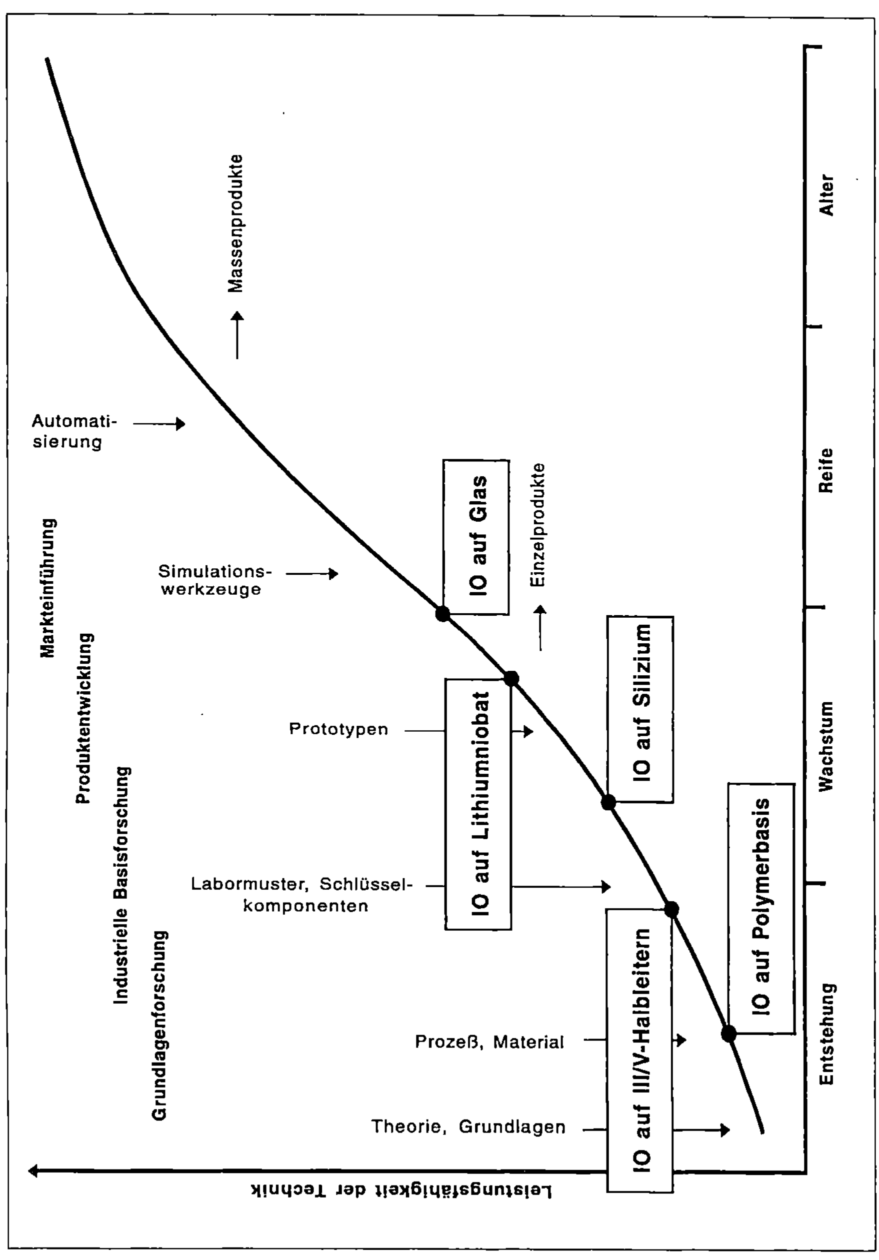

Bild 2-16: Stand der Integrierten Optik auf der Basis verschiedener Substrate auf dem Technologie-Lebenszyklus

Zu den Verfahren der Schichttechniken gehören die Dünnfilmtechnik, das Abscheiden aus der flüssigen Phase und die Dickschichttechnik. Bild 2-17 zeigt die Baumstruktur der Schichttechniken.

Die Verfahren der Dünnfilm- und Dickschichttechnologie entwickelten sich zunächst in den Anwendungsfeldern Halbleiterbauelemente bzw. miniaturisierte elektronische Hybridschaltungen. Sie führten dort zu einer erheblichen Verringerung von Kosten und Volumen bei gleichzeitig deutlich verbesserter Zuverlässigkeit und Reproduzierbarkeit. Diese Verfahren werden zunehmend zur Fertigung kostengünstiger Sensoren eingesetzt, ohne daß dadurch die Vielfalt der Anwendungsbereiche eingeschränkt wird.

Abscheideverfahren aus der flüssigen Phase haben bislang noch nicht die Verbreitung der beiden oben genannten Verfahren erreicht. Viele neuere Verfahren wie Langmuir-Blodgett-Verfahren oder stromlose Abscheidung werden derzeit erst im Labor auf ihre Verwendung zur Sensorherstellung untersucht. Verfahren wie die Galvanik sind wegen der für Sensormaterialien notwendigen hohen Reinheit der Schichten von geringerer Bedeutung.

Der Entwicklungsstand der an dieser Stelle dargestellten Verfahren wird ausschließlich auf Schichttechniken für Materialien bezogen, die nicht in der Halbleitertechnik Verwendung finden. Die Halbleiter-Schichttechnik wird in Kapitel 2.3.1.4 behandelt.

2.3.1.2.1 Dünnfilmtechnik

Bei der Dünnfilmtechnik unterscheidet man Verfahren zur Schichterzeugung und Verfahren zur Strukturierung der abgeschiedenen Schichten.

Dünnfilmverfahren sind Verfahren, bei denen Schichtdicken von 10 bis ca. 3000 nm abgeschieden werden. Zu ihnen zählen Verfahren der thermischen Schichterzeugung (z. B. thermische Oxidation von Siliziumsubstraten), Verfahren der physikalischen Schichterzeugung (z. B. Aufdampf- und Sputterprozesse) sowie Verfahren der chemischen Schichtabscheidung (z. B. CVD-Verfahren (CVD = Chemical Vapour Deposition)).

Die wichtigsten Verfahren zur Schichtstrukturierung sind Fotolithographie und Ätzverfahren. Dabei sind in vielen Fällen die Reinheitsanforderungen z. B. beim naßchemischen Ätzen wesentlich geringer als in der Halbleitertechnik. Eine Strukturierung durch Beschichten über Metallmasken ist nur für sehr grobe Strukturen in Einzelfällen sinnvoll. Das Laserschneiden wird heute standardmäßig beim Trimmvorgang elektrischer Schaltungen

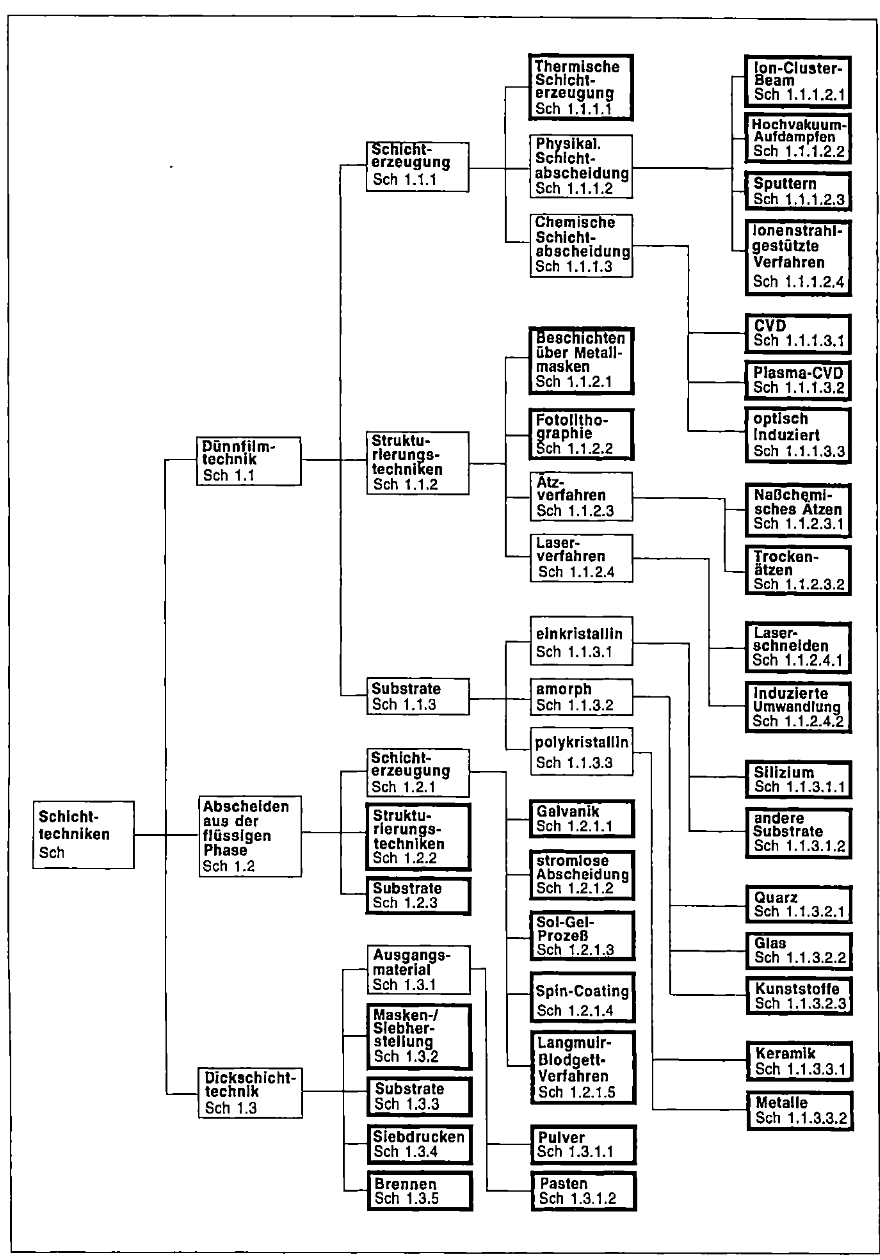

Bild 2-17: Baumstruktur der Schichttechniken

eingesetzt, zur Strukturierung von Dünnfilmen wird das Verfahren jedoch nur in wenigen Fällen angewendet.

Bei der Dünnfilmtechnik kann eine Vielzahl von Substratmaterialien eingesetzt werden. Neben einkristallinen Materialien, unter denen Silizium die größte Bedeutung erlangt hat, kommen polykristalline Materialien (Keramiken, Metalle) und amorphe Substrate (Quarz, Glas, Kunststoffe) zur Anwendung.

Das FuE-Portfolio zur Dünnfilmtechnik (vgl. Bild 2-18) zeigt folgende Position der Einzeltechniken:

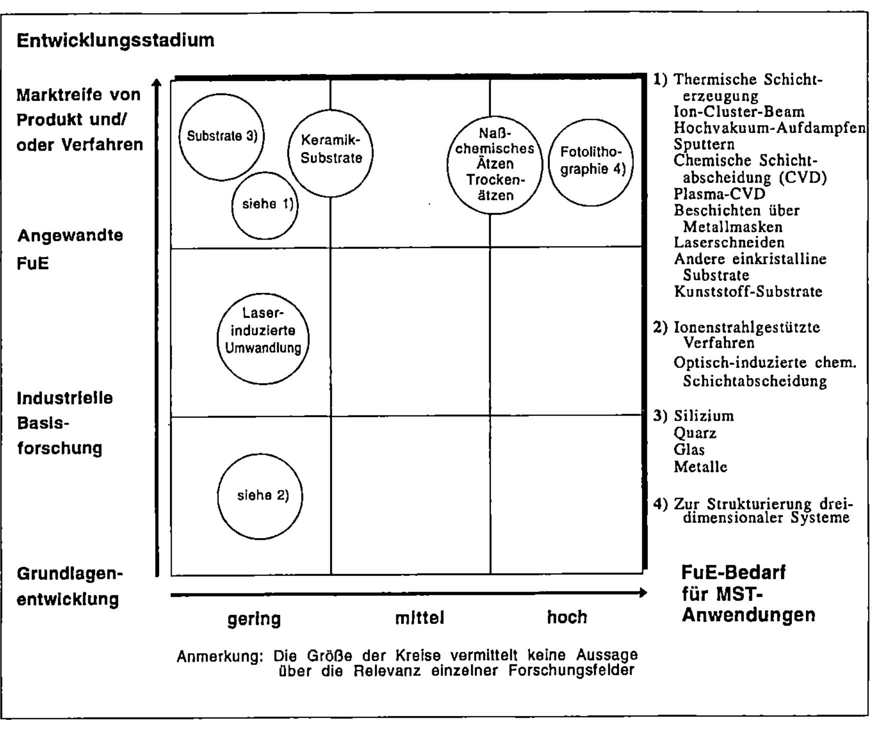

Bild 2-18: FuE-Portfolio "Dünnfilmtechnik"

Qualitativ stellen sich die einzelnen FuE-Bedarfe im Hinblick auf MST-Anwendungen der Einzeltechniken wie folgt dar:

☐ Die Verfahren zur thermischen Schichterzeugung sowie das Hochvakuum-Aufdampfen und das Sputtern im Bereich der physikalischen

Schichterzeugung sind in der angewandten Forschung und Entwicklung verfügbar bzw. werden in der industriellen Produktion eingesetzt, der Forschungs-/Entwicklungsbedarf ist gering. Das **Hochvakuum-Aufdampfen** bietet dabei wenig Variationsmöglichkeiten und ist in der MST nur begrenzt anwendbar (geringe Schichthaftung, hohe Porendichte). Folgende Verbesserungen sind für einen breiteren Einsatz der Techniken zur Schichterzeugung in der MST wünschenswert:

- Optimierung der Prozesse der **thermischen Schichterzeugung** bzgl. der Verringerung von Schichtspannungen und zur Realisierung ultradünner Isolatorschichten.

- Für das **Sputtern** besteht Entwicklungsbedarf bzgl. einer Erhöhung der Materialvielfalt (z.B. binäre und ternäre Legierungen) sowie zur Entwicklung entsprechender Prozesse.

- Das **CVD-** und das **Plasma-CVD-Verfahren** werden zur Abscheidung von Siliziumoxyd, Siliziumnitrid und polykristallinem Silizium industriell eingesetzt. Es besteht Entwicklungsbedarf für die Erzeugung elektrisch leitender Schichten sowie für Beschichtungsprozesse nicht-planarer Substrate. Zur Erhöhung der Materialvielfalt ist noch Grundlagenentwicklung (z.B. im Förderungsprogramm Dünnfilmtechnologien) erforderlich.

- Entwicklungsbedarfe für das **ICB-Verfahren** (Ion-Cluster-Beam) bestehen in einer Erhöhung der Materialvielfalt und der Entwicklung und Bereitstellung entsprechender Prozesse. Die Prozeßentwicklung befindet sich derzeit noch im Stadium der Grundlagenforschung.

- **Ionenstrahlgestützte Abscheideverfahren** zeichnen sich durch eine große Materialvielfalt bei guter Schichtqualität aus. Die in den Prozessen eingesetzten Ionenquellen sind kommerziell verfügbar. Die Geräte- und Prozeßentwicklung wird derzeit nur in der Grundlagenforschung betrieben.

- Die **optisch-induzierte chemische Abscheidung** erlaubt die Realisierung sehr kleiner Systeme. Die Prozeßentwicklung für Zwecke der Mikrosystemtechnik befindet sich noch in den Anfängen.

❐ Im Rahmen der Strukturierungstechniken stellen sich folgende Anforderungen für MST-Anwendungen:

- Die **Fotolithographie** ist als Verfahren bereits sehr weit entwickelt und wird weltweit industriell angewendet. Im Gegensatz zur Halbleitertechnik besteht für Anwendungen in der Dünnfilmtechnik auch Bedarf für Geräte, die die Belichtung von Substraten mit hoher vertikaler Topographie zulassen.

- Die Ätzverfahren für Materialien, die <u>nicht</u> in der Halbleitertechnik verwendet werden, sind entweder nicht vorhanden oder existieren nur im Labormaßstab. Beim **Trockenätzen** ist Anisotropie nur bedingt für wenige Systeme einstellbar. Für neuere Schichtmaterialien (z.B. Gedächtnismetalle wie Nickel-Titan-Legierungen, Zeolithe) müssen geeignete **naßchemische Ätzprozesse** entwickelt werden.

- Die **laserinduzierte Umwandlung** existiert derzeit nur im Labormaßstab. Mit diesem Verfahren können Strukturen direkt realisiert werden ohne Verwendung fotolithographischer Verfahren. Es kann nur eine begrenzte Anzahl unterschiedlicher Materialien eingesetzt werden.

❏ Bezüglich der Verwendung unterschiedlicher Materialien ergeben sich folgende Anforderungen:

- Die Spezifikationen der **Silizium-Substrate** für MST-Anwendungen der Dünnfilmtechnik sind für viele Anwendungen wesentlich geringer als die der Halbleitertechnologie und werden vom Stand der Technik weit übertroffen. Substrate aus Verbindungshalbleitern und Saphir sind nur in eingeschränkten Größen verfügbar. Der Einsatz **anderer einkristalliner Substrat-Materialien** ist derzeit nicht bekannt.

- Die **amorphen Substrate** Quarz und Glas erreichen die Spezifikationen von Silizium-Substraten, werden aber derzeit noch nicht in gleichem Umfang wie Silizium eingesetzt, obwohl es sich aufgrund der nur geringen Materialkosten anbietet. Obwohl im Bereich der Optik (z.B. Beschichten von Linsen) entsprechende Anlagen verfügbar sind, sind derartige Maschinen, Anlagen und Prozesse für MST-Anwendungen überwiegend auf Siliziumsubstrate zugeschnitten.

- **Kunststoff-Substrate** sind wegen ihrer geringen Herstellungskosten besonders für Massenanwendungen geeignet. Wegen ihrer speziellen thermischen (z.B. der geringen Temperaturbelastbarkeit) und der mechanischen Eigenschaften (z.B. Bruchfestigkeit) müssen für Kunststoffe die Schichtprozesse, die oft hohe Temperaturen benötigen, speziell eingestellt werden.

- Im Rahmen der **polykristallinen Substrate** sind Metalle in nahezu beliebigen Spezifikationen verfügbar. Im Bereich der **Keramik** sind nur Substrate aus Alpha-Alumina und Aluminiumnitrid kommerziell verfügbar. In begrenztem Umfang werden Substrate aus Siliziumnitrid angeboten. Für die Bearbeitung dieser Materialien gibt es nur wenige Dienstleister. Bedarf besteht bei der Verbesserung der Reproduzierbarkeit der mechanischen Eigenschaften.

2.3.1.2.2 Abscheiden aus der flüssigen Phase

Zum Abscheiden aus der flüssigen Phase zählen Verfahren wie Galvanik, Spin-Coating, Sol-Gel-Prozesse, stromlose Abscheidung und das Langmuir-Blodgett-Verfahren.

Mit dem Verfahren der Galvanik kann eine sehr große Vielfalt von Metallen abgeschieden werden. Das Substrat wird hierzu in eine geeignete Elektrolytlösung eingetaucht. Stromfluß zwischen dem Substrat und einer Gegenelektrode bewirkt die Abscheidung des Metalls auf dem Substrat.

Bei der stromlosen Abscheidung können ebenfalls nur Metalle abgeschieden werden. Hier erfolgt die Abscheidung durch Zersetzung eines Elektrolyten an einem Katalysator.

Beim Verfahren des Spin-Coatings wird das Schichtmaterial in flüssiger Form auf eine sehr schnell drehende Substratscheibe aufgebracht, so daß nach dem Trocknen ein gleichmäßiger Film zurückbleibt. Mit diesem Verfahren werden z.B. standardmäßig in der Halbleiterfertigung Photolackschichten aufgeschleudert. Neben organischen Substanzen kann auch Siliziumoxyd aus Wasserglas aufgeschleudert werden.

Das Langmuir-Blodgett-Verfahren ermöglicht die Abscheidung monomolekularer Schichten organischer Substanzen. Das Substrat wird in eine geeignete Flüssigkeit getaucht und mit definierter Geschwindigkeit aus dem Bad gezogen. Der Vorgang kann zur Erhöhung der Schicktdicke mehrmals wiederholt werden.

Das FuE-Portfolio zum Abscheiden aus der flüssigen Phase weist den in Bild 2-19 dargestellten Stand der Einzeltechniken aus.

Qualitativ stellen sich die einzelnen FuE-Bedarfe im Hinblick auf MST-Anwendungen der Einzeltechniken wie folgt dar:

❑ Die Verfahren zur Schichterzeugung beim Abscheiden aus der flüssigen Phase befinden sich noch im Stadium der Grundlagenentwicklung

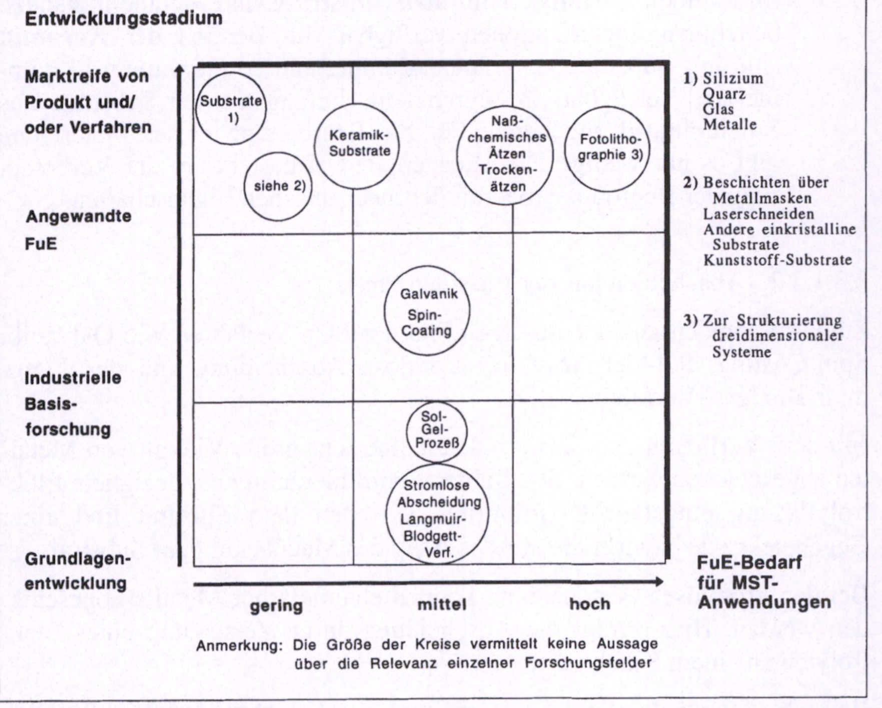

Bild 2-19: FuE-Portfolio "Abscheiden aus der flüssigen Phase"

bzw. am Übergang zur industriellen Basisforschung. Forschungs- und Entwicklungsbedarfe im Hinblick auf MST-Anwendungen stellen sich wie folgt dar:

- **Galvanische Abscheideverfahren** können zur Herstellung dicker Metallschichten eingesetzt werden. Das Verfahren wird in einigen Anwendungen (z.B. beim Tape-Automatic-Bonding) bereits industriell eingesetzt. Für spezielle MST-Anwendungen, z.B. beim LIGA-Verfahren (vgl. Kapitel 2.3.1.3.3), sind Geräte zum Abscheiden von Nickel, Kupfer, Gold und Platin erhältlich. Die Abscheidung von Legierungen wird nur im Labormaßstab durchgeführt. Die Reinheit der Schichten ist zur Zeit z.B. zur Herstellung chemischer Sensoren noch nicht ausreichend und muß verbessert werden. Bedarf besteht bei der Entwicklung von geeigneten Elektrolyten für MST-Anwendungen, wobei bzgl. der Festlegung der Materialqualität Grundlagenentwicklung nötig ist.

- Die **stromlose Abscheidung** ist nur für wenige Metalle wie Nickel, Cobalt, Kupfer, Silber, Zinn und Palladium im Labormaßstab verfügbar. Entwicklungsbedarf besteht bei Katalysatoren und Elektrolyten. Hier müssen die Selektivität, Reproduzierbarkeit und Reinheit der Schichten verbessert werden.

- Geräte und Prozesse für das **Spin-Coating** zum Aufbringen von Photolacken sind Standard. Andere Materialien (z.B. Ormosile für gas-sensitive Schichten) werden mit diesem Verfahren nur im Labormaßstab aufgebracht. Hier stehen Probleme der Viskosität, der Haftung und der Gleichmäßigkeit der Schichten im Vordergrund.

- Erste Geräte für die Schichtabscheidung nach dem **Langmuir-Blodgett-Verfahren** sind kommerziell verfügbar, das Verfahren wird aber derzeit nur im Labormaßstab angewendet. Für Sensoranwendungen wird den nach diesem Verfahren hergestellten Schichten ein großes Anwendungspotential - insbesondere in der (bio-)chemischen Sensorik - prognostiziert. Hier müssen die verschiedenen Schichtsysteme auf ihre Eignung untersucht werden. Probleme liegen z.B. derzeit noch in der unzureichenden Stabilität und Haftung der Schichten.

- **Sol-Gel-Prozesse** werden beim Abscheiden aus der flüssigen Phase nur im Labormaßstab eingesetzt. Geräte müssen derzeit selbst entwickelt werden. Probleme liegen z.B. in der Haftung der Schichten und im Schrumpfungsverhalten beim Trocknen der aufgebrachten Schicht.

❐ Die **Strukturierungstechniken** für das Abscheiden aus der flüssigen Phase entsprechen denen der Dünnfilmtechnik (Ausnahme: Laserinduzierte Umwandlung, die hier nicht angewendet wird). Ebenso können die gleichen **Substrate** verwendet werden.

2.3.1.2.3 Dickschichtverfahren

Beim Dickschichtverfahren werden zur Erzeugung von Leiterbahnstrukturen, Isolations- und Widerstandsschichten Pasten verwendet. Die Struktur wird gewöhnlich mit Hilfe eines Siebdruckverfahrens auf die Substrate aufgebracht, die Dickschichten mit Rakel aufgetragen, anschließend getrocknet und bei Temperaturen zwischen 600 und 1000 °C gebrannt. Aufgrund des relativ groben Herstellungsprozesses sind die minimal auflösbaren Strukturen bei diesem Verfahren auf ca. 50 µm beschränkt.

Das folgende Bild zeigt den Stand der Einzeltechniken des Dickschichtverfahrens im FuE-Portfolio:

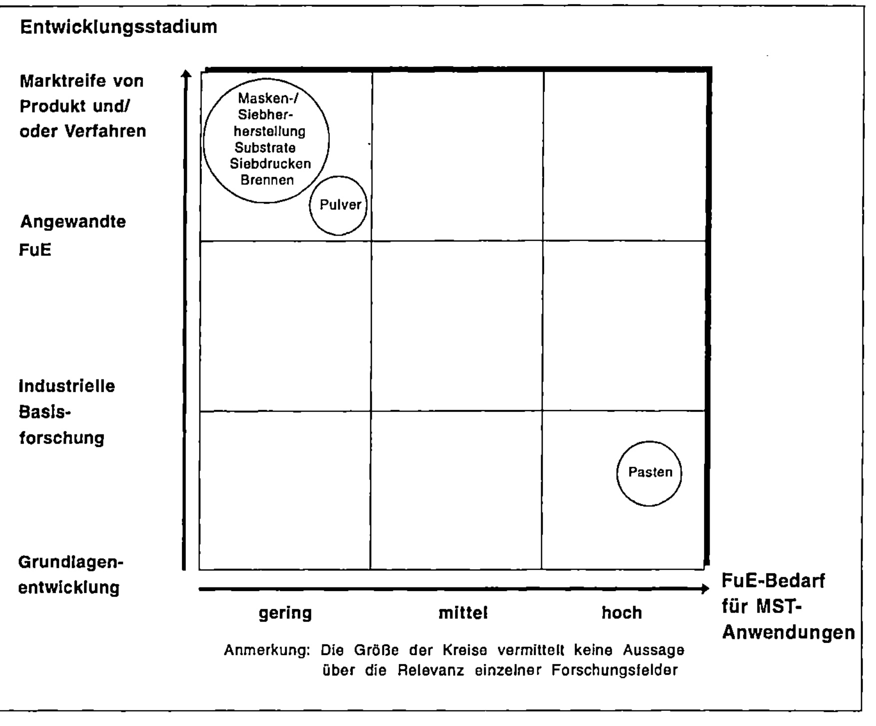

Bild 2-20: FuE-Portfolio "Dickschichttechnik"

Qualitativ stellen sich die einzelnen FuE-Bedarfe im Hinblick auf MST-Anwendungen der Einzeltechniken wie folgt dar:

Mit Ausnahme der Pasten für die Sensorik sind die Materialien und Prozesse für die Dickschichttechnik in der angewandten Forschung und Entwicklung verfügbar und werden in der industriellen Produktion angewandt. Der Forschungs- und Entwicklungsbedarf im Hinblick auf MST-Anwendungen ist insgesamt gering:

☐ **Pulver** mit beliebigen Korngrößen sowie für Spezialanwendungen sind in Deutschland - im Gegensatz zu Japan - nicht verfügbar, sondern müssen selbst hergestellt werden.

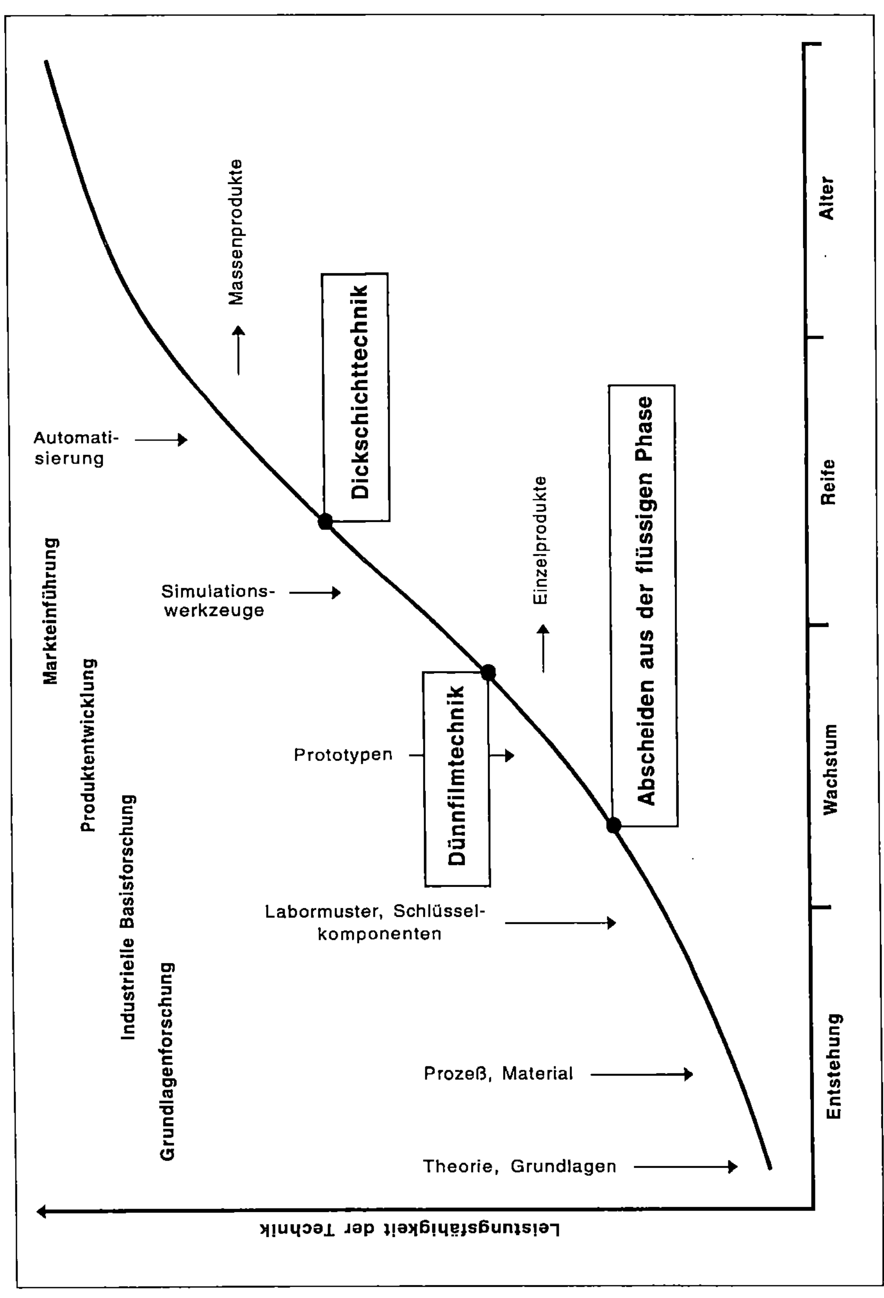

Bild 2-21: Stand der Schichttechniken auf dem Technologie-Lebenszyklus

- **Pasten** sind kommerziell nur für Elektronikanwendungen vorhanden. Für Sensoranwendungen sind Pasten nicht verfügbar und müssen selbst hergestellt werden. Entsprechendes Know-how wird von den Firmen nicht weitergegeben.

- Die **Masken-/Siebherstellung** ist kommerziell verfügbar.

- Kommerziell sind **Substrate** aus Alpha-Alumina erhältlich; in geringerer Vielfalt werden Substrate aus Aluminiumnitrid und Siliziumnitrid sowie Metallkernsubstrate angeboten. Allerdings ist die Bearbeitung dieser Substrate schwierig, Dienstleister fehlen.

- Die Verfahren **Siebdrucken** und **Brennen** sind für MST-Anwendungen ausreichend entwickelt. Bei der Herstellung von chemischen Sensoren muß der Brennvorgang in einer definierten Gasatmosphäre erfolgen. Hierzu müssen gegebenenfalls kommerziell angebotene Brennöfen modifiziert werden.

Vor dem Hintergrund der aufgezeigten FuE-Bedarfe kann die Verortung der Schichttechniken - Dünnfilmtechnik, Abscheiden aus der flüssigen Phase und Dickschichttechnik - auf dem Technologie-Lebenszyklus wie in Bild 2-21 dargestellt vorgenommen werden.

2.3.1.3 *Mikromechanik*

Bedingt durch die großen Forschungsanstrengungen in der Mikroelektronik ist der Kenntnisstand über das Basismaterial für die integrierten Schaltungen, Silizium, sehr hoch. Aus dem Wunsch, die technologischen Verfahren und Integrationstechniken der Mikroelektronik sehr viel allgemeiner und breiter zu nutzen, entwickelte sich in den letzten zehn Jahren die Mikromechanik.

Mikromechanik umfaßt im allgemeinsten Sinne die dreidimensionale Strukturierung von Festkörpern, wobei in mindestens einer Dimension Strukturgrößen im Mikrometerbereich auftreten.

Bild 2-22 zeigt die Strukturierung der Mikromechanik nach unterschiedlichen Techniken in

- die Silizium-Mikromechanik,

- die Mikromechanik auf Basis von Quarz,

- die Mikromechanik auf anderen Materialien und

- das LIGA-Verfahren.

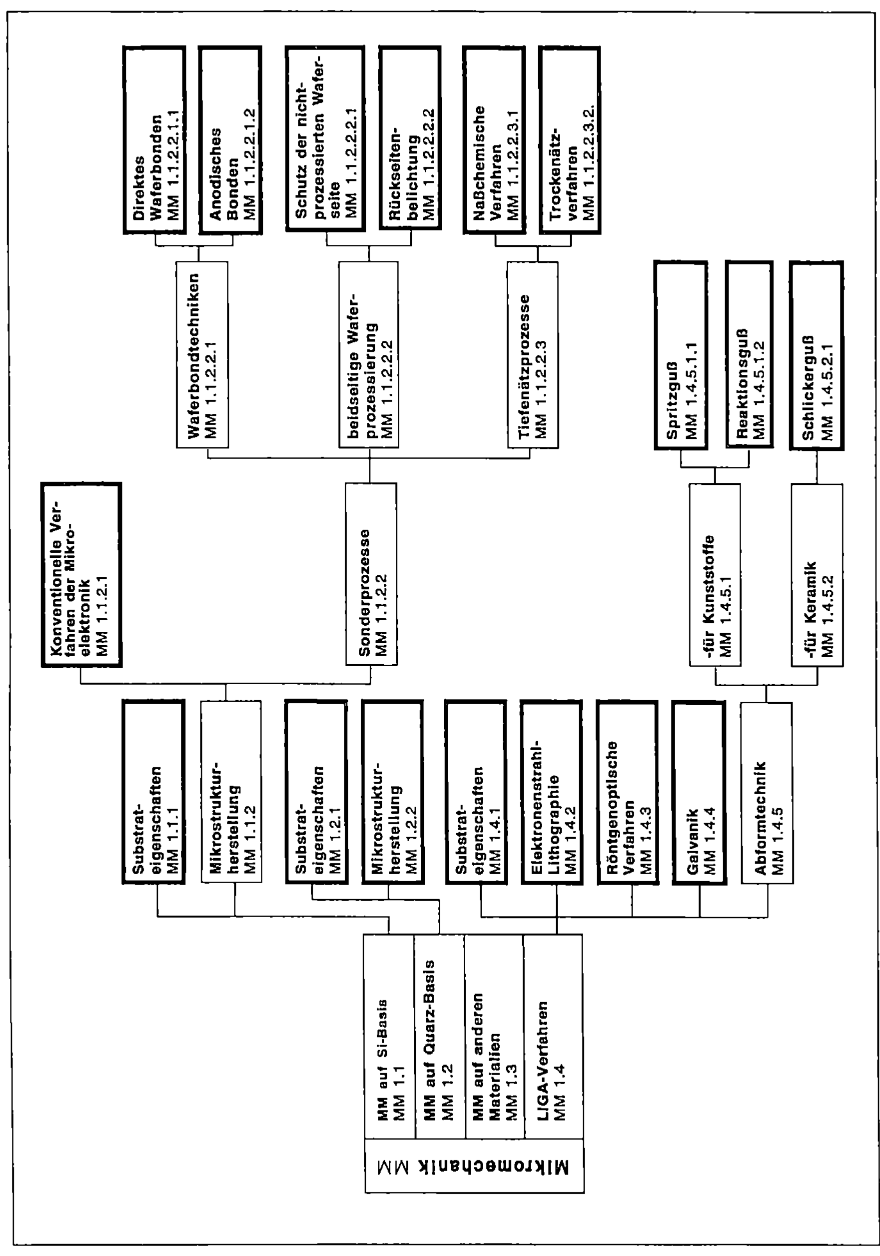

Bild 2-22: Baumstruktur der Mikromechanik

2.3.1.3.1   Mikromechanik auf Silizium-Basis

Am weitesten fortgeschritten ist derzeit die mikromechanische Strukturierung des Siliziums. Neben konventionellen Verfahren der Mikroelektronik sind Sonderprozesse erforderlich. Diese umfassen spezielle Tiefenätzprozesse, beidseitige Waferprozessierung sowie Waferbondtechniken. Zur dreidimensionalen Stukturierung des Materials werden derzeit vorwiegend naßchemische Tiefenätzprozesse eingesetzt. Auf die Bereiche, die nicht abgetragen werden sollen, werden vor dem Ätzen mit fotolithographischen Methoden chemisch resistente Schichten aufgebracht. Bild 2-23 zeigt einen Vergleich von isotropem und anisotropem Ätzverfahren bei unterschiedlichen Kristallorientierungen:

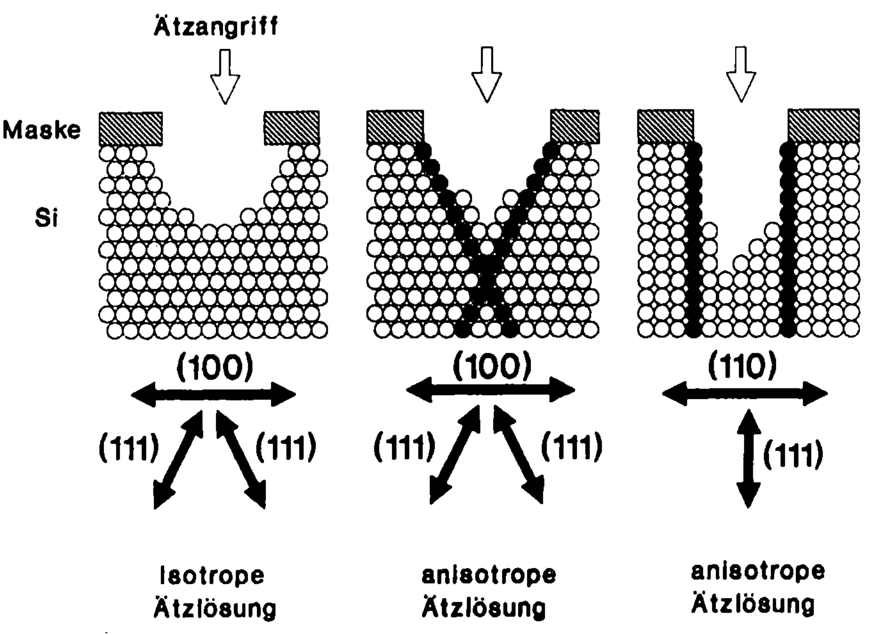

Bild 2-23:   Vergleich isotroper und anisotroper Ätzverfahren für Silizium.
              Quelle: Werkfoto KfK-IMT

Mit diesen Techniken können vielfältige Strukturen wie Gräben, Löcher, Zungen, Brücken oder Membranen erzeugt werden. Bild 2-24 zeigt einen Siliziumwafer mit einer Vielzahl von dünnen Membranen:

Bild 2-24: Siliziumwafer mit Membranen.
Quelle: FhG-IMS, Duisburg

Neben diesen einfachen Strukturen können auch bewegliche Strukturen wie miniaturisierte Zahnräder oder Mikromotoren hergestellt werden. Bild 2-25 zeigt die Rasterelektronenmikroskopaufnahme eines mit dem Verfahren der Mikromechanik hergestellten Mikromotors.

Das FuE-Portfolio der Mikromechanik auf Silizium-Basis weist den in Bild 2-26 dargestellten Entwicklungsstand der Einzeltechniken aus.

Qualitative Beschreibung der FuE-Bedarfe für die Mikromechanik auf Siliziumbasis:

❑ Die verfügbaren **Substrate** sind für die Silizium-Mikromechanik im allgemeinen ausreichend. Auch stehen für die benötigte Rückseiten-belichtung Geräte kommerziell zur Verfügung. Die Zulieferindustrie

Bild 2-25: Silizium-Mikromotor. Quelle: [2-10]

hat sich noch nicht auf die Spezialanforderungen der Mikromechanik an die Silizium-Substrate eingestellt. So besteht z.B. Bedarf bei der Bereitstellung einer größeren Substratvielfalt in kleineren Stückzahlen, z.B. bei beidseitig polierten Wafern mit unterschiedlicher Waferdicke. Darüber hinaus sollten Wafer mit verschiedenen Dotierbereichen zur Verfügung stehen. Für einige Anwendungen ist eine höhere Reinheit des Substratmaterials (O_2-Gehalt) nötig.

❑ Die Anlagen für die **konventionellen Verfahren der Mikroelektronik** sind für die Anwendungen in der Mikromechanik auf Silizium zum Teil überqualifiziert. Eine Geräteanpassung für Mikromechanik-Anwendungen ist deshalb erforderlich.

❑ Die Justiergenauigkeit der **Rückseitenbelichtung** bezüglich der Vorderseite (derzeit ca. 5 μm) kann noch verbessert werden (auf 1 μm).

❑ Für das **anodische Bonden** werden erste Geräte kommerziell angeboten. Eine Weiterentwicklung dieser Geräte hinsichtlich Justiergenauigkeit und mechanischer Stabilität ist erforderlich. Beim **direkten Waferbonden** besteht vor allem Bedarf bei der Entwicklung von

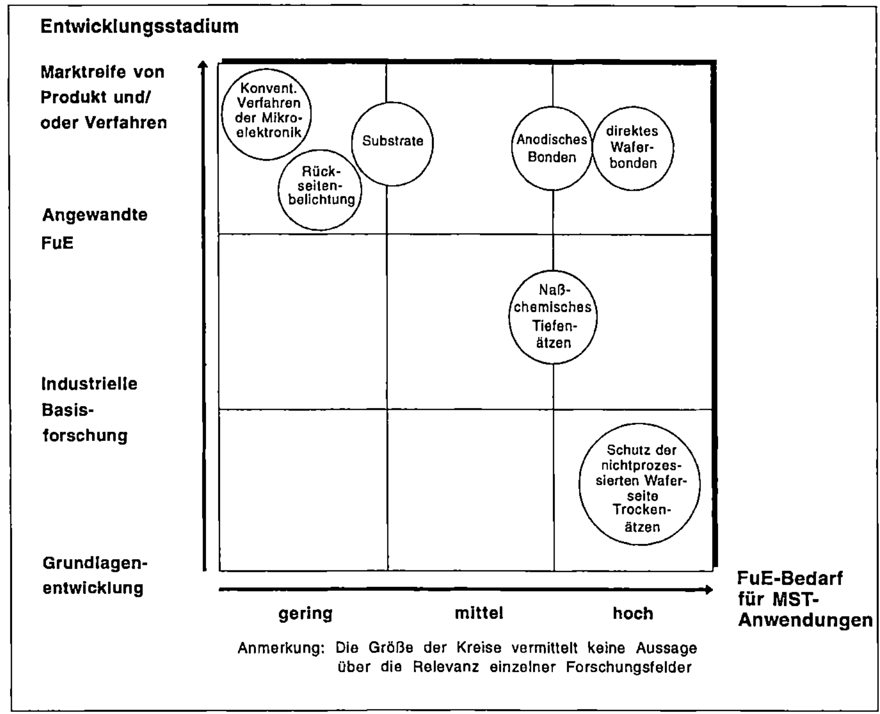

Bild 2-26: FuE-Portfolio "Mikromechanik auf Silizium-Basis"

Bondtechniken mit niedrigen Prozeßtemperaturen. Weiterhin werden Geräte benötigt, die das gegenseitige Justieren der Wafer vor dem Bonden ermöglichen.

❑ Die derzeit verwendeten mechanischen Verfahren zum **Schutz der nicht-prozessierten Waferseite** sind für eine Massenproduktion nicht geeignet. Bedarf besteht in der Entwicklung von organischen und anorganischen Schichten zum Passivieren der nicht-prozessierten Waferseite sowie entprechender Ätzverfahren, die diese Schichten nicht angreifen.

❑ Zur dreidimensionalen Strukturierung des Silizium-Substrates werden im Rahmen der **naßchemischen Tiefenätzprozesse** sowohl isotrop als auch anisotrop wirkende Ätzlösungen eingesetzt. Der anisotropen Ätztechnik kommt dabei eine wesentlich größere Bedeutung zu. Bedarf besteht für die Entwicklung nicht-toxischer Ätzprozesse sowie in der Entwicklung von Ätzstopp-Techniken für eine Massenfertigung. Es

werden derzeit Ätzmittel entwickelt, die die nicht-prozessierte Waferseite nicht angreifen.

☐ Bei den **Trockenätzverfahren** besteht Entwicklungsbedarf für aniso-
trope Ätzverfahren, die eine hohe Ätzgeschwindigkeit und ein hohes
Aspektverhältnis zulassen.

2.3.1.3.2 Mikromechanik auf Basis von Quarz und anderen Materialien

In jüngster Zeit werden verstärkt Anstrengungen unternommen, die für
Silizium verwendeten Verfahren auf andere Materialien zu übertragen.
Hier sind die Techniken zur mikromechanischen Strukturierung von Quarz
am weitesten fortgeschritten (vgl. Bild 2-27):

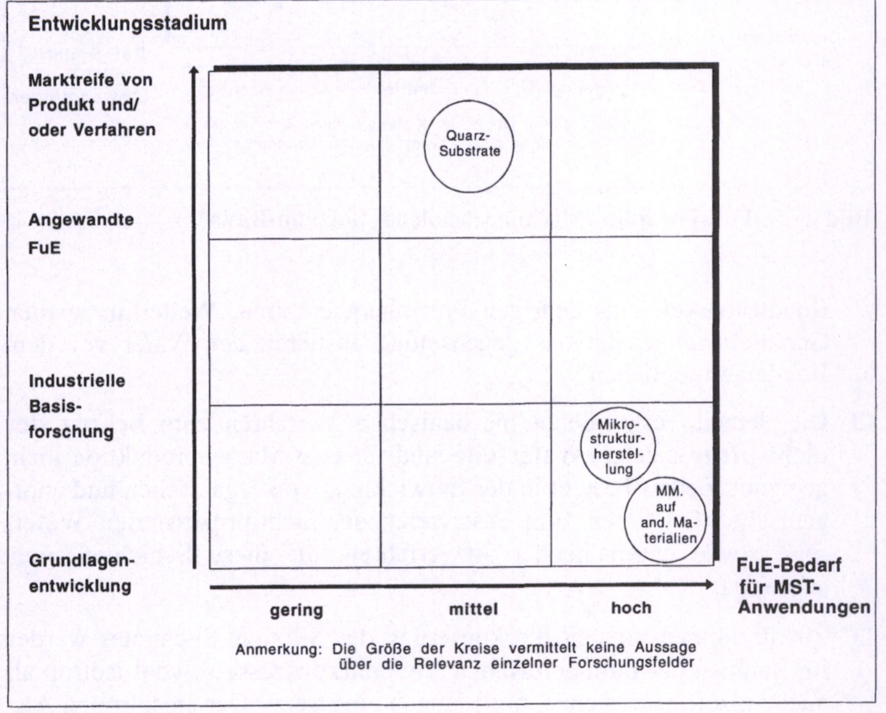

Bild 2-27: FuE-Portfolio "Mikromechanik auf Basis von Quarz und anderen
Materialien"

Qualitative Beschreibung der FuE-Bedarfe für die Mikromechanik auf Basis von Quarz und anderen Materialien:

☐ **Quarze** werden derzeit hauptsächlich für die Uhrenindustrie produziert. Aufgrund der bisher geringen Verbreitung der mikromechanischen Strukturierung von Quarz gibt es noch keine Standardspezifikationen von Quarzblanks für die Mikromechanik. Für die Mikromechanik ist nur die alpha-Modifikation des einkristallinen SiO_2 von Interesse.

☐ Bis auf wenige Ausnahmen (z.B. andere Chemikalien für Ätzprozesse) sind die zur **mikromechanischen Strukturierung** von Quarz angewandten Techniken mit denen der Mikromechanik auf Siliziumbasis identisch.

☐ Die Aktivitäten der **Mikromechanik auf anderen Materialien** als Quarz und Silizium befinden sich derzeit noch im Stadium der Grundlagenentwicklung.

2.3.1.3.3 LIGA-Verfahren

Einen erheblichen Entwicklungsschub hat die junge Disziplin der Mikromechanik von der ebenso jungen Technologie der Röntgenstrahllithographie bekommen. Die Möglichkeiten der Röntgentiefenlithographie eröffnen der Mikromechanik neue Anwendungsfelder. Hieraus entwickelte sich das sogenannte LIGA-Verfahren (Lithographie-Galvanik-Abformtechnik). Die prinzipiellen Verfahrensschritte des LIGA-Verfahrens zeigt Bild 2-28.

Dieses Verfahren ermöglicht die Realisierung von Mikrostrukturen mit einem hohen Aspektverhältnis (Verhältnis der Strukturhöhe zur Strukturbreite). Die Bilder 1-7 und 1-10 zeigen Labormuster verschiedener LIGA-Strukturen.

Das FuE-Portfolio der LIGA-Technik zeigt den Stand der Einzeltechniken wie in Bild 2-29 ausgewiesen.

Qualitative Beschreibung der FuE-Bedarfe für das LIGA-Verfahren

☐ Als mögliche **Substrate** (d.h. Träger für Photolack, der mit Röntgentiefenlithographie strukturiert wird) für das LIGA-Verfahren kommen alle für Schichttechniken geeigneten Substrate in Frage.

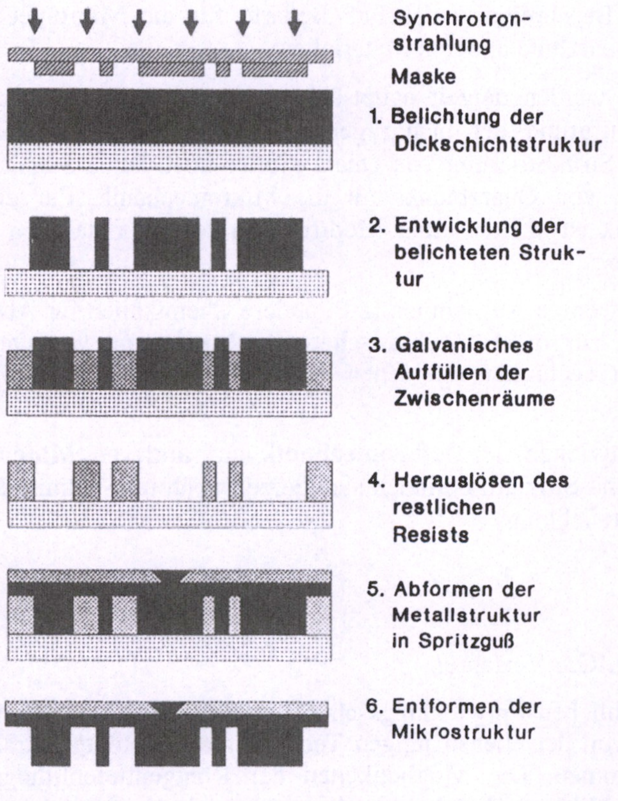

Bild 2-28: Verfahrensschritte der LIGA-Technik.
Quelle: Werkfoto KfK-IMT

☐ Anlagen für die **Elektronenstrahllithographie** sind verfügbar, wobei eine weitere Steigerung der Strahlenergie zur Belichtung dickerer Resists wünschenswert ist, da bei größeren Resistdicken höhere Energien als in der Halbleitertechnik erforderlich sind.

☐ Bei den **röntgenoptischen Verfahren** besteht Entwicklungsbedarf für Strahlenquellen mit kleinen Abmessungen für industrielle Anwendungen. Derzeit sind entsprechende Quellen nur in England und in Frankreich als Dienstleistung verfügbar (mit hohen Kosten/Belichtungszeit). Bedarf besteht bei der Entwicklung spezieller Resistschichten für Schichtdicken > 600 µm. Die Belichtung dieser Resistschichten ist problematisch, da dicke Lackschichten an der Oberfläche thermisch zersetzt werden, bevor sie in den unteren Schichten ausreichend belichtet sind.

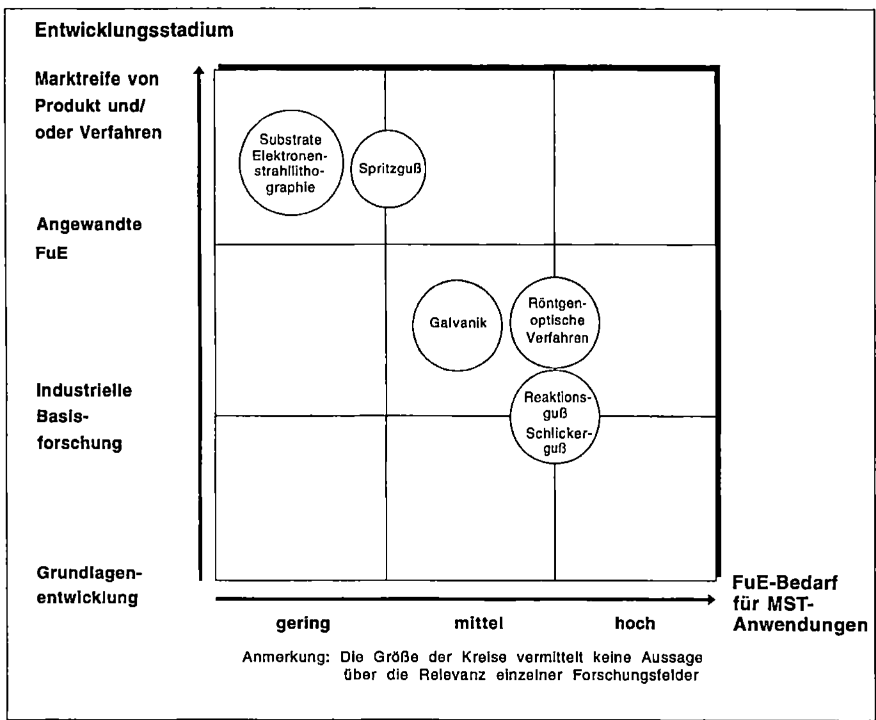

Bild 2-29: FuE-Portfolio "LIGA-Verfahren"

❑ Für das LIGA-Verfahren existieren reinraumtaugliche Maschinen, die im Labormaßstab das **galvanische Abscheiden** von Nickel, Kupfer, Gold, Platin sowie der Legierung Gold/Nickel ermöglichen. Bedarf besteht bei der Prozeßentwicklung für weitere Metalle und Legierungen.

❑ Für die meisten Anwendungen wird der **Spritzguß zur Abformung von Kunststoffen** wie Polyoximethylan, PMMA, Polyamid und Hochleistungspolymeren verwendet. Dabei werden kommerziell erhältliche Spritzgußmaschinen verwendet.

❑ Prozesse für den **Reaktionsguß zur Abformung von Kunststoffen** sind derzeit nur im Labormaßstab verfügbar. Dabei werden ebenso kommerziell erhältliche Anlagen eingesetzt.

❑ Der **Schlickerguß zur Abformung von Keramik** findet zur Zeit nur im Labormaßstab Anwendung.

Bild 2-30 zeigt die verschiedenen Techniken der Mikromechanik auf dem Technologie-Lebenszyklus:

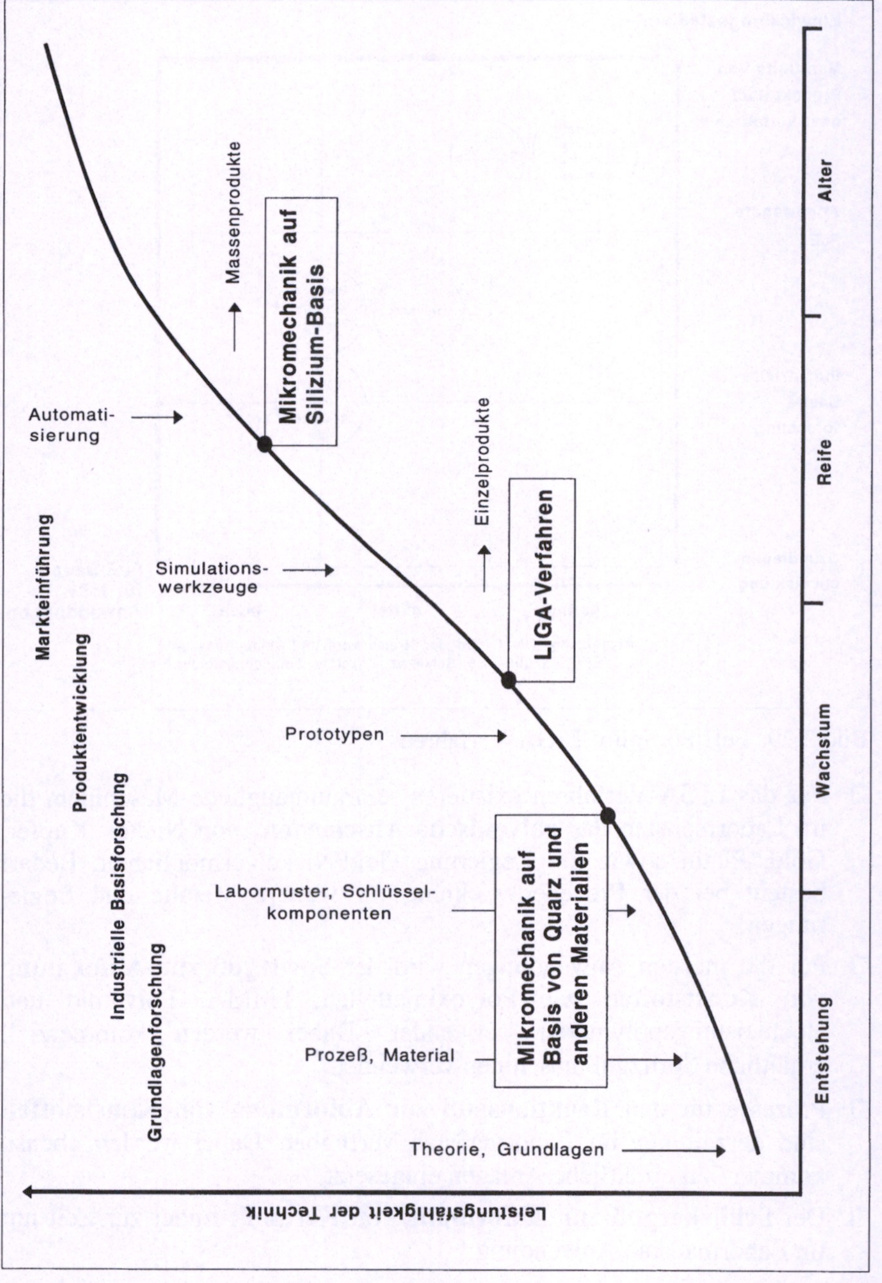

Bild 2-30: Stand der Mikromechanik auf dem Technologie-Lebenszyklus

2.3.1.4 Halbleitertechniken

Die technologischen Grundprozesse der Halbleitertechniken beinhalten Kristallzuchtverfahren zur Herstellung hochreiner Halbleitersubstrate, Verfahren zur Dotierung, Aufwachs- und Abscheideverfahren zur Schichtherstellung sowie Strukturierungstechniken. Im Vergleich zu Galliumarsenid und Germanium ist Silizium nicht nur derzeit, sondern auch in absehbarer Zukunft der meistverwendete Halbleiterwerkstoff. Der Grund hierfür liegt darin, daß es bisher keinen anderen Halbleiter mit vergleichbaren physikalischen und chemischen Eigenschaften gibt und dessen Technologie ebenso weit entwickelt ist wie die der Siliziumtechnologie.

Die Produkte der Halbleitertechnik sind integrierte Schaltkreise (ICs) für Standardanwendungen (Prozessoren, Speicher, Logikbausteine) und anwenderspezifische Schaltkreise (ASICs) für Spezialanwendungen.

Betrachtet man den Bereich der Standardbauelemente, insbesondere den der digitalen integrierten Schaltkreise, so ist ein starkes Wachstum in Richtung immer höherer Komplexität und Leistungsfähigkeit erkennbar (Bild 2-31):

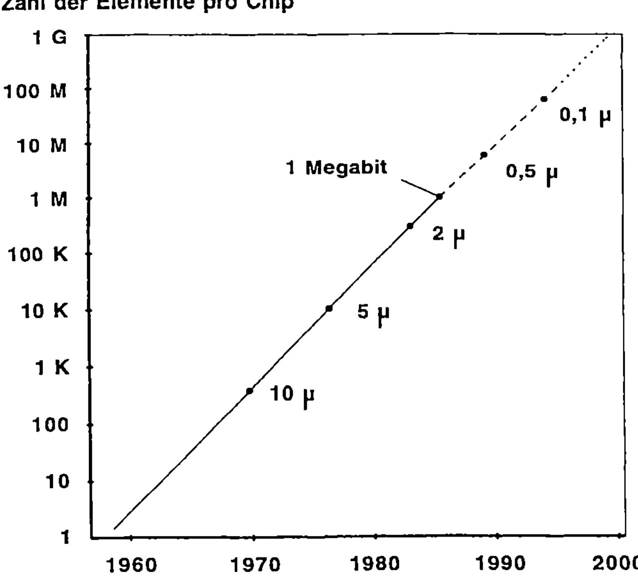

Bild 2-31: Entwicklung der Speicherelemente.
Quelle: Werkfoto der Fa. MBB

Der 1-Megabit-Speicherchip mit Preisen unter 10 Dollar wird heute schon als Standardbauelement in vielen Produkten verwendet. Erste 4-Megabit-Chips sind am Markt verfügbar. Die hierbei realisierten Strukturen sind kleiner als ein tausendstel Millimeter. Bild-32 zeigt eine Ausschnittvergrößerung eines Megabit-Chips mit einem darüberliegenden menschlichen Haar zum Vergleich.

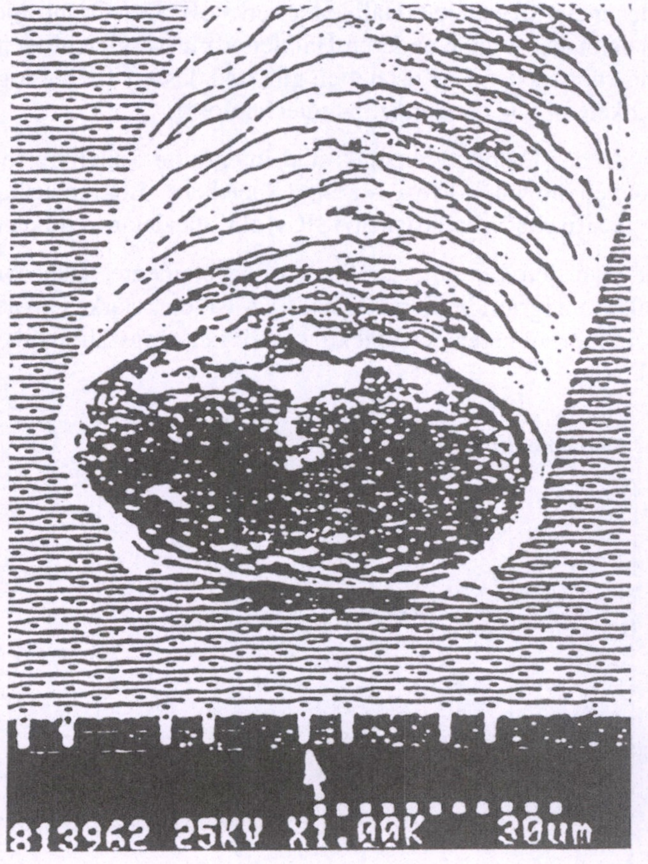

Bild 2-32: Größenvergleich zwischen menschlichem Haar und einem 4-Megabit Speicherbaustein.
Quelle: Werkfoto der Fa. Siemens AG

Die Entwicklung bei den Prozessoren verläuft ähnlich. Derzeit können Prozessoren mit 1.200.000 Transistoren und Taktfrequenzen von 30 MHz realisiert werden.

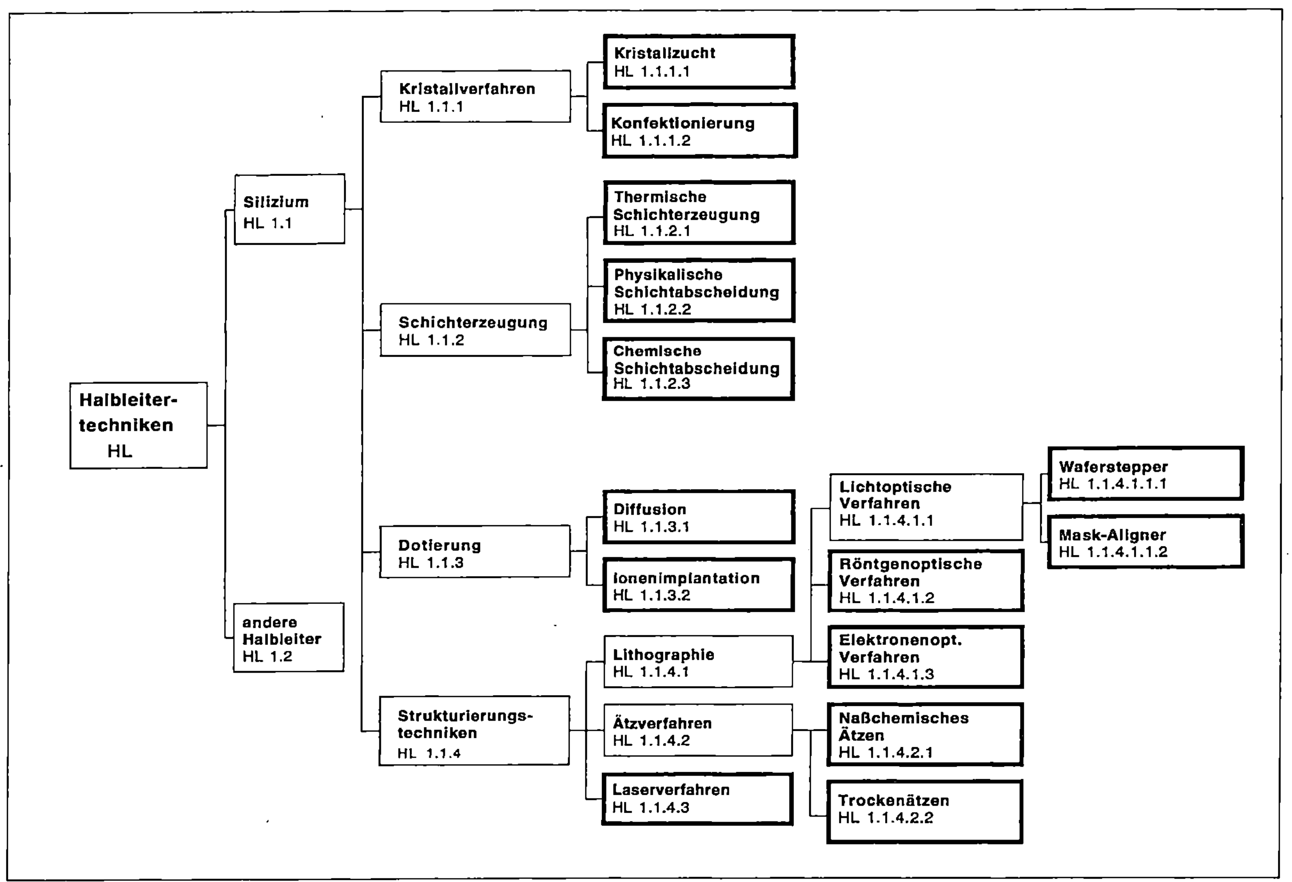

Bild 2-33: Baumstruktur der Halbleitertechnik

Mit der zunehmenden Automatisierung und Rechnerunterstützung des Entwurfs integrierter Schaltungen hat die Bedeutung der anwendungsspezifischen integrierten Schaltungen (ASICs) eine herausragende Rolle übernommen. Für ein in konventioneller Technologie voll entwickeltes Produkt wird ein ASIC entwickelt, das typisch eine oder mehrere Leiterplatten mit digitalen Standard-ICs ersetzt. Die Vorteile der Miniaturisierung liegen in der Reduktion der Verlustleistung, der Steigerung der Arbeitsgeschwindigkeit und der Erhöhung der Zuverlässigkeit.

Die Technometrie für die Halbleitertechnik umfaßt in erster Linie den Bereich der Silizium-Halbleitertechnik, da elektronische Schaltungen auf Basis anderer Halbleiter derzeit lediglich in Spezialanwendungen verwendet werden. Für MST-Anwendungen befindet sich die Halbleitertechnik auf anderen Halbleitern als Silizium noch im Grundlagenbereich. Die Vorteile der Halbleitertechnik auf z.B. GaAs, wie etwa Realisierung sehr schneller oder rauscharmer integrierter Schaltkreise, werden derzeit vorwiegend in der Hochfrequenztechnik genutzt.

Die Halbleitertechnik auf Silizum umfaßt (vgl. Bild 2-33)

☐ die Kristallverfahren, d.h. die Kristallzucht und die Konfektionierung der Wafer,

☐ die Schichterzeugung, d.h. thermische, physikalische und chemische Schichtabscheidung,

☐ die Dotierung, d.h. Diffusion oder Ionenimplantation sowie

☐ die Strukturierungstechniken, d.h. Lithographie-, Ätz- und Laserverfahren.

Die Halbleitertechnik ist nach dem derzeitigen Entwicklungsstand die am weitesten fortgeschrittene Mikrosystemtechnik, da weltweit über Jahrzehnte intensive Forschung und Entwicklung in diesem Feld betrieben wurde. Aus diesem Grunde besteht allgemein geringer Forschungs- und Entwicklungsbedarf für die Einzeltechnologien innerhalb der Silizium-Halbleitertechnik (vgl. Bild 2-34).

Qualitative Beschreibung der FuE-Bedarfe für die Halbleitertechnik

☐ Für die meisten Anwendungen sind die bestehenden Prozesse ausreichend entwickelt. Für Spezialanwendungen wie z.B. ultradünne Schichten oder Metallisierungen für Hochtemperaturanwendungen besteht Entwicklungsbedarf.

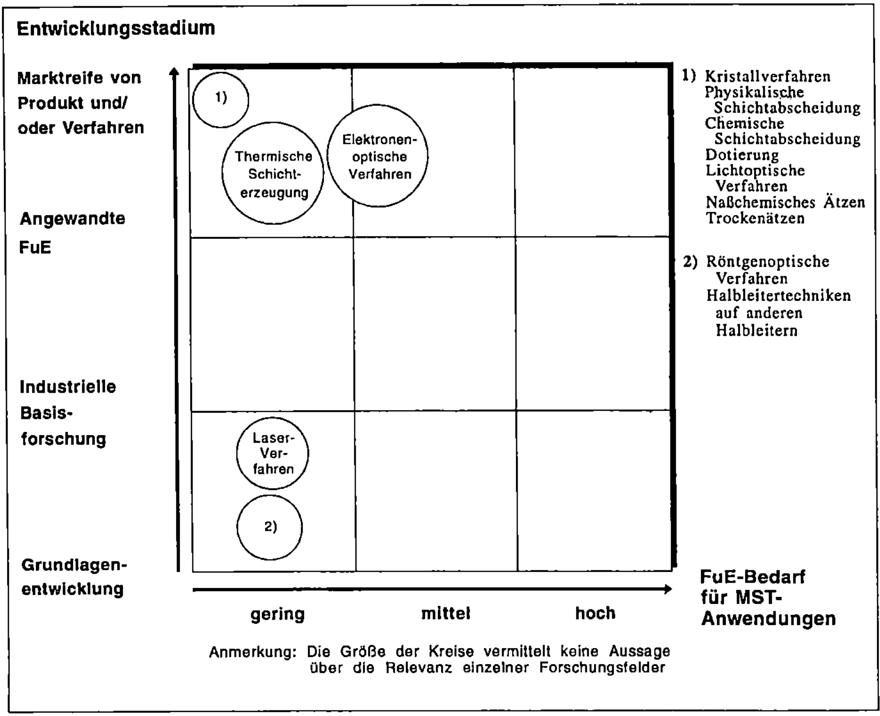

Bild 2-34: FuE-Portfolio "Halbleitertechnik"

❏ Der Großteil der verwendeten Verfahren wird standardmäßig in Halbleiterfertigungen industriell eingesetzt. Die Geräte sind kommerziell verfügbar und befinden sich auf hohem technischen Niveau, das die Anforderungen in der Mikrosystemtechnik vollends erfüllt bzw. übertrifft. Dies kann dazu führen, daß die Investitionskosten für den Hersteller/Anwender mikrotechnischer Produkte oder Verfahren aufgrund der qualitativen Überkapazität der am Markt verfügbaren Geräte unangemessen hoch sind.

❏ Die Standard-Verfahren genügen den Anforderungen der Mikrosystemtechnik, werden aber für Anwendungen in der Halbleitertechnik von den Geräteherstellern ständig verbessert:

- Aufgrund der Verwendung immer größerer Waferdurchmesser sowie der Realisierung immer kleinerer Bauelemente müssen die Verfahren entsprechend weiterentwickelt werden. So besteht Entwicklungsbedarf z.B. bei **thermischen Schichtverfahren** insbesondere bei der Herstellung ultradünner Isolatorschichten für kleinste Transistor- und Speichergeometrien. Die Aktivitäten zur Verbesserung **lichtoptischer Verfahren** zielen in Richtung 0,25 µm Auflösung (für 64 MB-Speicher). Bei der **Ionenimplantation** zielen derzeitige Entwicklungen auf höhere Strahlströme zur Erhöhung des Durchsatzes, homogene Implantation bei großen Waferdurchmessern sowie die Erreichung größerer Ionen-Eindringtiefen (vgl. z.B. SIMOX).

- Aufgrund der Tendenz zur Automatisierung der Verfahrensschritte werden zunehmend Single-Wafer-Processing-Geräte konzipiert, die die Durchführung mehrerer Prozeßschritte in einem Gerät ermöglichen. Dieser Trend steht den Anforderungen der MST eher entgegen, da diese Geräte für die Verwendung größerer Waferdurchmesser als in der MST üblich ausgelegt sind und damit sowohl sehr hohe Investitions- als auch Betriebskosten verursachen. Demgegenüber ist die Ausrichtung auf MST-Rezipienten (MST-Cluster-Tools) erst in Ansätzen erkennbar.

❏ Spezialverfahren, wie etwa **röntgenoptische Verfahren**, befinden sich derzeit noch im Stadium der Grundlagenentwicklung. Die röntgenoptischen Verfahren benötigen eine sehr anspruchsvolle Maskentechnik und zur Fotolithographie Synchrotron-Strahlung.

❏ Die **Laserverfahren** zur Strukturierung bergen derzeit noch vielfältige Probleme hinsichtlich der Prozeßkompatibilität (z.B. thermische Belastungen der Schichten durch den Laserstrahl) sowie der verwendbaren Materialien in sich. Dabei sind drei verschiedene lasergestützte Verfahren zu unterscheiden:

(1) Mit Hilfe des Laserstrahls wird in einer Art Sputterprozeß Material von einem Target abgetragen.

(2) Mit Hilfe des Laserstrahls wird die Oberfläche des Substrates lokal erhitzt, so daß Gaskomponenten wie z.B. Wolframhexafluorid thermisch an dieser Stelle zersetzt werden und sich metallisches Wolfram abscheidet. Dieses Verfahren wird heute schon kommerziell für Reparaturzwecke (z.B. Reparatur von Masken) eingesetzt.

(3) Gasmoleküle werden in der Gasphase durch den Laserstrahl angeregt und dadurch zersetzt. Dieses Verfahren befindet sich noch im Stadium der Grundlagenforschung.

Bei den beiden letztgenannten Verfahren handelt es sich um sog. serielle Verfahren, die aufgrund der derzeit benötigten Prozeßzeit für

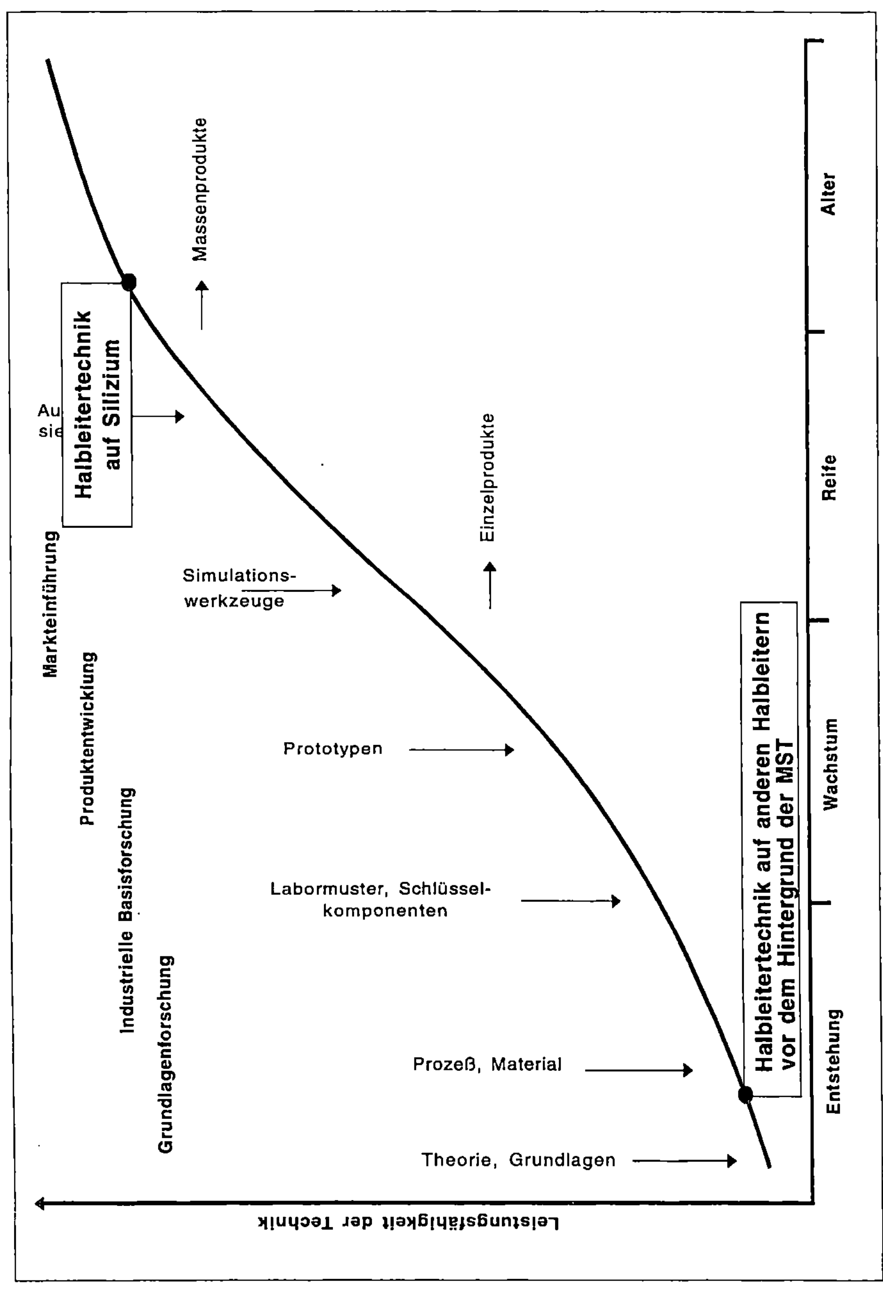

Bild 2-35: Stand der Halbleitertechnik auf dem Technologie-Lebenszyklus

eine (Massen-) Produktion noch nicht einsetzbar sind. Laserverfahren finden derzeit nur Anwendung bei der Maskenreparatur.

❑ **Elektronenoptische Verfahren** werden standardmäßig zur Herstellung von Fotomasken eingesetzt. Für die Strukturierung von Wafern werden diese Verfahren aufgrund des niedrigen Durchsatzes im allgemeinen derzeit nicht verwendet. Für MST-Anwendungen sind die kostenintensiven elektronenoptischen Verfahren nur dann sinnvoll, wenn eine Nanometer-Lithographie erforderlich ist.

❑ Zur Strukturierung kleiner Geometrien (< 3 µm) ist das **naßchemische Ätzen** nicht mehr geeignet (Problem: Isotropie). Weiterentwicklungen des **Trockenätzens** (zur Strukturierung kleiner Geometrien) zielen auf die Anpassung an größere Wafer-Durchmesser sowie die Verbesserung der Ätzprozesse bzgl. Selektivität und Durchsatz.

Die Halbleitertechnik auf Basis anderer halbleitender Materialien wird derzeit zur Fertigung elektronischer Schaltungen für Spezialanwendungen (z.B. Hochfrequenztechnik) eingesetzt. Die Anwendung dieser Technologien im Bereich der MST ist zur Zeit nur in der Grundlagenforschung zu sehen.

Bild 2-35 zeigt die Positionierung der Halbleitertechnik auf dem Technologie-Lebenszyklus.

2.3.1.5 Faseroptik

Die Faseroptik befaßt sich mit der Technik der Einkopplung, der Führung und der Auskopplung optischer Signale in lichtleitenden Medien. Als lichtleitende Medien werden überwiegend Gläser eingesetzt. Die Hauptanwendung der Faseroptik liegt in der Kommunikationstechnik. Im Bereich der Meß- und Regelungstechnik erlaubt die Faseroptik eine störungsfreie Übertragung von Meßsignalen und Daten aus schwierigen Umgebungen wie z.B. explosionsgefährdeten Bereichen.

Darüber hinaus wird unter Verwendung dieser Technik eine Miniaturisierung und Flexibilisierung optischer Meßsysteme möglich. Weltweit und mit zunehmendem materiellen Einsatz erfolgt die Entwicklung faseroptischer Sensoren seit Anfang der achtziger Jahre. Eine große Zahl physikalischer Effekte wie Verschiebung, Geschwindigkeit, Druck u. a. können in ein optisches Sensorsignal umgewandelt werden. Die Codierung der Meßgrößen erfolgt in die optischen Parameter wie Amplitude, Phase, spektrale Verteilung, Frequenz oder Zeit. Faseroptische Sensoren zeichnen sich durch folgende Eigenschaften aus:

❏ gleiche Technologie für Signalgewinnung und Signalübertragung,

❏ großer Abstand zwischen Meßort und Auswerteeinheit möglich,

❏ hohe Empfindlichkeit,

❏ Potentialfreiheit und

❏ Einsetzbarkeit in elektromagnetisch kontaminierten Umgebungen, bei hohen Temperaturen, in korrosiven, explosiven, entflammbaren Umgebungsmedien.

Bild 2-36 zeigt das Grundschema eines faseroptischen Sensorsystems. Dient die Faser selbst als Sensor, so spricht man von intrinsischen faseroptischen Sensoren. Bei extrinsischen faseroptischen Sensoren wird das Meßsignal auf optischen Wegen über die Faser vom Meßkopf zum Auswertegerät übertragen.

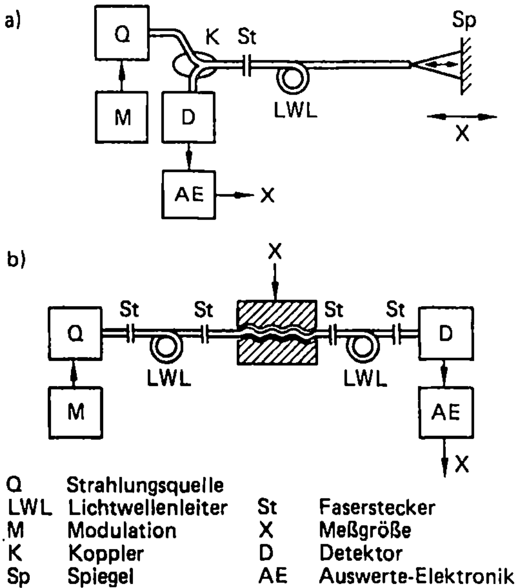

Bild 2-36: Faseroptisches Sensorsystem. Quelle: [2-11]

Derartige Systeme können zu faseroptischen Sensornetzwerken ausgebaut werden. Bild 2-37 zeigt das Grundschema eines Netzwerkes am Beispiel reflektiver Sensoren:

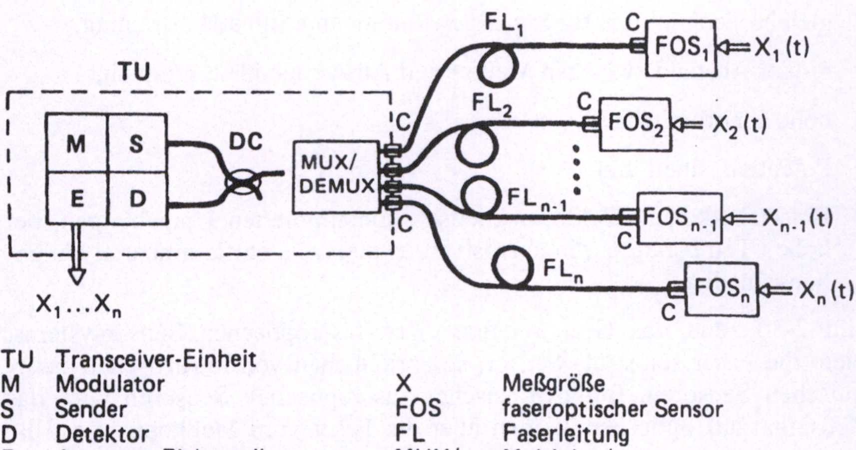

TU   Transceiver-Einheit
M   Modulator   X   Meßgröße
S   Sender   FOS   faseroptischer Sensor
D   Detektor   FL   Faserleitung
E   Auswerte-Elektronik   MUX/   Multiplex/
DC   Richtkoppler   DEMUX   Demultiplexeinheit

Bild 2-37: Faseroptisches Sensor-Netzwerk. Quelle: [2-11]

Die Faseroptik nimmt innerhalb der Mikrosystemtechnik eine Sonderstellung ein. Während sich die übrigen Mikrosystemtechniken wie Integrierte Optik, Mikromechanik, Halbleitertechniken und Schichttechniken mit Technologieschritten auf bestimmten Substraten beschäftigen, werden in der Faseroptik Komponenten zu einem System zusammengesetzt.

Die Strukturierung der Faseroptik kann Bild 2-38 entnommen werden. Danach werden unterschieden:

❏ Strahlungsquellen (kohärente und inkohärente Quellen),

❏ Detektoren, d.h. Silizium-Fotodioden und andere Dioden,

❏ Fasern, d.h. multimode, monomode oder spezielle Fasern,

❏ Verbindungen, d.h. Steckverbindungen, Spleißverbindungen und Koppler sowie

❏ Hilfskomponenten, d.h. Filter, Polarisatoren, Isolatoren sowie Modulatoren für Intensität, Phase und Frequenz.

Diese Komponenten sind für Anwendungen in der Kommunikationstechnik konfektioniert erhältlich. Sie können in vielen Fällen auch in faseroptischen Sensorsystemen eingesetzt werden.

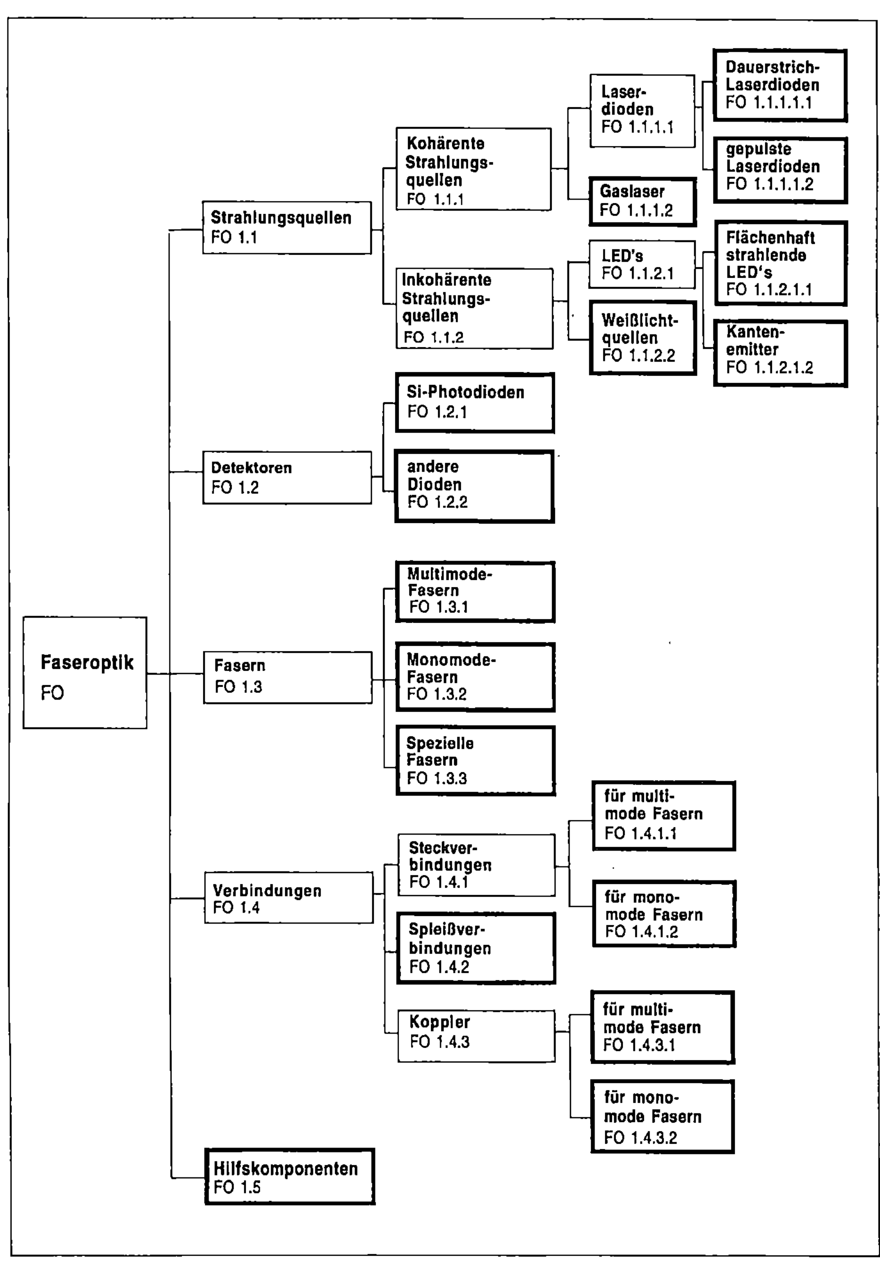

Bild 2-38: Baumstruktur der Faseroptik

Das Forschungs- und Entwicklungsportfolio für die Faseroptik ist in Bild 2-39 dargestellt. Zu erkennen ist, daß alle faseroptischen Komponenten so weit entwickelt sind, daß sie für die angewandte Forschung und Entwicklung verfügbar sind.

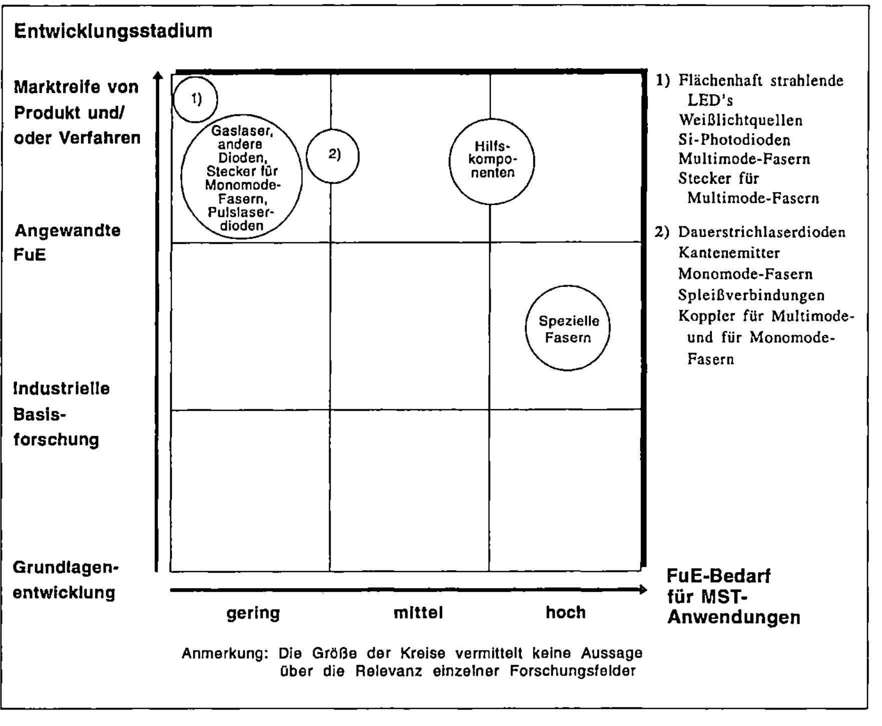

Bild 2-39: FuE-Portfolio "Faseroptik"

Zu beachten ist, daß die Komponenten der Faseroptik vorwiegend für die Nachrichtentechnik bzw. Unterhaltungselektronik entwickelt worden sind. So stehen z.B. für den Wellenlängenbereich von 760 - 850 nm preiswerte Halbleiterlaser zur Verfügung, die für Compact-Disk-Geräte entwickelt wurden. Für Anwendungen in der Sensorik bestehen demgegenüber einige Einschränkungen.

Qualitative Beschreibung der FuE-Bedarfe für die Faseroptik:

❑ Für Wellenlängen im sichtbaren Bereich werden **Laserdioden** und **LED's** mit höheren Leistungen benötigt. Konfektionierte Komponenten nach Kundenspezifikationen mit eingebauter Temperaturregelung sind nur eingeschränkt verfügbar. Aus Laserdioden lassen sich graduell die Resonatoreigenschaften entfernen und der Übergang zu kantenemittierenden LED`s herstellen. Damit können Bauelemente hergestellt werden, die eine ausreichende, aber nicht zu große Kohärenz aufweisen (Anpassung an geforderte Emissionseigenschaften und Rauschfreiheit). Diese LED`s finden insbesondere bei faseroptischen Kreiseln Verwendung. **Gaslaser** und **Weißlichtquellen** (Mikroglühlampen, Halogen-Dampflampen) werden im Bereich der Faseroptik nur in einzelnen Spezialanwendungen eingesetzt.

❑ **Silizium-Photodioden** sind bis an die Grenze der Empfindlichkeit entwickelt. Photo-Lawinendioden finden aufgrund ihres hohen Preises und der kritischen Arbeitspunkteinstellung nur in Spezialfällen Anwendung (z.B. optisches Radar). Für Anwendungen im 1,3 und 1,5 μm-Bereich stehen Dioden aus InGaAs zur Verfügung. Die Preise dieser Bauelemente sind wegen der geringen Stückzahlen noch sehr hoch. Für das langwellige Infrarot finden Detektoren aus Bleisulfid und Cadmium-Quecksilber-Tellurid Verwendung.

❑ Aus dem Bereich der Kommunikationstechnik sind **multimode** und **monomode Fasern** mit sehr vielfältigen Spezifikationen kommerziell erhältlich. Für Sensoranwendungen sind z.T. **spezielle Fasern** notwendig, wie z.B. Fasern mit speziellem Querschnitt, doppelbrechende Fasern, speziell ummantelte Fasern, dotierte Fasern, Polymerfasern und Infrarot-Fasern. Die Entwicklung derartiger Fasern wird derzeit nur vereinzelt betrieben.

❑ Für **Multimode-Steckverbindungen** existiert zwar der SMA-Stecker als Standard (Norm IEC 86 bzw. MIL C83522), für **Monomode-Steckverbindungen** der nach DIN-Norm 47256/257 gefertigte DIN-Stecker mit Führungshülsen. Vereinfachte, kostengünstige und für die Massenfertigung geeignete Verfahren zur Steckermontage fehlen jedoch. Sie sind wesentliche Voraussetzung für eine breitere Markteinführung faseroptischer Bauteile auch außerhalb der Kommunikationstechnik.

❑ Das **Spleißen** von konventionellen Multimode-/Monomode-Lichtwellenleitern (LWL) wird international technologisch beherrscht.

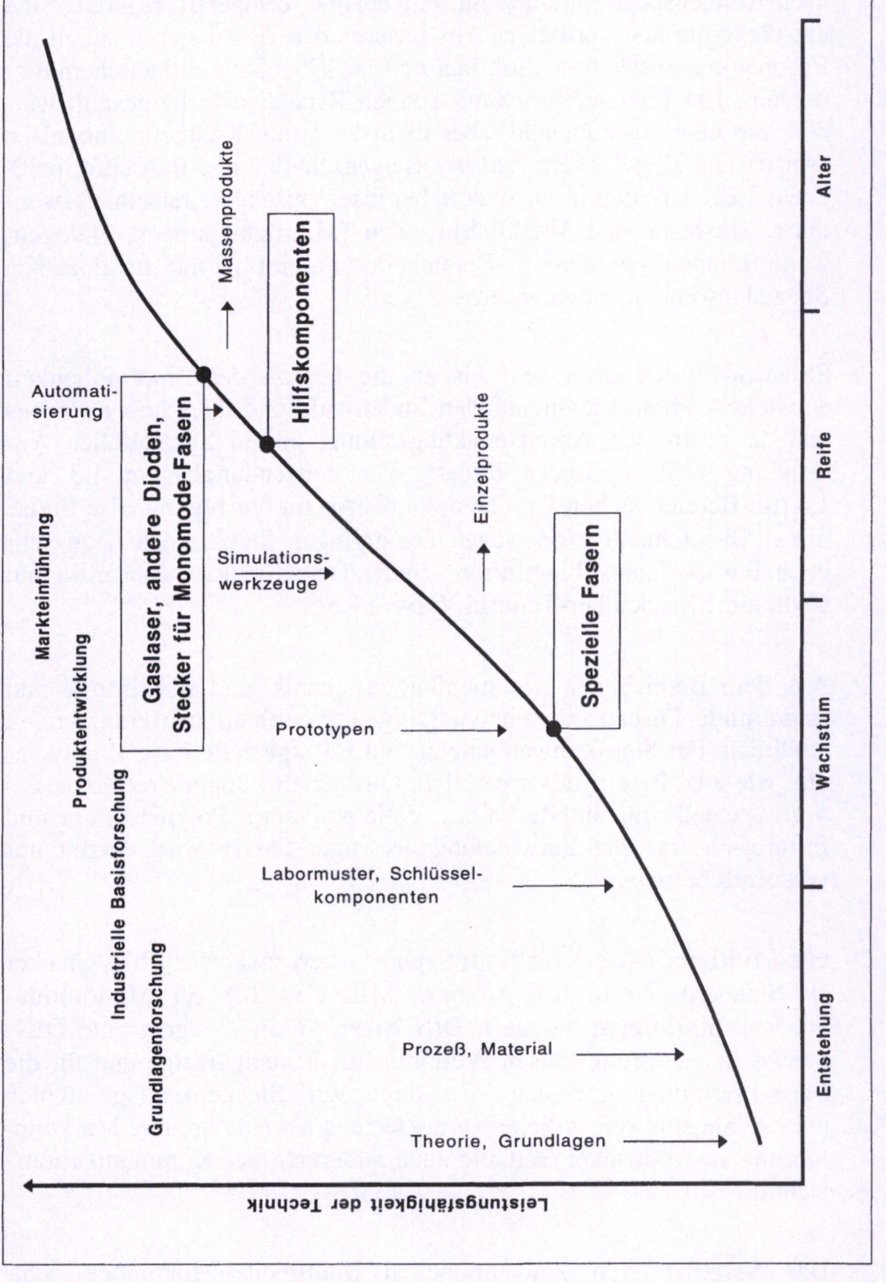

Bild 2-40: Stand der Faseroptik auf dem Technologie-Lebenszyklus

Neben einer weiteren Automatisierung des gesamten Prozesses (Abisolieren, Brechen, Fügen und Verkappen der LWL) müssen u.a. folgende Aufgaben gelöst werden:

- Spleißen von LWL mit relativ hohem Gehalt an Dotierstoffen (Anwendungen in der Sensortechnik),

- Spleißen von LWL mit stark differierenden Außendurchmessern, z.B. Dünnmantel-LWL (Anwendungen in der Sensortechnik),

- Spleißen von polarisationserhaltenden LWL,

- Spleißen von LWL mit unterschiedlichen Brechzahlprofilen (differierenden Viskositäts- und Modenfeldeigenschaften),

- Spleißen von LWL für Wellenlängen > 2 μm.

☐ **Koppler für Multimode-Fasern**, speziell Verzweiger für Fasern der Nachrichtentechnik (50 μm Kern-, 125 μm Außendurchmesser), sind verfügbar. Wünschenswert ist eine höhere Verfügbarkeit von Verzweigern für Fasern mit größerem Kerndurchmesser (z.B. 200/400 μm) und fest eingestelltem Koppelverhältnis.

☐ Eine deutliche Steigerung der Verfügbarkeit von **Kopplern für Monomode-Fasern** ist wünschenswert, insbesondere für Faserkoppler im Wellenlängenbereich von 0,8 μm.

☐ **Hilfskomponenten** wie Filter, Polarisatoren, Isolatoren, Modulatoren für Intensität, Phase und Frequenz sind auf dem Markt der Kommunikationstechnik nur bedingt verfügbar.

Bild 2-40 zeigt den Stand der Faseroptik auf dem Technologie-Lebenszyklus.

2.3.2 Kompatibilität der Einzeltechniken im Hinblick auf ihre Systemintegration

Zur Zusammenführung mikromechanischer, mikrooptischer, mikroelektronischer u.a. Funktionen auf einem Chip oder Substrat zu einem Mikrosystem muß eine Vielzahl von technologischen Schritten verträglich miteinander kombiniert werden.

Die Kombinationsmatrix (vgl. Bild 2-41) gibt - zunächst für die hier ausgewählten fünf Techniklinien - einen Überblick über die Kompatibilität der Mikrotechniken im Hinblick auf ihre Anwendung in Mikrosystemen.

Der Grad der Kompatibilität wird dabei anhand der Kriterien

❑ Substratverträglichkeit,

❑ Prozeß-/Prozeßschrittverträglichkeit,

❑ Integrierbarkeit (monolithisch/hybrid) und

❑ Existenz von Produkten, Labormustern und/oder Prototypen

bewertet (eine detaillierte Erläuterung der verwendeten Symbole ist der Legende in Bild 2-41 zu entnehmen).

Gruppe	Technik	Integrierte Optik					Schichttechniken			Mikromechanik				Halbleitertechnik		Faseroptik
		auf Glas	auf Silizium	auf $LiNbO_3$	auf III-V-Halbleitern	auf Polymeren	Dünnfilmtechnik	Abscheiden aus der flüssigen Phase	Siebdrucktechnik	auf Silizium-Basis	auf anderen Materialien	auf Quarz-Basis	LIGA-Verfahren	auf Silizium	auf anderen Materialien	Faseroptik
Integrierte Optik	auf Glas		◐	◐	◐	◐	●	●	○	◐	○	○	○	◐	◐	◐
	auf Silizium			◐	◐	◐	●	●	○	●	○	○	○	●	◐	◐
	auf $LiNbO_3$				◐	◐	●	●	○	◐	○	○	○	◐	◐	◐
	auf III-V-Halbleitern					◐	●	●	○	◐	○	○	○	◐	◐	◐
	auf Polymeren						●	●	○	◐	○	○	○	◐	◐	◐
Schichttechniken	Dünnfilmtechnik							●	◐	●	○	○	◐	●	●	◐
	Abscheiden aus der flüssigen Phase								◐	●	○	○	●	●	●	◐
	Siebdrucktechnik									◐	○	○		◐	◐	○
Mikromechanik	auf Silizium-Basis										○	○	○	●	○	◐
	auf anderen Materialien											○	○	○	○	□
	auf Quarz-Basis												○	○	○	□
	LIGA-Verfahren													◐	○	◐
Halbleitertechnik	auf Silizium														○	◐
	auf anderen Materialien															◐
Faseroptik																

Legende:

● - hohe Kompabilität der Mikrotechniken, d.h.: - Substratidentität (hohe Substratverträglichkeit) - hohe / uneingeschränkte Prozeßkompatibilität - monolithisch integrierbar - Produkte sind bekannt (vgl. Datenblatt)

◐ - bedingte Kompabilität der Mikrotechniken, d.h.: - Substratverträglichkeit - Prozesse / Prozeßschritte teilweise kompatibel - hybrider Aufbau - Prototypen / Labormuster bekannt (vgl. Datenblatt)

○ - geringe Kompabilität der Mikrotechniken, d.h.: - geringe Substratverträglichkeit - geringe Prozeßverträglichkeit

□ - keine Aktivitäten bekannt / ungeklärt

Bild 2-41: Kombinationsmatrix der Mikrosystemtechniken

2.3.2.1 Kombinationstechniken der Integrierten Optik

Im Zuge der fortschreitenden Miniaturisierung gewinnt die Kombination von Wellenleiter-Optik (Integrierte Optik und Faseroptik), Mikromechanik und Mikroelektronik zunehmend an Bedeutung, wobei gleichzeitig die Anforderungen an die Aufbau- und Verbindungstechnik steigen. Durch den Einsatz weitgehend "planarer" Fertigungstechnologien in der Integrierten Optik, Mikromechanik und Mikroelektronik ist es in Ansätzen bereits erreicht, vollständig integrierte Mikrosysteme herzustellen, die integriert optische, mikromechanische und mikroelektronische Komponenten auf einem gemeinsamen (Halbleiter-)Träger vereinen [2-15].

	Integrierte Optik					Schichttechniken			Mikromechanik				Halbleitertechnik		Faseroptik
	auf Glas	auf Silizium	auf LiNbO$_3$	auf III-V-Halbleitern	auf Polymeren	Dünnfilmtechnik	Abscheiden aus der flüssigen Phase	Siebdrucktechnik	auf Silizium-Basis	auf anderen Materialien	auf Quarz-Basis	LIGA-Verfahren	auf Silizium	auf anderen Materialien	
Integrierte Optik auf Glas		◐	◐	◐	◐	●	●	○	◐	○	○	○	◐	◐	◐
auf Silizium			◐	◐	◐	●	●	○	●	○	○	○	●	◐	◐
auf LiNbO$_3$				◐	◐	●	●	○	◐	○	○	○	◐	◐	◐
auf III-V-Halbleitern					◐	●	●	○	◐	○	○	○	◐	◐	◐
auf Polymeren						●	●	○	◐	○	○	○	◐	◐	◐

Bild 2-42: Kombinationstechniken der Integrierten Optik
(Legende siehe Bild 2-41)

2.3.2.1.1 Kombination der Integrierten Optik auf verschiedenen Substraten

❐ Teilweise sind Systeme in hybridem Aufbau realisiert worden, die unterschiedliche Substrate zusammenführen (z.B. Laserdioden aus Galliumarsenid mit einer integriert-optischen Schaltung auf Silizium zur Herstellung eines interferometrischen Sensors).

❐ Aufgrund der möglichen Hetero-Epitaxie von III-V-Halbleitern auf Silizium ist eine eingeschränkt monolithische Integration denkbar. Aktivitäten in diesem Bereich befinden sich jedoch derzeit noch im Stadium der Grundlagenforschung.

2.3.2.1.2 Integrierte Optik und Schichttechniken

❏ Die Abscheidung dünner Schichten ist auf allen in der Integrierten Optik eingesetzten Substraten - Glas, Silizium, Lithiumniobat, III-V-Halbleiter und Polymere - möglich.

❏ Das "Abscheiden aus der flüssigen Phase" ist ein Prozeßschritt, der bei der Herstellung integriert-optischer Komponenten bzw. Bauteile verwendet wird. Diese Techniken werden derzeit im Labor zur Herstellung (bio-)chemischer Sensoren untersucht. Probleme liegen neben den schon aus der chemischen Sensorik bekannten schichtspezifischen Eigenschaften wie Langzeitstabilität, Querempfindlichkeit und Selektivität in der Optimierung der Ankopplung des chemischen Signals an den integriert-optischen Lichtwellenleiter.

❏ Zum Einsatz der Dickschichttechnologie ist noch ungeklärt, ob die Substrate der Integrierten Optik die hohen Temperaturen (800 - 900 °C) der Siebdrucktechnik aushalten. Dieses Kriterium ist für die Integrierte Optik von großer Bedeutung, da die hohen Temperaturen die Wellenleitereigenschaften beeinflussen. Forschungsaktivitäten in diesem Bereich sind derzeit nicht bekannt.

2.3.2.1.3 Integrierte Optik und Mikromechanik

❏ Die Herstellungstechnologien der Integrierten Optik auf Silizium sind mit denen der Mikromechanik auf Basis des Siliziums verwandt, in Teilbereichen sogar identisch. Dadurch ist prinzipiell eine Integration mikromechanischer und optischer Komponenten auf einem gemeinsamen Halbleitersubstrat möglich.

❏ Mit den Verfahren der Mikromechanik (z.B. Ätzverfahren) hergestellte Komponenten sind für die Integrierte Optik von herausragender Bedeutung, da sie als wichtige Hilfsmittel in der Aufbau- und Verbindungstechnik an der Schnittstelle von Integrierter Optik und Faseroptik zur Verbindung von integriert-optischen Wellenleitern und externen Lichtleitfasern eingesetzt werden [2-13]. Hier werden derzeit ausschließlich mikromechanische Elemente aus Silizium eingesetzt (vgl. Bild 2-43).

❏ Da sich die Mikromechanik auf anderen Materialien als Silizium derzeit noch weitestgehend im Stadium der Grundlagenforschung befindet, sind die Probleme der Integration mit der Integrierten Optik derzeit nur an Labormustern bzw. Prototypen demonstriert worden.

❑ Die LIGA-Technik, die erst an der Schwelle zu einer breiteren Anwendung steht, gewinnt für die Herstellung lichtleitender Komponenten, insbesondere aber in der Aufbau- und Verbindungstechnik für die Integrierte Optik immer mehr an Bedeutung. Die Vorteile des LIGA-Verfahrens aufgrund seiner extremen Strukturgenauigkeit bei der Erzeugung von Faserführungsschächten und Justageelementen wurden bereits an Lösungen im Rahmen von Entwicklungsarbeiten demonstriert [2-14].

❑ Die Substratidentität sowie die hohe Prozeßkompatibilität der Integrierten Optik auf Silizium und der Mikromechanik auf Silizium hat bereits zu vielen Anwendungen wie z.B. der Integration von Wellenleitern auf Silizium mit CMOS-Schaltkreisen geführt. Bild 2-43 zeigt beispielhaft für die Vielzahl von Integrationsmöglichkeiten bei Sensorschaltungen auf Silizium die Kombination von Mikromechanik und Integrierter Optik auf Silizium:

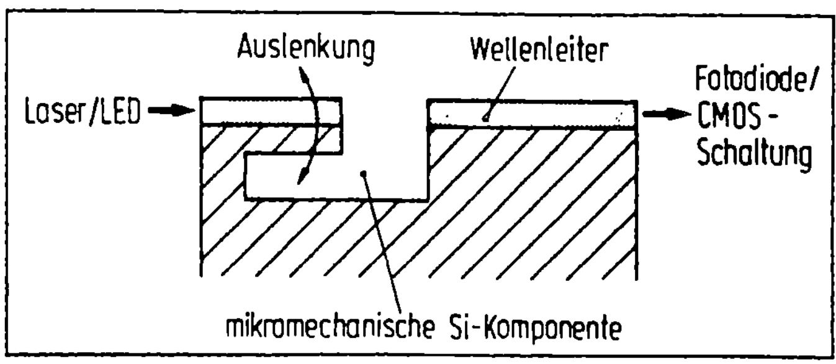

Bild 2-43: Mikromechanik und Integrierte Optik auf Silizium.
Quelle: [2-15]

❑ Die Integrierte Optik auf den Substraten Glas, Lithiumniobat, III-V-Halbleiter und Polymeren ist mit der Silizium-Mikromechanik nur bedingt kompatibel. Eine hybride Verbindung der integriert-optischen Elemente mit mikromechanischen Komponenten auf Silizium-Basis wird beispielsweise im Rahmen eines vom BMFT geförderten Verbundvorhabens bearbeitet.

2.3.2.1.4 Integrierte Optik und Halbleitertechniken

❑ Die Herstellungsverfahren der Integrierten Optik auf Silizium und die Halbleitertechnik sind sehr ähnlich, sodaß die Kombination integriert-optischer und elektronischer Schaltkreise auf einem gemeinsamen

Halbleitersubstrat zu sog. OEIC's (Optoelectronic Integrated Circuits) schon demonstriert worden ist. Hier bilden die integrierten Photodioden die Schnittstelle zwischen Optik und Elektronik [2-16]. Lichterzeugende Elemente wie Photodioden oder Laserdioden auf Silizium sind nicht bekannt. Elektrochemisch geätzte, nanoporöse Siliziumschichten zeigen eine bemerkenswerte Photo- und Elektroluminiszenz, die es möglich erscheinen läßt, lichterzeugende Elemente auf Silizium zu realisieren [2-17]

❏ Den Integrationsvorteilen stehen allerdings größere Schwierigkeiten bei der Herstellung, insbesondere bei der Fotolithografie, entgegen. Der Kontakt von Fotomaske und Substrat wird durch die unterschiedliche Höhe der integriert-optischen, optoelektronischen und rein elektronischen Bauelemente beeinträchtigt. Bei Integration der Komponenten auf einem gemeinsamen Chip erhöht sich die Anzahl der erforderlichen Prozeßschritte erheblich; zusätzlich führen Unverträglichkeiten der für die Integrierte Optik und für die Halbleitertechnik/Elektronik erforderlichen Prozesse zu einer geringeren Ausbeute [2-18].

❏ Die übrigen Techniken der Integrierten Optik weisen in der Kombination mit der Halbleitertechnik, sowohl auf Silizium als auch auf anderen Halbleitern, eine bedingte Kompatibilität auf. Eine hybride Kombination, z.B. von Halbleiter-Dioden mit einem integriert-optischen Chip, oder die Kombination einzelner Bauteile ist grundsätzlich möglich (z.B. faseroptisches Mach-Zehnder-Interferometer oder faseroptischer Kreisel mit integriert-optischer Schaltung auf Lithiumniobat).

2.3.2.1.5   Integrierte Optik und Faseroptik

❏ Integriert-optische Komponenten werden überwiegend zusammen mit Lichtleitfasern eingesetzt. Trotz der hohen Bedeutung der Kombination von Integrierter Optik und Faseroptik ist die Kompatibilität dieser Techniken nur bedingt gegeben. Probleme bereitet bei allen Technologien der Integrierten Optik die stabile, temperaturfeste, möglichst automatische Ankopplung von Lichtleitfasern [2-19]. Dabei definieren die technischen Randbedingungen der Faseroptik die Anforderungen an die integriert-optischen Komponenten; das betrifft z.B. die Querschnittsfläche der Wellenleiterstrukturen, ihre Arbeitswellenlänge sowie das Brechzahlprofil zur Erreichung eines möglichst hohen Koppelwirkungsgrades.

❑ Der Aufbau optischer Systeme mit Komponenten der Wellenleiteroptik wird künftig immer einfacher, da die integriert-optischen Komponenten und "Schaltkreise" mit Faseranschlüssen (Faserstecker) versehen werden können [2-20].

2.3.2.2 Kombinationstechniken der Schichttechniken

Sowohl Dünnfilm- als auch Dickschichtverfahren werden bei der Herstellung "intelligenter" Sensoren aus monolithisch- oder hybrid-integrierten Bauelementen eingesetzt [2-21].

Bild 2-44 zeigt die Beurteilung der Kompatibilität der Schichttechniken mit den anderen Mikrotechniken:

| | Schichttechniken | | | Integrierte Optik | | | | | Mikromechanik | | | | Halbleitertechnik | | Faseroptik |
	Dünnfilmtechnik	Abscheiden aus der flüssigen Phase	Siebdrucktechnik	auf Glas	auf Silizium	auf $LiNbO_3$	auf III-V-Halbleitern	auf Polymeren	auf Silizium-Basis	auf anderen Materialien	auf Quarz-Basis	LIGA-Verfahren	auf Silizium	auf anderen Materialien	
Dünnfilmtechnik		○	◐	●	●	●	●	●	●	○	○	◐	●	●	◐
Abscheiden aus der flüssigen Phase			◐	●	●	●	●	●	●	○	○	●	●	●	◐
Siebdrucktechnik				○	○	○	○	○	◐	○	○	○	◐	◐	○

Bild 2-44: Kombinationstechniken der Schichttechniken
(Legende siehe Bild 2-41)

2.3.2.2.1 Kombination unterschiedlicher Schichttechniken

❑ Die Dünnfilmtechnik läßt sich mit vielen Verfahren zum Abscheiden aus der flüssigen Phase kombinieren. So wird z.B. galvanisch auf Dünnfilmen Gold oder Blei-Zinn aufgewachsen, die als Bumps für TAB-Verfahren verwendet werden.

❑ Die Kompatibilität der Dickschichttechnik mit den beiden anderen Schichttechniken (Dünnfilmtechnik und Abscheiden aus der flüssigen Phase) ist nur bedingt gegeben. Denkbar bzw. möglich ist u.a. die Kombination von Dickschichtwiderständen und Dünnfilmen oder das Aufdampfen eines Dünnfilms auf eine Dickschicht.

❑ Ein Beispiel für die Kombination des Abscheidens aus der flüssigen Phase mit der Siebdrucktechnik ist die Membranabscheidung auf ein Dickschichtsubstrat zur Realisierung von Biosensoren.

2.3.2.2.2 Schichttechniken und Integrierte Optik

---> siehe Kapitel 2.3.2.1

2.3.2.2.3 Schichttechniken und Mikromechanik

❑ Die Anwendung von Schichttechniken in der Mikromechanik ist zur Herstellung von Maskierschichten unbedingt erforderlich.

❑ Die Kombination der Mikromechanik mit der Dünnfilmtechnologie ermöglicht eine breite Anwendung der Mikromechanik in der Sensorik. Zur Ausnutzung der Möglichkeiten der Mikromechanik werden u.a. sehr dünne aktive Sensorschichten und Kontaktbahnen mit möglichst schmalen Konturen benötigt [2-22], die mit Hilfe der Dünnfilmtechnik hergestellt werden können. Bild 2-45 zeigt als Beispiel einen einfach aufgebauten Beschleunigungssensor. Ebenso wurden beispielsweise Bi-Metalle auf einer Silizium-Zunge für einen Schalter realisiert.

❑ Das Abscheiden aus der flüssigen Phase wird auch als Prozeßschritt bei der Herstellung mikromechanischer Bauelemente in Silizium ver-

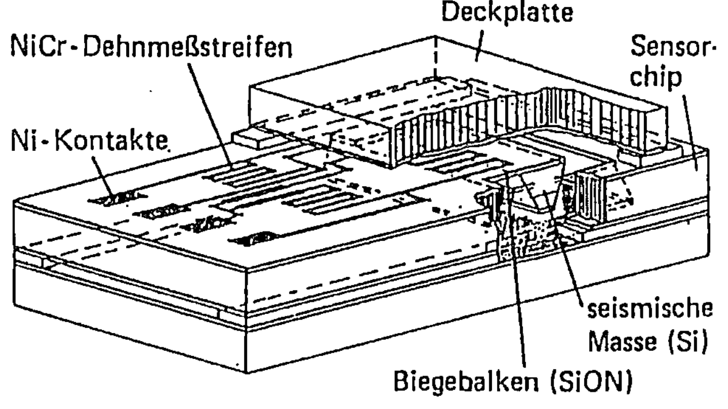

Bild 2-45: Mikromechanischer Beschleunigungssensor. Quelle: [2-23]

wendet. So werden z.B. durch galvanisches Abscheiden von Gewichten auf Silizium-Membranen Beschleunigungssensoren realisiert.

❏ Die Kombination von Mikromechanik auf Silizium und Dickschichttechnik wird derzeit nur in hybridem Aufbau verwirklicht (z.B. bei der extrakorporalen Messung des Blutdrucks: hierbei wird der Blutdruck über eine Kanüle mittels einer Flüssigkeitssäule auf einen Silizium-Drucksensor übertragen, der zusammen mit einer Auswerteschaltung auf einem Keramik-Substrat aufgebaut ist).

❏ Die Mikromechanik auf Quarz-Basis und auf anderen Materialien befindet sich noch im Stadium der Grundlagenforschung (vgl. Kapitel 2.3.1.3 Mikromechanik); deshalb kann an dieser Stelle auf die Kombinationsproblematik nicht eingegangen werden.

2.3.2.2.4 Schichttechniken und Halbleitertechniken

❏ Die Kombination von Dünnfilm- und Silizium-(Halbleiter-) Technologie eröffnet eine immense Ausweitung der Materialbasis für Halbleitersensoren, wobei die Möglichkeiten der Halbleitertechnologie voll genutzt werden können [2-24].

❏ Wegen der niedrigen Abscheidetemperaturen und ihrer Verwandtschaft zur Halbleitertechnologie kann die Dünnfilmtechnik direkt mit integrierten Halbleiterschaltkreisen auf dem gleichen Substrat integriert werden. Diese Kombination ermöglicht die Herstellung einer Vielzahl von Halbleitersensoren. So können zum einen Dünnfilmsensoren auf integrierte Schaltungen, die das Sensorsignal verarbeiten, aufgebracht werden. Zum anderen können elektronische Bauelemente durch Aufbringen eines Dünnfilms so modifiziert werden, daß sie zu einem Sensorelement werden, wie z.B. gas-sensitive Feld-Effekt-Transistoren mit einer Palladium-Gate-Metallisierung.

❏ Das Abscheiden aus der flüssigen Phase weist in der Kombination mit der Halbleitertechnik - ähnlich der Dünnfilmtechnik - eine hohe Kompatibilität auf. Diese hohe Kompatibilität wird beispielsweise durch das Spin-On-Glas-Verfahren zur Planarisierung bei Mehrlagenverdrahtung demonstriert.

❏ Die Kombination von Halbleiter-Bauelementen und Dickschicht-Bauelementen wird häufig in sog. Chip-On-Board-Techniken realisiert.

2.3.2.2.5 Schichttechniken und Faseroptik

❑ In der faseroptischen Sensorik finden die Dünnfilmtechnik und das Abscheiden aus der flüssigen Phase zum Aufbringen einer chemisch-sensitiven Schicht auf die Faser häufig Anwendung.

❑ Forschungsaktivitäten, die auf eine Kombination von Siebdrucktechnik und Faseroptik abzielen, sind bislang nicht bekannt.

2.3.2.3 Kombinationstechniken der Mikromechanik

In ihrer Kombination mit anderen Mikrotechniken nimmt die Mikromechanik eine bedeutende Rolle auf dem Weg zu Mikrosystemen (zur Mikrosystemtechnik) ein. Dabei bieten sich als Integrationstechniken sowohl die monolithische Integration als auch die fortgeschrittene Hybridtechnik auf Silizium an, mit der die Vorteile der monolithischen Integration und die der klassischen Hybridtechnik gleichzeitig genutzt werden können [2-25].

Daneben ist es über Abscheidung anderer Materialien auf Silizium möglich, Silizium mit weiteren Eigenschaften (z.B. mit Piezoelektrizität durch Aufbringen von piezoelektrischem Zinkoxid auf Silizium-Membranen für frequenzanaloge Kraftaufnehmer oder zur Realisierung von Sensoren auf Basis der SAW's (Surface-Acoustic-Waves)) zu versehen, die es von Natur aus nicht oder nur unzureichend besitzt.

| | Mikromechanik | | | | Integrierte Optik | | | | | Schichttechniken | | | Halbleitertechnik | | Faseroptik |
	auf Silizium-Basis	auf anderen Materialien	auf Quarz-Basis	LIGA-Verfahren	auf Glas	auf Silizium	auf LiNbO$_3$	auf III-V-Halbleitern	auf Polymeren	Dünnfilmtechnik	Abscheiden aus der flüssigen Phase	Siebdrucktechnik	auf Silizium	auf anderen Materialien	
Mikromechanik auf Silizium-Basis		○	○	○	◐	●	◐	◐	◐	●	●	◐	●	○	◐
auf anderen Materialien			○	○	○	○	○	○	○	○	○	○	○	○	☐
auf Quarz-Basis				○	○	○	○	○	○	○	○	○	○	○	☐
LIGA-Verfahren					○	○	○	○	○	◐	●	○	◐	○	◐

Bild 2-46: Kombinationstechniken der Mikromechanik
(Legende siehe Bild 2-41)

Im Hinblick auf die Entwicklung von Mikroaktoren kommt der Mikromechanik eine Schlüsselposition zu. Das Gebiet der Mikroaktorik in Silizium befindet sich noch in seinen Anfängen. Aus der Literatur sind einige Anwendungsbeispiele wie mikromechanische Schalter oder Ventile bekannt.

Bild 2-46 veranschaulicht die Kompatibilität der Mikromechanik in der Kombination mit anderen Mikrotechniken:

2.3.2.3.1 Kombination unterschiedlicher Techniken der Mikromechanik

❒ Die Mikromechanik auf Basis von Quarz und anderen Materialien befindet sich noch im Stadium der Grundlagenforschung (vgl. Kapitel 2.3.1.3); deshalb kann an dieser Stelle auf die Kombinationsproblematik nicht eingegangen werden.

2.3.2.3.2 Mikromechanik und Integrierte Optik

--> siehe Kapitel 2.3.2.1

2.3.2.3.3 Mikromechanik und Schichttechniken

--> siehe Kapitel 2.3.2.2

2.3.2.3.4 Mikromechanik und Halbleitertechniken

❒ Die hohe Kompatibilität von Mikromechanik auf Silizium und Silizium-Halbleitertechnik aufgrund der Substratidentität und der hohen Prozeßschrittverträglichkeit ist bereits an zahlreichen Produkten demonstriert worden. Die Prozeßkompatibilität von Mikromechanik und Mikroelektronik erlangt strategische Bedeutung, da diskrete mikromechanische Bauelemente in einer industriellen IC-Fertigungslinie hergestellt werden können. Der Prozeßaufwand außerhalb der IC-Fertigung reduziert sich auf die mikromechanik-spezifischen Prozeßschritte [2-26]. Die Herstellung mikromechanischer Bauelemente auf der Basis von Silizium ermöglicht die monolithische Integration von elektronischen Funktionsgruppen und mechanischen Elementen auf einem Chip. Als Beispiel für ein Produkt, das diese beiden Techniken miteinander vereinigt, zeigt Bild 2-47 einen Silizium-Drucksensor mit integrierter Auslese-Elektronik.

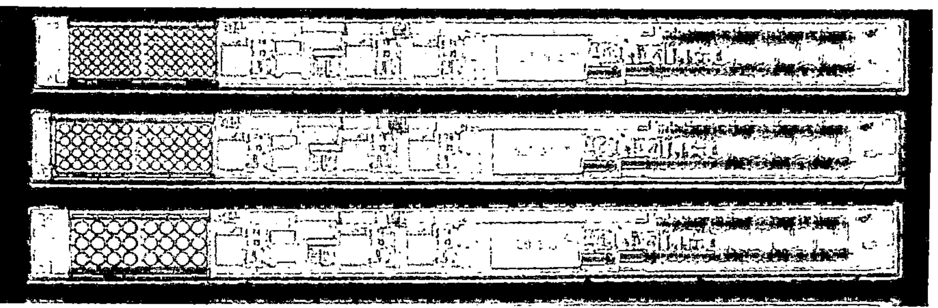

Bild 2-47: Chip-Foto eines Si-Drucksensors mit integrierter Auslese-Elektronik.
Quelle: FhG-IMS, Duisburg

❑ Detailprobleme bei der Integration sind z.B.

- die Temperaturbelastung der elektrischen Bauelemente bei der Reduzierung von Membranspannungen durch Hochtemperaturschritte,

- die Entstehung von Membran-/Materialspannungen bei der Optimierung der elektrischen Bauelemente,

- der Schutz der Schaltungsteile vor unterschiedlichen Ätzmedien,

- die Assemblierung der Bauelemente sowie

- die Verwendung artfremder Materialien (d.h. Materialien, die im Halbleiter-Prozeß normalerweise nicht vorkommen, wie z.B. Gold, Palladium) in Halbleiter-Prozessen.

❑ Die Kombination der Mikromechanik auf anderen Materialien als Silizium mit der Halbleitertechnik ist nur als gering kompatibel einzuschätzen. Dafür sind die bereits weiter oben angeführten Probleme (Grundlagenbereich) verantwortlich zu machen. Derzeit sind keine Forschungsaktivitäten, die auf eine Kombination dieser Techniken abzielen, bekannt.

2.3.2.3.5 Mikromechanik und Faseroptik

❑ Die Kombination mikromechanischer Strukturen und faseroptischer Komponenten wird vor allem bei der Realisierung faseroptischer Verbindungen eingesetzt, z.B. bei der Herstellung von V-Gruben für Faser-Chip-Kopplungen bzw. in Form von mikromechanisch hergestellten Justierkomponenten. Gleiches gilt für das LIGA-Verfahren zur optischen Aufbau- und Verbindungstechnik.

❑ Das Auslesen der Signale mikromechanischer Sensoren mit Hilfe faser-optischer Verbindungen ist in bestimmten Einsatzfeldern (explosionsgeschützte, elektromagnetisch kontaminierte Umgebung) wünschenswert. Probleme bei dieser Kombination von Mikromechanik und Faseroptik liegen in erster Linie bei der noch nicht ausgereiften Aufbau- und Verbindungstechnik. Die Ankopplung der Fasern an die mikromechanischen Elemente verursacht hohe Kosten und Probleme bei der Langzeitstabilität, Erschütterungssicherheit etc. [2-27].

❑ Die Mikromechanik auf Basis von Quarz und anderen Materialien befindet sich noch im Stadium der Grundlagenentwicklung (vgl. Kapitel 2.3.1.3), so daß Aussagen über die Kombinationsproblematik mit anderen Mikrotechniken an dieser Stelle noch nicht möglich sind.

2.3.2.4 Kombinationstechniken der Halbleitertechniken

Durch die großen Forschungsanstrengungen der vergangenen Jahrzehnte zur Realisierung immer kleinerer und immer leistungsfähigerer Bauelemente auf Silizium-Substraten hat die Halbleitertechnik einen sehr hohen Entwicklungsstand erreicht. Ihre Technologien kommen deshalb auch in vielen anderen Mikrotechniken zum Einsatz. Der Halbleitertechnik kommt damit auch für die Realisierung von Mikrosystemen eine bedeutende Rolle zu. Sie ermöglicht beispielsweise die Verstärkung und Weiterverarbeitung elektrischer Sensorsignale und bildet somit die Schnittstelle zwischen Sensoren bzw. Aktoren und der technischen Peripherie.

Bild 2-48 zeigt die Bewertung der Kompatibilität der Halbleitertechniken mit den anderen Mikrotechniken:

	Halbleitertechnik		Integrierte Optik					Schichttechniken			Mikromechanik				Faseroptik
	auf Silizium	auf anderen Materialien	auf Glas	auf Silizium	auf LiNbO$_3$	auf III-V-Halbleitern	auf Polymeren	Dünnfilmtechnik	Abscheiden aus der flüssigen Phase	Siebdrucktechnik	auf Silizium-Basis	auf anderen Materialien	auf Quarz-Basis	LIGA-Verfahren	
Halbleitertechnik auf Silizium		○	◐	●	◐	◐	◐	●	●	◐	●	○	○	◐	◐
Halbleitertechnik auf anderen Materialien			◐	◐	◐	◐	◐	●	●	◐	○	○	○	○	◐

Bild 2-48: Kombinationstechniken der Halbleitertechniken
(Legende siehe Bild 2-41)

2.3.2.4.1 Kombination von Halbleitertechniken auf unterschiedlichen Substraten

Für verschiedene Anwendungsgebiete, wie z.B. für die Herstellung von Leuchtdioden oder von infrarotempfindlichen Photodioden auf Silizium-Substraten wäre die Kombination von verschiedenen Halbleitertechniken wünschenswert. Diese Kombinationen, wie z.B. die Hetero-Epitaxie von Galliumarsenid auf Silizium, werden noch im Bereich der Grundlagenforschung untersucht.

2.3.2.4.2 Halbleitertechniken und Integrierte Optik

--> siehe Kapitel 2.3.2.1

2.3.2.4.3 Halbleitertechniken und Schichttechniken

--> siehe Kapitel 2.3.2.2

2.3.2.4.4 Halbleitertechniken und Mikromechanik

--> siehe Kapitel 2.3.2.3

2.3.2.4.5 Halbleitertechniken und Faseroptik

❑ Einige Produktbeispiele demonstrieren die grundsätzliche Möglichkeit einer hybriden Verknüpfung der Halbleitertechniken mit der Faseroptik:

- Silizium-Photodiode zur Umwandlung eines LED-Lichtsignals in ein elektrisches Signal (Mikro-Lichtschranke),

- Schaltkreis zur Verstärkung des elektrischen Signals einer Photodiode

2.3.2.5 Kombinationstechniken der Faseroptik

Die Anwendung der Faseroptik ist in den letzten Jahren im Bereich der Nachrichtentechnik sehr stark ausgebaut worden. Faseroptische Komponenten werden hier in großen Stückzahlen eingesetzt. Die Kombination von faseroptischen Bauelementen mit anderen Mikrotechniken ist für Anwendungen in der Sensorik unabdingbar, aber noch nicht in großem Umfang realisiert.

Bild 2-49 zeigt die Bewertung der Kompatibilität der Faseroptik mit anderen Mikrotechniken:

	Faseroptik	Integrierte Optik					Schichttechniken			Mikromechanik				Halbleitertechnik	
		auf Glas	auf Silizium	auf LiNbO$_3$	auf III-V-Halbleitern	auf Polymeren	Dünnfilmtechnik	Abscheiden aus der flüssigen Phase	Siebdrucktechnik	auf Silizium-Basis	auf anderen Materialien	auf Quarz-Basis	LIGA-Verfahren	auf Silizium	auf anderen Materialien
Faseroptik	◑	◑	◑	◑	◑	◑	◑	◑	○	◑	□	□	◑	◑	◑

Bild 2-49: Kombinationstechniken der Faseroptik
(Legende siehe Bild 2-41)

2.3.2.5.1 Kombination faseroptischer Bauelemente

Die Kombination verschiedener faseroptischer Bauelemente bzw. Komponenten erfolgt mit Hilfe der sog. optischen Aufbau- und Verbindungstechnik. Die so erstellten Systeme entstehen in hybrider Montage.

2.3.2.5.2 Faseroptik und Integrierte Optik

--> siehe Kapitel 2.3.2.1

2.3.2.5.3 Faseroptik und Schichttechniken

--> siehe Kapitel 2.3.2.2

2.3.2.5.4 Faseroptik und Mikromechanik

--> siehe Kapitel 2.3.2.3

2.3.2.5.5 Faseroptik und Halbleitertechniken

--> siehe Kapitel 2.3.2.4

3 Bibliometrie für die physikalische und (bio-) chemische Sensorik

3.1 Zielsetzung und Methodik der Bibliometrie

Die hier durchgeführte Bibliometrie erfaßt die wissenschaftlichen Ergebnisse im Bereich der Grundlagenforschung und -entwicklung für Anwendungen der in Kapitel 2.3.2 genannten Mikrotechniken in der Sensorik. Durch einen Vergleich der bundesdeutschen mit europäischen, asiatischen und US-amerikanischen Beiträgen gibt sie zugleich Auskunft über internationale Aktivitäten und technologische Schwerpunkt-Trends.

Der aktuellste Entwicklungsstand ist bei den Beiträgen zu internationalen Tagungen abzulesen (z.B. 3.-6. International Meeting on Solid-State Sensors and Actuators, 1.-3. International Meeting on Chemical Sensors, Eurosensors I-IV). Darüberhinaus wurden die Beiträge der Zeitschrift "Sensors & Actuators" von 1985 bis 1990 untersucht. Tagungen mit spezifischer Themenstellung (z.B. Faseroptische Sensoren, Micromechanics) wurden nicht berücksichtigt.

Um das Aktivtätsprofil für die Mikrosystemtechnik ausweisen zu können, wurden bei der bibliometrischen Erfassung aus der Gesamtheit der durchgesehenen Beiträge zur Sensorik solche Beiträge ausgezählt, die sich explizit mit dem Aufbau von Sensoren auf der Basis der Mikromechanik, Halbleitertechniken, Schichttechniken, Faseroptik und Integrierten Optik beschäftigen. Im Bereich der Bibliometrie wurde diese Erfassung differenziert für die Messung physikalischer, chemischer und biochemischer Parameter durchgeführt. Die Patentanalyse (vgl. Kapitel 4) bezieht sich demgegenüber nur auf die chemische Sensorik.

3.2 Aktivitäten im Bereich "Physikalische Sensoren"

Die Bilder 3-1 und 3-2 zeigen die zusammengefaßten Auswertungen der Beiträge zu den International Meetings on Solid State Sensors and Actuators (Transducers). Es überwiegt der Anteil der Beiträge zu Sensoren, die mit mikromechanischen Verfahren hergestellt wurden, gefolgt von Halbleiter- und Schichttechniken. Die Faseroptik bzw. die Integrierte Optik nimmt nur einen sehr geringen Anteil bei den physikalischen Sensoren ein. Auffällig ist die starke Zunahme der Beiträge zur Mikromechanik auf der letzten Transducers 1991, die eine Konzentration der physikalischen Sensorik auf diese Technik erwarten läßt:

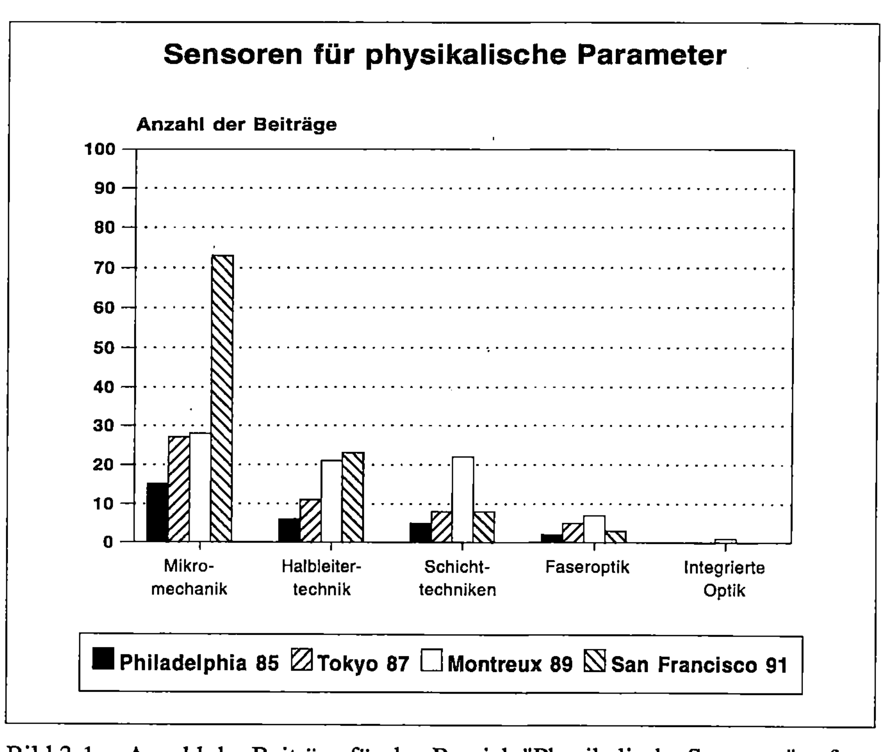

Bild 3-1:   Anzahl der Beiträge für den Bereich "Physikalische Sensoren" auf der Transducers 1985-1991 in der zeitlichen Entwicklung

Wie Bild 3-2 zu entnehmen ist, stellt die USA die größte Zahl der Beiträge zum Thema Mikromechanik, gefolgt von Europa und Asien. Lediglich bei der Mikromechanik und bei den Schichttechniken ist Deutschland mit einigen wenigen Beiträgen vertreten.

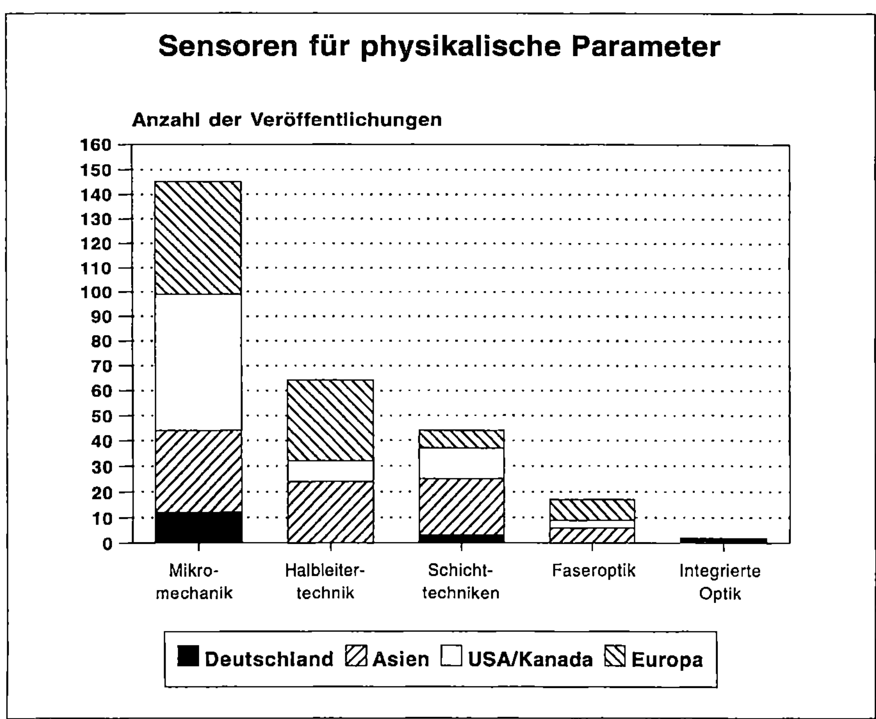

Bild 3-2:   Kumulierte Gesamtzahl der Beiträge für den Bereich "Physikalische
Sensoren" auf der Transducers 1985-1991 nach Ländern

Eine ähnliche Tendenz ist aus den Beiträgen zur Zeitschrift "Sensors &
Actuators" zu sehen (vgl. Bild 3-3). Allerdings überwiegen hier die Beiträge zum Themenfeld Halbleitertechnik. Die Ursache könnte in der zeitlichen Verspätung der Veröffentlichung in dieser Zeitschrift (von fast
einem Jahr) liegen. Die Aufstellung für das Jahr 1990 ist nur unvollständig,
da hier die Beiträge zur Transducers-Tagung 1989 in Montreux wiederholt
veröffentlicht wurden. Diese sind in der Aufstellung nicht enthalten.

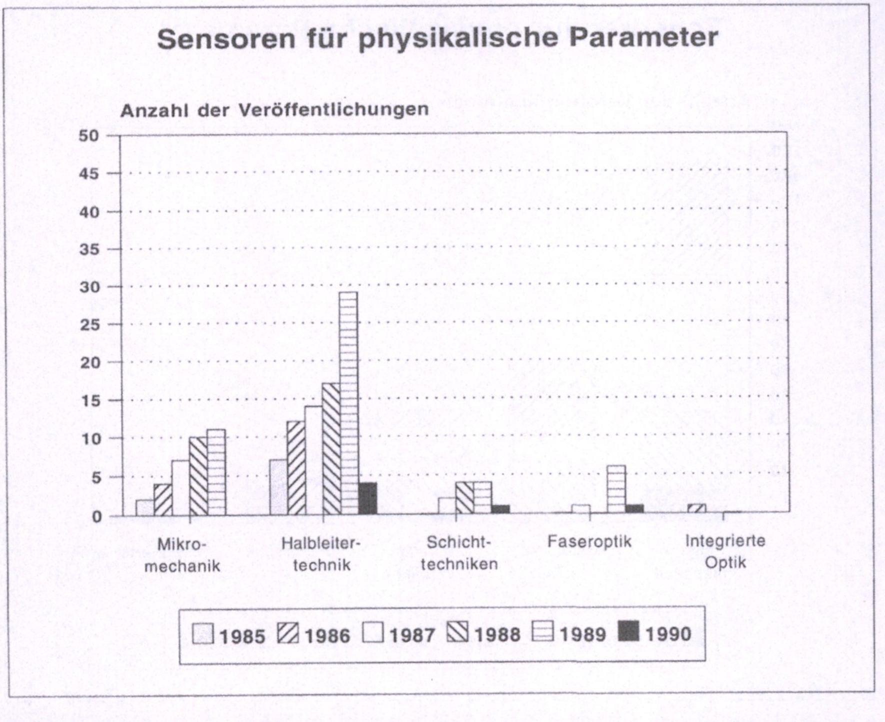

Bild 3-3:   Gesamtzahl der Veröffentlichungen zu Sensoren für physikalische
Parameter in der Sensors & Actuators 1985 - 1990

Auch die Beiträge zu der europäischen Sensortagung "Eurosensors" zeigen
- wie schon die Beiträge zu den internationalen Konferenzen - eine stei-
gende Zahl der Beiträge mit Themenschwerpunkt Mikromechanik. Gegenüber den internationalen Tagungen ist ein deutlich höherer Anteil von Beiträgen zur Faseroptik festzustellen (vgl. Bild 3-4):

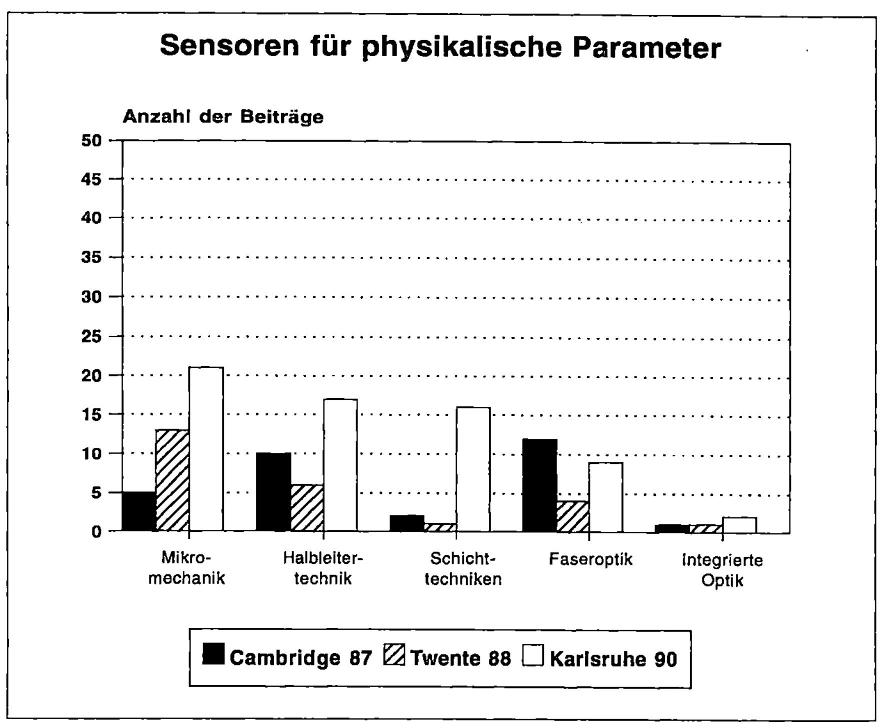

Bild 3-4:   Gesamtzahl der Veröffentlichungen zu Sensoren für physikalische
            Parameter der Eurosensors 1987-1990

Bild 3-5 zeigt - gemessen an allen erfaßten Beiträgen - die technologischen
Schwerpunkte zur Entwicklung physikalischer Sensoren der letzten 6 Jahre
im Überblick:

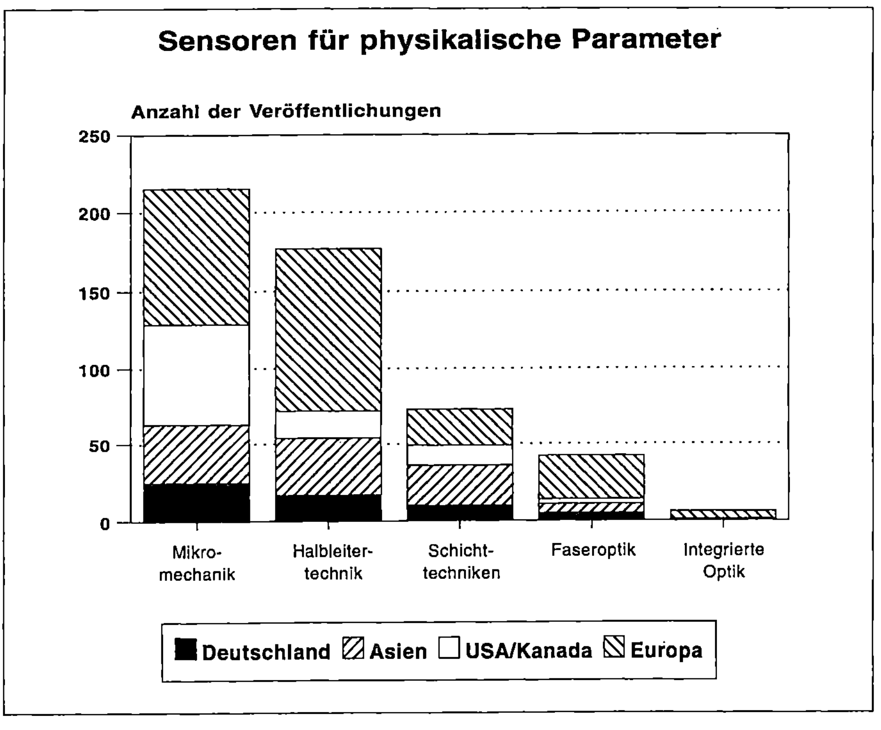

Bild 3-5:   Gesamtzahl aller Veröffentlichungen zu Sensoren für physikalische
Parameter 1985-1991

3.3   Aktivitäten im Bereich "(bio-)chemische Sensoren"

Bild 3-6 zeigt die Auswertungen der Beiträge zu den International
Meetings on Solid State Sensors and Actuators (Transducers) für das The-
menfeld "Chemische Sensoren". Hier liegen bei allen Tagungen die
Schwerpunkte auf den Halbleiter- und Schichttechniken.

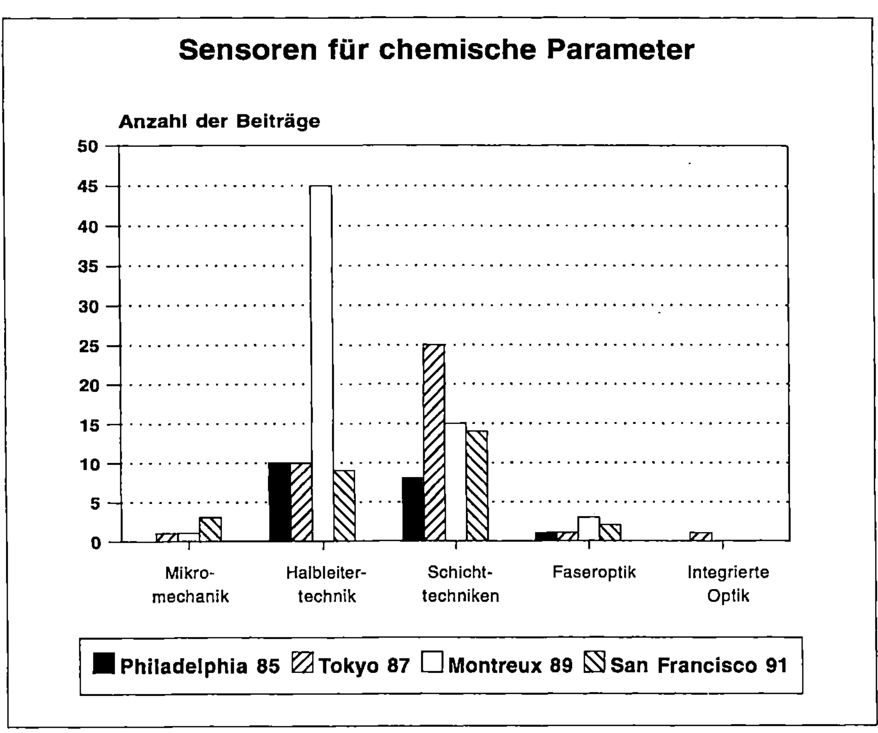

Bild 3-6: Kumulierte Gesamtzahl der Beiträge für den Bereich "Chemische Sensoren" auf der Transducers 1985-1991

Die Auswertung der Beiträge zu den International Meetings on Chemical Sensors zeigen vergleichbare Ergebnisse (vgl. Bild 3-7). Beiträge zur Faseroptik und Integrierten Optik sind erst 1990 bei der Tagung in Cleveland zu finden.

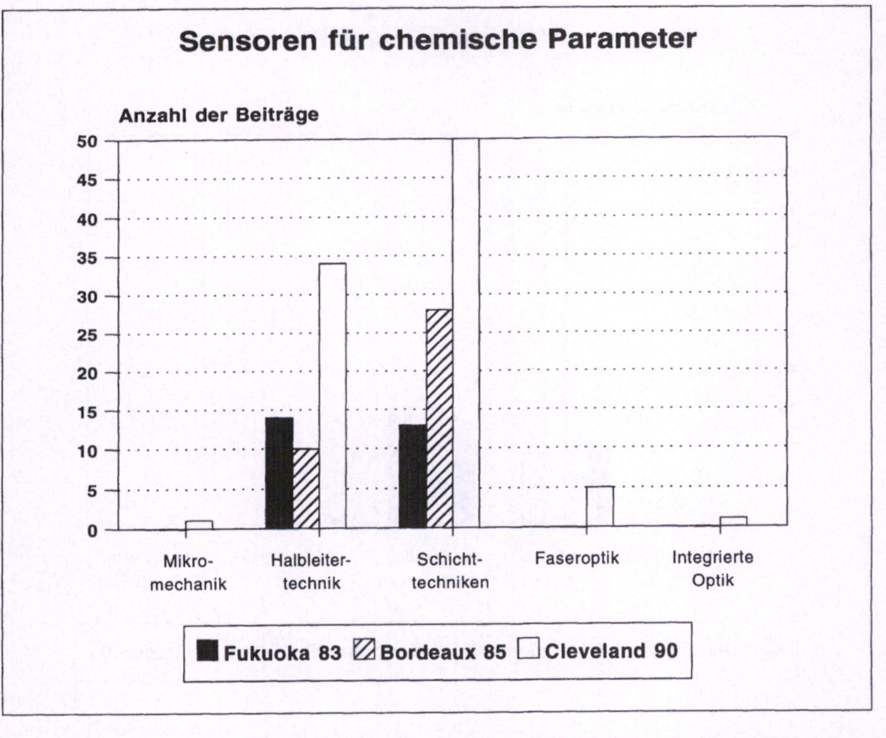

Bild 3-7:   Kumulierte Gesamtzahl der Beiträge für den Bereich "Chemische Sensoren" auf der Meeting on Chemical Sensors 1983-1990

Die Ergebnisse der Auswertung der europäischen Tagungen spiegeln auch den internationalen Trend wider. Auch hier finden sich erst 1990 Beiträge zu chemischen Sensoren, die mit optischen Komponenten aufgebaut wurden. Die Auswertung der Beiträge zur Zeitschrift "Sensors & Actuators" kommt zu vergleichbaren Aussagen. Auch hier liegt der Schwerpunkt eindeutig bei den Themenfeldern Halbleitertechnik und Schichttechnik.

Bild 3-8 zeigt über alle analysierten Tagungen und Zeitschriftenartikel die Verteilung der Beiträge zu chemischen Sensoren von deutschen, asiatischen, amerikanischen und europäischen Forschergruppen. Dabei ist über die Zeit festzustellen, daß die Anzahl von Beiträgen aus den USA kontinuierlich abgenommen hat, während japanische und europäische Arbeitsgruppen dominieren. Deutsche Arbeitsgruppen sind überwiegend in der Halbleiter- und Schichttechnik aktiv.

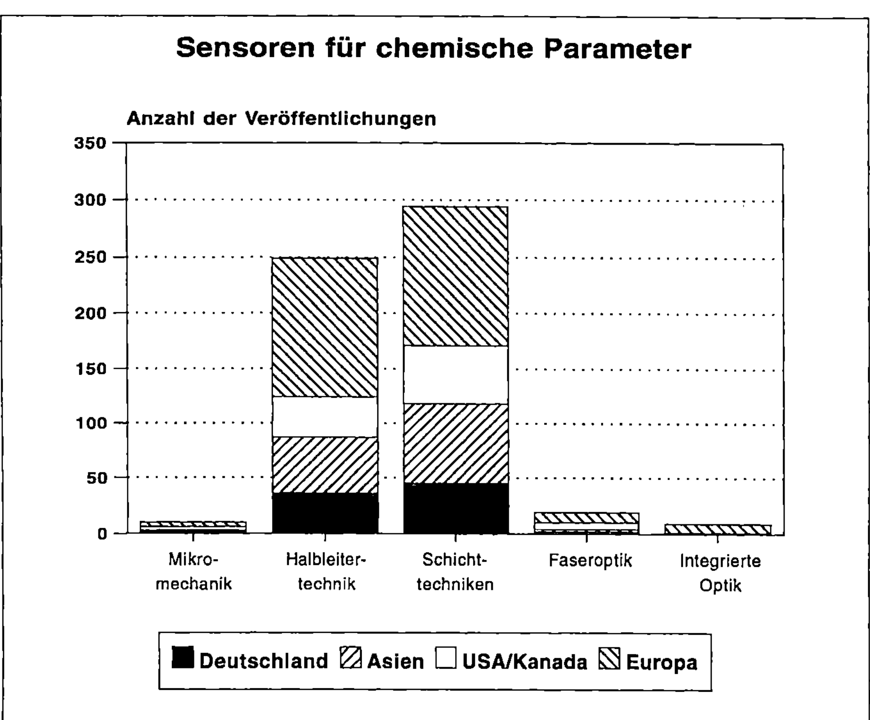

Bild 3-8:   Verteilung der Beiträge für den Bereich "Chemische Sensoren"
1983-1991 im internationalen Vergleich

Bei den Beiträgen zur Biosensorik liegen wie bei den chemischen Sensoren
die Schwerpunkte auf den Halbleiter- und Schichtechniken (vgl. Bild 3-9).
Auch hier überwiegt die Zahl der Beiträge aus Europa und Asien. Die Zahl
deutscher Beiträge ist auf internationalen Tagungen marginal. Faseroptik
und Integrierte Optik spielen derzeit keine erkennbare Rolle im Bereich der
Biosensorik.

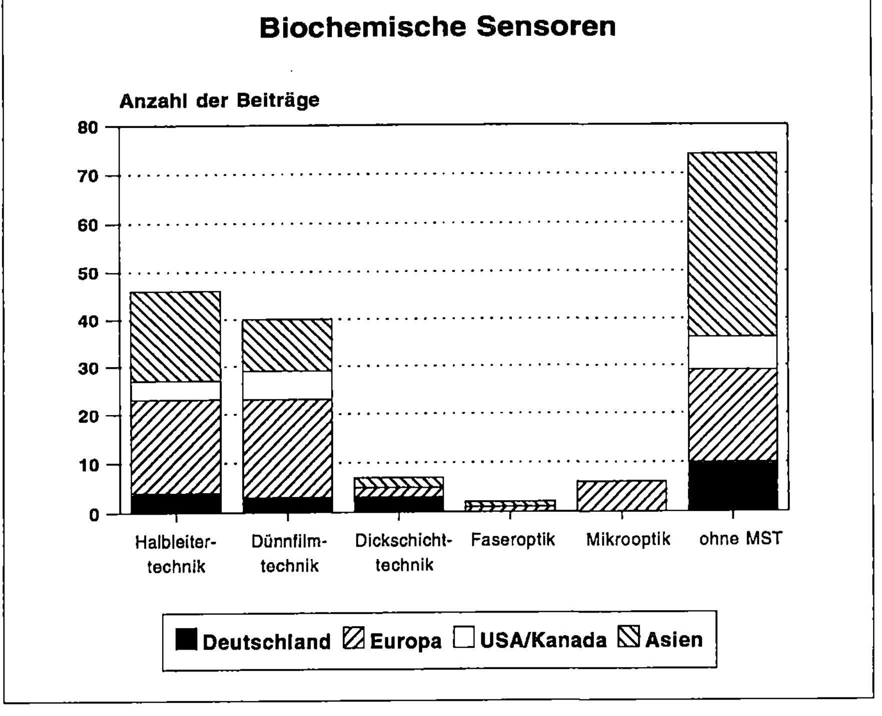

Bild 3-9: Kumulierte Gesamtzahl der Beiträge für den Bereich "Biochemische Sensoren" 1983-1990 im internationalen Vergleich

Faßt man alle Beiträge zur Sensorik seit 1985 zusammen, so zeigt sich, daß die Bedeutung der Mikrosystemtechnik zur Herstellung physikalischer und (bio-)chemischer Sensoren seit 1985 deutlich zugenommen hat (Steigerung von 25 auf 50% der Gesamtzahl der Beiträge; vgl. Bild 3-10).

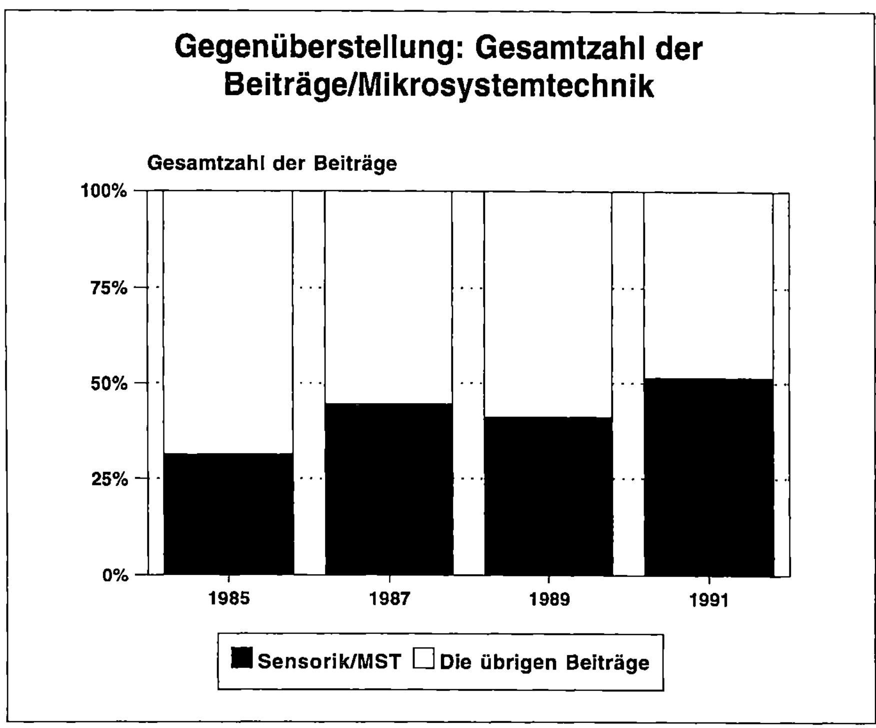

Bild 3-10: Anteil der Mikrosystemtechnik an der Gesamtzahl der Beiträge zur Entwicklung von Sensoren (Transducers 1985-1991)

4 Patentrecherche für die chemische und physikalische Sensorik

4.1 Zielsetzung der Patentrecherche

Patentanalysen sind eine breit genutzte Möglichkeit, um Rückschlüsse auf den Entwicklungsstand in bestimmten Technikgebieten, auf Forschungsaktivitäten und auf Marktkonzeptionen von Unternehmen zu ziehen.

Sie geben auch Auskunft über besonders patentanmeldeaktive Forscher, Entwicklungsingenieure und Forschungsteams an technischen Fakultäten von Universitäten und Hochschulen sowie in Forschungs- und Entwicklungsabteilungen der Industrie.

Dabei darf nicht übersehen werden, daß absolute Aussagen kaum möglich sind, da sowohl Erfinder als auch Unternehmen nicht alle neuen Gedanken und Lösungen zu einer Patentanmeldung führen. Marktstellung, Investitionsvermögen und der technische Inhalt neuer, an sich patentfähiger Lösungen, lassen es ggf. sinnvoll erscheinen, die "Fachwelt" bzw. die "Konkurrenz" durch eine Patentveröffentlichung nicht auf den eigenen Entwicklungs- und Kenntnisstand hinzuweisen.

Zu beachten ist auch, daß Patentuntersuchungen unterschiedliche Zielstellungen zugrunde liegen können:

Einerseits kann es das Ziel sein, den Stand der Forschung und der Technik zu analysieren. In solche Auswertungen werden alle Patentveröffentlichungen einbezogen, unabhängig von dem weiteren Schicksal der Patentanmeldung. Andererseits kann es um eine Analyse der Schutzrechtssituation zu bestimmten Erzeugnissen oder Technologien unter marktpolitischen Gesichtspunkten oder um die Abklärung von Patentverletzungssachverhalten gehen. Dann ist vorrangig der Rechtsbestand und der Schutzumfang von relevanten Patenten zu untersuchen.

4.2 Umfang und Ergebnis der Patentrecherche

Die Recherche bezog sich auf Patente zu chemischen Sensoren, die im Zeitraum 1983-1990 in Deutschland veröffentlicht worden sind und deren Aufbau und Herstellung mit den Mitteln

- der Faseroptik/der Fiberoptik

- der Integrierten Optik

- der Mikromechanik oder mit LIGA-Verfahren

- der Dünnfilm-/der Dickschichttechnik

- der Halbleitertechnik / der Halbleiterfestkörpertechnologie

erfolgt.

Dazu wurden die relevanten Ordnungseinheiten der internationalen Patentklassifikation

- GO1N 21/00; 21/15...47; 21/55...66; 21/75...84

- GO1N 27/00; 27/12...46 (417 lt. IPK 5); 27/58...74

durchgesehen.

Darüber hinaus wurden die Ordnungseinheiten

- BO5B 5/2

- GO2B 6/00; 6/18...42

- GO2F 1/00; 1/17...21

- HO1L 21/70...95

- HO1L 27/;00 27/14 und 15

- HO1L 29/00; 29/34; 29/48; 29/76...80

daraufhin recheriert, ob in diesen Gebieten (Lichtleiter, Faseroptik, Integrierte Optik, Halblleiter- und Festkörpertechnologien) Patente zu chemischen Sensoren angemeldet oder solche Lösungen offenbart sind, die offensichtlich für die Herstellung von Sensoren entwickelt wurden.

Im Veröffentlichungszeitraum 1983-1990 (das betrifft Patentanmeldungen ab etwa 1980 bis 1988 und zum Teil aus 1989 und 1990) wurden in den genannten Ordnungseinheiten, einschließlich ausgewählter Zweitnotationen und Hinweisen rund 7600 Schriften in den Fonds der

Bundesrepublik, der ehemaligen DDR und der europäischen Patentübereinkunft durchgesehen.

Es wurden alle Lösungen selektiert, die im Titel sachlich kompatible Begriffe zu Sensoren, wie zum Beispiel Sonde, Detektor, Fühler, Meßfühler, Meßkondensator, Meßwertaufnehmer u.ä. enthielten, und bei denen aus dem Referat die Zugehörigkeit zu dem zu recherchierenden Feld zu erkennen war.

Im Ergebnis der Durchsicht der relevanten, vollständigen Patentschriften und ihrer Auswertung wurden rund 250 Patentveröffentlichungen ermittelt, die den Aufbau, die Herstellung und die Wirkungsweise von chemischen Sensoren der genannten Technologiefelder und die Anwendung dieser Sensoren betreffen.

Von den zu konstruktiven und technologischen Problemen ermittelten Patenten entfallen rund 60% auf inländische und 40% auf ausländische Anmelder.

Unter den Patenten von deutschen Anmeldern sind rund 7% sogenannte Wirtschaftspatente aus der ehemaligen DDR.

Bei den Patenten, die Ausländer in Deutschland angemeldet haben, entfallen rund 68% auf Anmelder aus Japan (das sind ca. 40% aller Anmeldungen in Deutschland). 15,3% der Anmeldungen stammen aus den USA und 16,7% aus anderen europäischen Ländern.

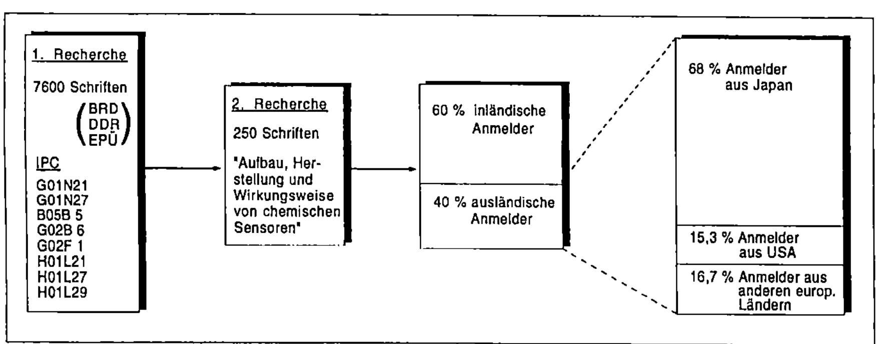

Bild 4-1:   Eingrenzung des Untersuchungssamples

171 Patente beinhalten Lösungen zu Sensoren mit planarem Aufbau. Sie basieren auf reaktiven Schichten unterschiedlicher stofflicher Zusammensetzung und unterschiedlichen Herstellungsverfahren.

In 36 Patenten werden spezielle Lösungen beschrieben die, z.B. in Drahtwendelkonstruktion hergestellt, ebenfalls dünne Reaktionsschichten aufweisen, oder die bekannte Verfahren der interferometrischen, fluoreszenz-optischen bzw. fotometrischen Messung mit neuen Mitteln optimieren.

In 41 Patenten werden schaltungstechnische Varianten zur Verbesserung der Charakteristika vorwiegend von Gassensoren, und zur Anpassung verwendeter Sensoren an die Bedingungen spezieller Einsatzfälle veröffentlicht.

Mehr als 90% aller relevanten Patente sind direkt oder über die Zweitklassifikation in den Untergruppen der GO1N 27 ermittelt worden, so daß es möglich erscheint, Folgeuntersuchungen auf diese Ordnungseinheit zu konzentrieren.

Erwartungsgemäß sind in der HO1L zahlreiche verschiedene MOS-, MIS- und FET-Strukturen patentiert, aber nur vereinzelt Lösungen festzustellen, die direkt chemische Sensoren betreffen oder einen Bezug zur Anwendung bei der Herstellung von chemischen Sensoren enthalten. Gleiches gilt für Patente in der BO5D, GO2B und der GO2F.

Oft ist ein solcher Bezug nur indirekt gegeben. Die Entscheidung über die Relevanz zum untersuchten Feld ist dann nicht immer einfach.

Solche Beispiele wurden in mehreren Ordnungseinheiten gefunden. In der HO1L 49/02, mit Verweis auf die C23C 18/18, sind z.B. Metallisierungen von Keramikkörpern veröffentlicht, in der HO1L 29/80 u.a. ein Feldeffekttransistor mit "nichtlegiertem ohmschen Source-Drain-Kontakt", in der HO1L 29/80 "Siliziumschichten mit eingebetteten polykristallinen Si-Schichten" und in der HO1L 29/78 z.B. ein Dünnfilmtransistor "mit Lichtschutz aus amorphem Kohlenstoff". Sie wurden in die Auswertung einbezogen, da ähnliche Lösungen auch in den relevanten Patenten zu chemischen Sensoren angegeben sind.

Kompliziert zu recherchieren sind auch die Anwendungsgebiete chemischer Sensoren.

Einerseits sind Hinweise dazu in solchen Patentschriften enthalten, die eigentlich Probleme des Aufbaus und der Herstellung von Sensoren betreffen, andererseits enthält eine Reihe von Patentschriften keine Hinweise auf ein bevorzugtes Einsatzgebiet.

Parallele Recherchen in verschiedenen Ordnungseinheiten, u.a. entsprechend der vom Deutschen Patentamt bei der Bewertung der Neuheit herangezogenen Patentschriften, haben ergeben, daß eine größere Anzahl von Patenten mehrfach festgestellt wurde.

Man kann somit davon ausgehen, daß das zu untersuchende Feld relativ vollständig erfaßt wurde.

4.3 Bewertung der Patentaktivitäten in Deutschland

Die Gesamtzahl der Patentanmeldungen von Inländern schwankt pro Jahr im Zeitraum 1983-1988 nur geringfügig um den Durchschnitt von 20 Veröffentlichungen (auch die Anzahl 1982 fällt in diese Größenordnung).

Der Anstieg auf 26 Veröffentlichungen im Jahre 1989 und 35 im Jahre 1990 weist auf intensive Forschungs- und Entwicklungsaktivitäten ab etwa 1987 hin (1 bis 2 Jahre Zeitdifferenz zwischen Patentanmeldung und -veröffentlichung).

Bemerkenswert ist, daß die Aktivitäten deutscher Erfinder seit Mitte der 80er Jahre spürbar zugenommen haben. Das Verhältnis der Anmeldungen von Inländern zu Ausländern in Deutschland, das noch 1985 1 : 2 betrug, entwickelte sich 1990 auf 2,8 : 1.

Die Anzahl der Veröffentlichungen in den einzelnen Jahren ist in Bild 4-2 dargestellt.

Betrachtet man die Patentanmeldeaktivitäten bezogen auf Unternehmen, Forschungseinrichtungen und Einzelerfinder so zeigt sich, daß in Deutschland 3 Anmelder 10 oder mehr Patente angemeldet haben (Siemens AG, Robert Bosch GmbH, Licentia-Patentverwaltung GmbH Frankfurt, und weitere 8 namhafte Unternehmen und Forschungseinrichtungen aus allen Bundesländern jeweils mehr als zwei (vgl. Anlage 1).

22 Erfindungen entstammen verschiedenen kleineren Unternehmen und Forschungseinrichtungen. 29 Erfindungen wurden von Einzelerfindern angemeldet und in die Auswertung einbezogen.

Bei ausländischen Anmeldern dominieren 2 Unternehmen aus Japan (Sharp KK, NGK Insolators Ltd.); 7 weitere japanische Unternehmen, darunter bekannte Motorenhersteller, meldeten mehr als 2 Patente an. In diese Größenordnung fallen auch Unternehmen aus den USA, Großbritannien, Österreich und Finnland (vgl. Anlage 2).

Bezüglich einer Marktvorbereitung in anderen europäischen Ländern durch

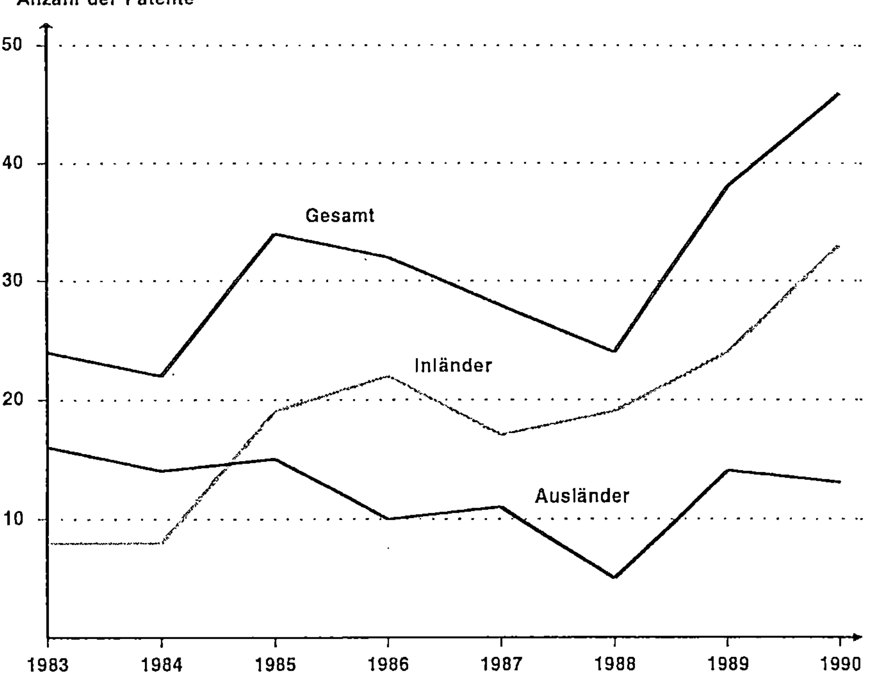

Bild 4-2: Entwicklung der Patentveröffentlichungen (1983-1990)

die Nachanmeldung eigener Patente waren deutsche Unternehmen sehr zurückhaltend. Im untersuchten Zeitraum wurden lediglich 14 Patente über die Europäische Patentübereinkunft nachangemeldet (Siemens AG, Hartmann & Braun AG, Licentia Patentverwaltung GmbH 3x, Robert Bosch GmbH, Battelle Institut je 2 x, ETR Rump GmbH 1 x).

4.4 Verteilung der Patente auf Hauptanwendungsgebiete von chemischen Sensoren

Von den ermittelten Patenten zu chemischen Sensoren werden rund 60% für die Analyse von Stoffen und Stoffkonzentrationen in Gasen (Gassensoren), 15% zur Analyse von Stoffen in Flüssigkeiten (Flüssigkeitssensoren) und 25% für die Feuchtemessung (Feuchtesensoren) vorgesehen.

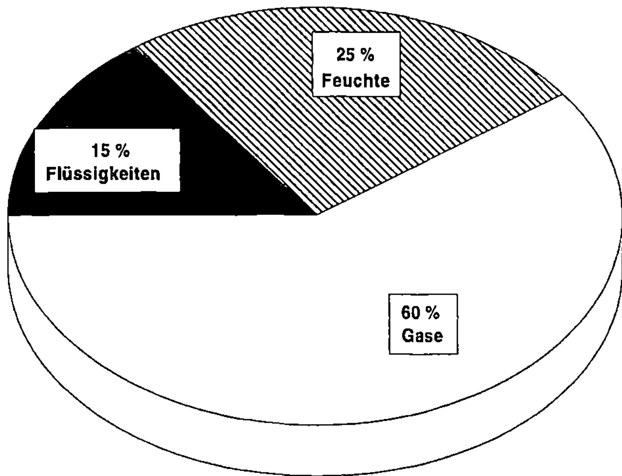

Bild 4-3:   Verteilung der Hauptanwendungsgebiete chemischer Sensoren

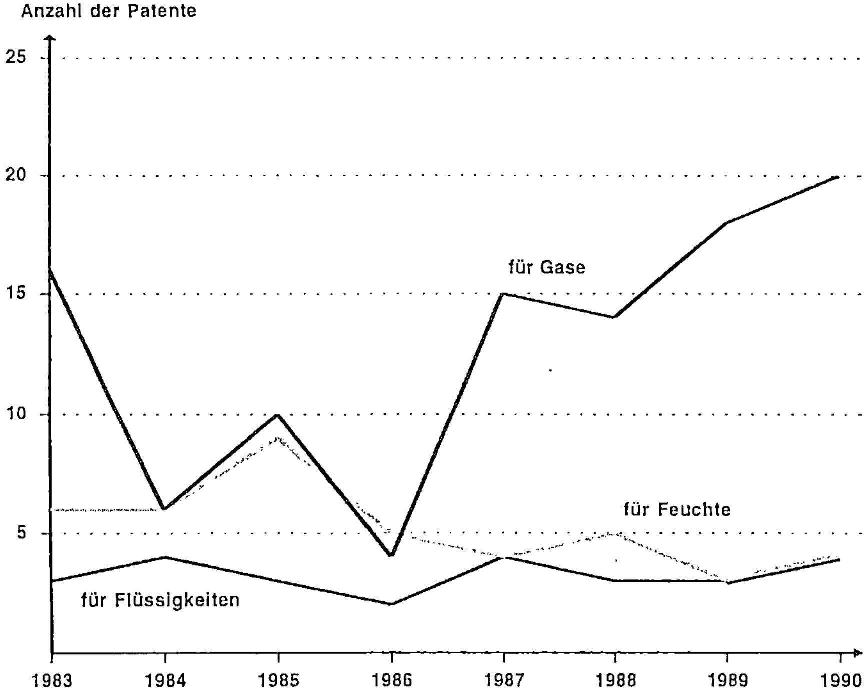

Bild 4-4:   Hauptanwendungsgebiete chemischer Sensoren (1983-1990)

Die Maxima über die Zeit lagen bei Feuchtesensoren im Jahre 1985 und bei Gassensoren 1990.

Die Patentveröffentlichungen zu Flüssigkeitssensoren blieben über den gesamten Zeitraum nahezu konstant. Aus dieser Verteilung liegt es nahe anzunehmen, daß der größte Bedarf an neuen Lösungen zur Analyse chemischer Substanzen und ihrer Konzentration in Gasen und in der Atmosphäre bestanden hat und besteht.

Bezüglich der Einsatzfelder in der Wirtschaft (vgl. Bild 4-5) entfallen etwa 30% aller Patente auf die "Abgasüberwachung von Kraftfahrzeugen" einschließlich der Gemischanalyse und -steuerung. Als Hauptanmelder auf diesem Gebiet treten die Siemens AG, die Robert Bosch GmbH und die Motorenhersteller Nissan, Toyota, Honda und Mazda aus Japan auf.

Weitere 20% der Patente betreffen den Einsatz von chemischen Sensoren in der "Rauchgasüberwachung" von Haushalts- und Industrieheizungsanlagen, die Steuerung der Verbrennungsprozesse sowie die Verbesserung von Warnanlagen für toxische Gase in Industrieanlagen.

10% der Patente betreffen die "Medizintechnik", sie wurden mehrheitlich vorwiegend von der Siemens AG, der Nonnenmacher GmbH, der Fuji Foto Ltd. und der Hitachi Ltd., Japan, angemeldet.

20% der Patente können der chemischen Analyse im Labor und in der Industrie und der Umwelttechnik zugeordnet werden.

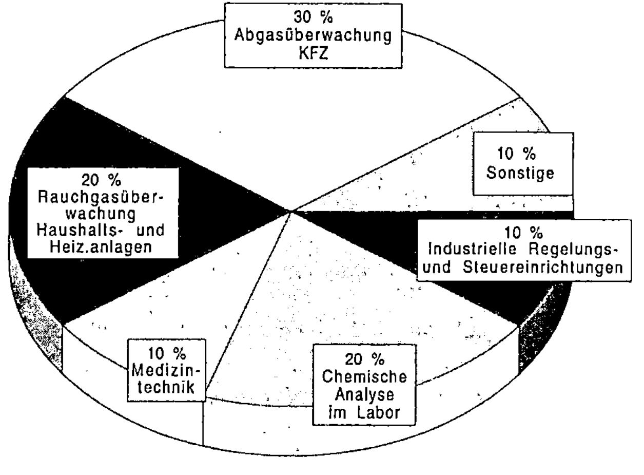

Bild 4-5:   Einsatzgebiete chemischer Sensoren

10% der Patentanmeldungen sind auf den Einsatz in industriellen "Regelungs- und Steuereinrichtungen", in der Lebensmittelindustrie, in der Bauindustrie und in Klimaanlagen gerichtet.

Die restlichen Patentanmeldungen betreffen die Überwindung bekannter Nachteile bezüglich der Reaktionsschichten und der verwendeten Technologien und sind keinem Einsatzfeld unmittelbar zuzuordnen.

Bild 4-6 zeigt die Entwicklung der Einsatzgebiete chemischer Sensoren über die Zeit.

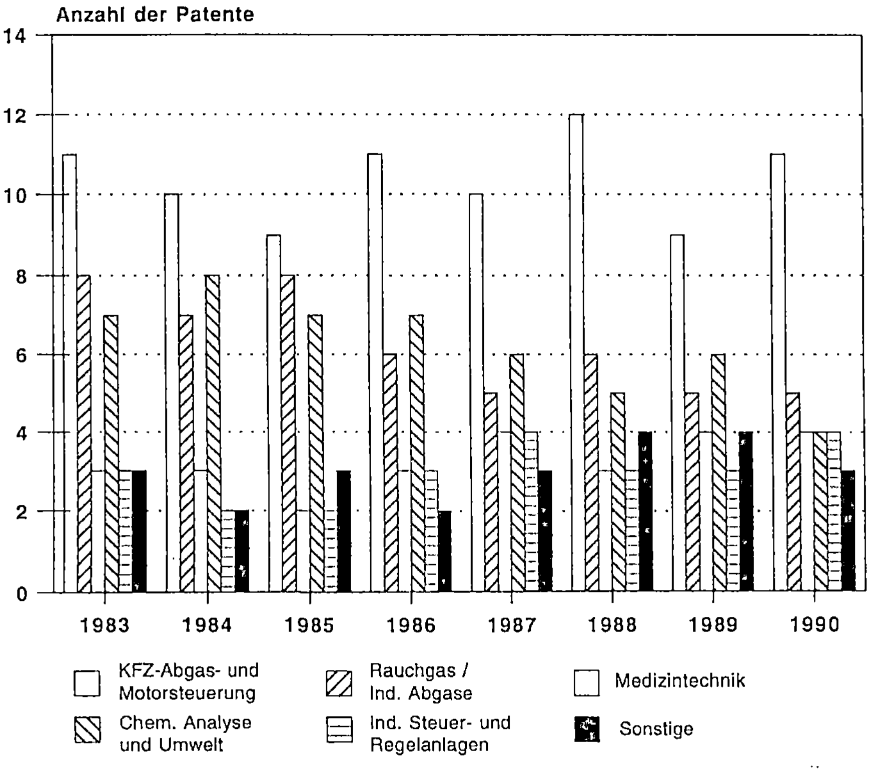

Bild 4-6:   Einsatzgebiete chemischer Sensoren über den Zeitraum 1983-1990

4.5 Verteilung der Patente auf Herstellungstechnologien und auf die konstruktive Gestaltung

37% aller Patente entfallen auf Sensoren, die mittels Dünnfilmtechnologien unter Verwendung von Trägern aus Metalloxiden (bevorzugt Al_2O_3), Glas oder polymeren Folien in planarer Bauform gestaltet sind (vgl. Bild 4-6).

25% aller Patente betreffen die Anwendung von Dickschicht- und Sintertechnologien, vorzugsweise auf Trägern aus Metalloxid, Glas oder Quarz und schlagen ebenfalls planare Bauformen vor.

22% der Patente befassen sich mit der Verbesserung oder der Neugestaltung von Festkörperhalbleiterstrukturen, vorwiegend FET-Anordnungen mit unterschiedlichen Reaktionsmechanismen und -schichten. In dieser Gruppe wurden einzelne Lösungen mit mikromechanischen Strukturen ermittelt.

8% der neuen Lösungen betreffen besondere konstruktive Gestaltungen oder Sensorelemente, deren Bauform nicht planar ist, die aber den untersuchten Wirkungsmechanismen zugeordnet werden können.

6% der neuen Lösungen verwenden Mischtechnologien (Dickschicht- und Dünnfilmtechnologien vorzugsweise in Verbindung mit polykristallinem Silizium als Trägermaterial).

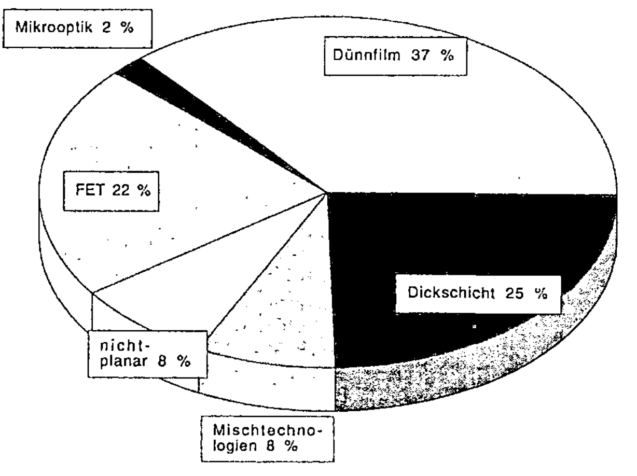

Bild 4-7:   Verteilung der Herstellungstechnologien und konstruktive Gestaltung chemischer Sensoren in den untersuchten Patentanmeldungen

Sensorlösungen unter Verwendung von Glasfasern und sonstigen optischen Elementen, die dem Feld der Optroden zugeordnet werden können, wurden nur in ca. 2% aller Patente festgestellt.

Zu LIGA-Verfahren bei der Herstellung von chemischen Sensoren wurden keine Patente ermittelt.

Betrachtet man die Anwendung der genannten Technologien über die Zeit, ist festzustellen, daß Häufungen

❏ zur Anwendung von Halbleiterfestkörpertechnologie im Jahre 1985

❏ zur Anwendung der Dickschichttechnik im Jahre 1987 und

❏ zur Anwendung der Dünnfilmtechnik im Jahre 1990

lagen (vgl. Bild 4-8).

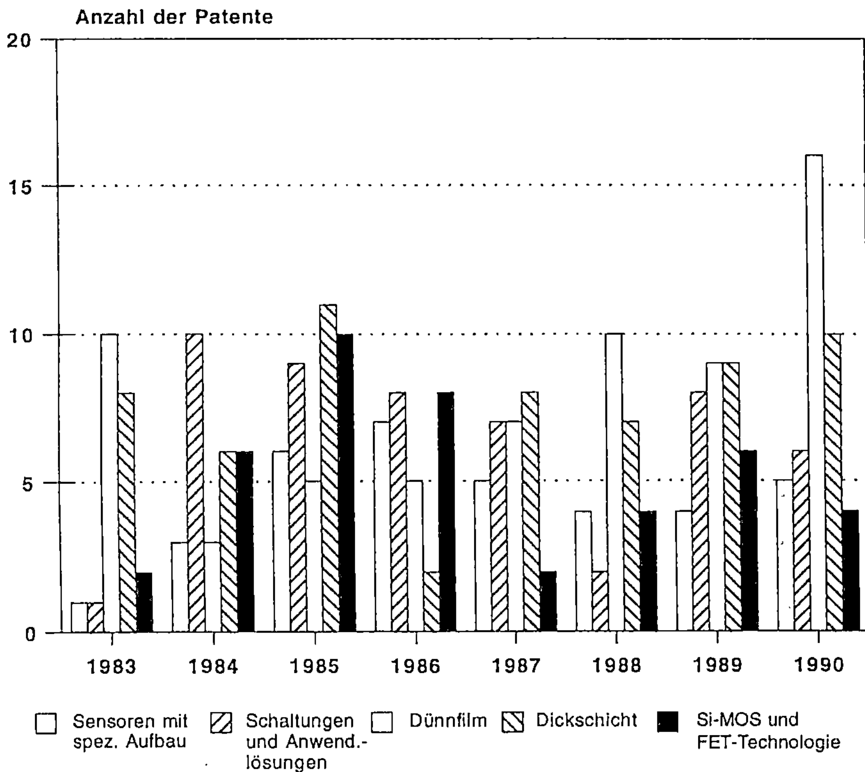

Bild 4-8: Herstellungstechnologien chemischer Sensoren im Zeitraum 1983-1990

Bei den Veröffentlichungen aus dem Jahre 1990 fällt auf, daß einerseits die größte Anzahl zu Sensoren in Dünnfilmtechnik und andererseits die geringste Anzahl zu FET-Sensoren festzustellen ist.

Die Patente zu chemischen Sensoren in Dünnfilmtechnik des Jahres 1990 wurden überwiegend von deutschen Erfindern angemeldet.

Die größte Anzahl an Patenten zu FET-Sensoren wurde 1985 von der Sharp KK veröffentlicht.

Diese Angaben können nur als Größenordnung verstanden werden, da nicht in allen Patentschriften die Herstellungstechnologie angegeben wird, in anderen dagegen ausdrücklich die Möglichkeit der wahlweisen oder der gemischten Anwendung z.B. der Dünnfilm- und der Dickschichttechnik angegeben wird.

4.6 Derzeitiger Entwicklungstand und Trends bei der Herstellung und der Anwendung von chemischen Sensoren

4.6.1 Eingesetzte Materialien

Als bekannte reaktive Stoffe für chemische Sensoren werden in den Patentschriften genannt:

☐ Metalloxidschichten (u.a. Fe_2O_3, Fe_3O_4, SnO_2, ZnO_2)

☐ Perowskite (u.a. $BaSnO_3$, $SrSnO_3$, $CaSnO_3$)

☐ Elektrolytsalzschichten (u.a. LiCl)

☐ Polymerisate, Harze, Celluloseazetate, Polyvinylalkohole

☐ biogene Reaktanzen (Mikroorganismen, Enzyme, Antikörper),

deren Reaktionen auf Feuchte, Moleküle, Ionen und Atome in Flüssigkeiten und Gasen sowie auf Temperatur in den verschiedensten Formen genutzt wird.

Die sich an diesen Stoffen vollziehenden chemischen, biochemischen und thermischen Reaktionen führen zu Widerstands- oder Kapazitätsänderungen, die dann die Grundlage für die Bildung des Meßsignals darstellen.

Gegenstand einer Reihe von Patenten ist es, insbesondere bei Feuchtigkeitssensoren, die Bindung zwischen der oder den reaktiven Schichten und dem Trägermaterial einerseits sowie den Kontaktflächen und den Deckschichten andererseits zu verbessern und damit die Funktionssicherheit und die Lebensdauer der Sensoren zu verbessern.

Eine von der Sharp KK 1983 zum Patent angemeldete Lösung (DE 3517589) enthält Einzelheiten zur Verwendung einer organischen Polymerlösung in mehreren Schichten auf Siliziumoxid oder Siliziumnitrit. Es wird als vorteilhaft beschrieben, das genannte Schichtsystem mittels Dünnfilmtechnologie auf die Oberfläche eines FET aufzubringen und die Möglichkeit der Integration von signalverarbeitenden Funktionen zu nutzen, um kleinste komplexe Sensorchips zu schaffen. Die Erfindung zeigt auch auf, wie die Kennlinie des Sensors über die Elektrodenstruktur auf dem FET modifiziert werden kann.

Eine Reihe von Patenten ist darauf gerichtet, durch technologische Maßnahmen auf die Verbesserung der Charakteristik von Sensoren einzuwirken. Der Ausgangspunkt dafür liegt in der starken Abhängigkeit der Charakteristik gesinterter Metalloxide von der spezifischen Oberfläche und der Dichte des Trägermaterials sowie von der Korngröße der Metalloxidteilchen.

Neue Lösungen zur Messung der absoluten Feuchte mit Thermistor-Feuchtigkeitssensoren sind auf die Gestaltung der Heizelemente und auf die Weiterentwicklung von Referenzelektroden gerichtet, um die Meßwerte frei von Temperatur- und Geschwindigkeitsschwankungen der zu messenden Gas- und Luftströme zu halten. Bezüglich der Gestaltung der Heizelemente wird wiederholt vorgeschlagen, sie als polykristalline Siliziumbahnen in Si-Einkristallchips einzulagern.

In mehreren Patenten wird die Verwendung von Polymerfolien zur Messung der absoluten Feuchtigkeit angegeben. Sie haben einen breiten Reaktionsbereich, sprechen schnell an und sind einfach herstellbar.

Zu Beginn der 80er Jahre wurde eine Reihe von Patenten angemeldet, die über technologische Maßnahmen wie das Aufbringen von Deckschichten als auch über neue Strukturen der Polymerisate selbst versuchen, die begrenzte Beständigkeit gegenüber Feuchtigkeit und die dadurch eingeschränkte Lebensdauer zu verbessern. Mit der DE 3224920 meldete u.a. die Sharp KK schon 1982 in Deutschland eine Erfindung an, die eine neue feuchtigkeitsempfindliche Folie aus / - CH ($C_6H_4SO_3$) - CH_2 - / n vorsieht, mit der die bekannten Nachteile überwunden werden sollen.

Sowohl zur Messung von chemischen Verbindungen in einer Flüssigkeit oder in einem Gas, als auch zur Messung der Feuchtigkeit werden polymere Halbleitermaterialien eingesetzt. Der Vorteil ihrer preiswerten Verfügbarkeit ist jedoch in vielen Einzelfällen begrenzt, solange Polymere mit konjugierten Bindungssystemen und aneinandergereihten gleichen oder unterschiedlichen Bausteinen verwendet werden (z.B. Polyparaphenylen, Polythiophen). Sie verfügen über eine nur begrenzte Selektivität und Empfindlichkeit und sind zudem gegenüber mehreren chemischen Verbindungen (z.B. Kohlendioxid und Kohlenmonoxid, Methan und Wasserdampf) empfindlich.

Die Erfindungen am Anfang der 80er Jahre waren daher darauf gerichtet, diese Nachteile abzustellen (u.a. DE 3519576, 3504401).

4.6.2 Funktionelle Varianten

Nachdem die Eigenschaften der reaktiven Schichten aus Polymeren und Celluloseacetaten den Anforderungen besser entsprachen, wurden etwa ab 1984 Lösungen patentiert, bei denen diese Schichten in Verbindung mit FET als Sensoren kombiniert wurden (u.a. DE 3517589). Die meisten Patente zu dieser Problematik wurden von der Sharp KK angemeldet.

Die ASEA Brown Boveri AG hat Ende 1988 mit der DE 3843831 ein interessantes Patent angemeldet, bei dem Polymere mit aromatischen Ringsystemen in den Haupt- u./o. Nebenketten eingesetzt werden. Die Selektivität wird durch Ersatz eines H - Atoms durch eine funktionelle Gruppe z.B. der Form $N(CH_3)_2$ in jedem zweiten Benzolring der Hauptkette erreicht.

Zum Stand der Technik gehört seit Ende der 70er Jahre der Aufbau von chemischen Sensoren auf der Basis von Halbleiterstrukturen mit MOS-Charakter (u.a. Prof. HÖFFLINGER, Dortmund, DE 2947050).

Bis 1982 waren ca. 35% der jährlichen Patentveröffentlichungen auf die Modifikation und die Anwendung technologischer Varianten bezüglich der Strukturherstellung, der verwendeten reaktiven Materialien und der Gestaltung der Elektroden bei Sensoren auf MOS-Basis gerichtet.

In den Folgejahren konzentrierte sich die Entwicklungstätigkeit auf FET-Sensoren zur Messung der Konzentration chemischer Substanzen in Gasen und Flüssigkeiten. Wesentliche Patente in diesem Zusammenhang wurden von der Sharp KK (u.a. DE 3517589, 3507990, 3519576), von der Siemens AG (DE 3519436), von der Licentia Patentverwaltung (DE 3728537, 3330975, 3330977) und von der Humboldt-Universität zu Berlin (DD 248456) angemeldet.

Neben der allgemeinen Bezeichnung FET werden in den Patentschriften auch die Bezeichnungen ISFET (ion sensitive field effect transistor) oder CHEMFET (chemical sensitive field effect transistor) verwendet, ohne daß die unterschiedliche Bezeichnung Aufschluß über unterschiedliche Funktionen oder verschiedenen Aufbau gibt.

Funktionell bewirken die nachzuweisenden Teilchen in der Regel eine Verschiebung der Schwellspannung des FET. Der zwischen Gate- und Source-Elektrode fließende Strom bzw. die Gate-Source-Spannung sind dann ein Maß für die Konzentration der zu messenden Substanz. Andere Erfindungen sind darauf gerichtet, die Verfälschung der Meßergebnisse z.B. durch Arbeitspunktverschiebungen infolge von Druck-, Licht- oder Temperatureinflüssen zu minimieren (z.B. DE 3826263, Siemens AG), bzw. die Selektivität von Gassensoren durch eine mikroprozessorgesteuerte Heiztemperaturregelung zu erhöhen (DE 3907556, ETR Rump GmbH).

Die in den letzten Jahren veröffentlichten Patente zur Optimierung der Eigenschaften von chemischen FET-Sensoren sind vorwiegend auf die Modifizierung der chemisch-sensitiven Schichten und auf neue topologische Varianten der Gestaltung der FET-Elektroden orientiert.

In der DE 3835399 z.B. wird 1988 von der Fraunhofer Gesellschaft vorgeschlagen, durch eine spezielle Gatetopologie die wirksame Gatefläche unter dem Einfluß der zu messenden Teilchen zu verändern und den Verstärkungsfaktor anstatt der Schwellspannung für die Erzeugung des Meßsignals zu nutzen. Durch ein bestimmtes Schichtsystem mit wenigen Angström Dicke soll insbesondere die Messung sehr geringer Konzentrationen gelingen.

Die Messung bzw. der Nachweis von Ammoniak oder Kohlenmonoxid z.B. in geringen Mengen sind bei der Steuerung von industriellen Prozeßabläufen zur Verringerung der Umweltbelastung ebenso wichtig wie in der chemischen Laboranalyse.

Eine Reihe von Sensorenvorschlägen basiert auf der Messung einer Temperaturerhöhung infolge exothermer katalytischer Reaktionen (Wärmetönungsverfahren) des nachzuweisenden Gases an einer Katalysatorschicht auf dem Sensor (z.B. DE 3635513, Drägerwerke AG).

Als Katalysatormaterial wird vorwiegend Platin, Platin-Rhodium und Al_2O_3-SiO_2 genannt.

In der DE 3743399 wird von der Siemens AG 1987 ein Sensor vorgestellt, der speziell durch eine Passivierungsschicht aus SiO_2 oder Si_3N_4die katalysatorschädliche H^+-Diffussion in den Halbleiter vermindert und dadurch die Lebensdauer der Katalysatorschicht erhöht.

Eine spezielle Klasse von chemischen Sensoren wurde durch Kombination von FET mit biochemischen Rezeptoren (BR), wie z.B. immobilisierten Enzymen, Antikörpern oder Mikroorganismen patentiert, die entweder Membranen auf der Oberfläche der FET bilden oder in solche eingelagert sind.

Biologische Sensoren allgemein und umfassend wurden nicht in die Recherchen zur vorliegenden Arbeit einbezogen, sondern lediglich solche, die als chemische Sensoren bezeichnet oder als solche angewendet werden.

1988 wurde z.B. ein Patent von der Research Association of Bio-Technology for Chemical, Japan, in Deutschland angemeldet, das einen glukosereaktiven FET-Sensor mit hoher Empfindlichkeit und kurzen Ansprechzeiten für Messungen im Bereich der klinischen Diagnose vorstellt (DE 3806955). Durch spezielle technologische Maßnahmen soll insbesondere der Verbrauch an Enzymen auf ein Minimum gesenkt werden. Die die Source- und Drain-Elektrode überdeckende wasserstoffionenempfindliche Schicht wird von einer enzymfixierten Membran bedeckt, die aus einer wässrigen Lösung aus Harz und Glucoseoxidase und Gluconolactose hergestellt wird. Diese Lösung wird auf die Halbleiteroberfläche aufgebracht und über eine Maske gezielt mit einer Supra-Hochspannungs-Quecksilberlampe getrocknet. Sie stellt danach eine dünne Schicht von nur wenigen µm dar.

Bei der Verwendung bioaktiver Substanzen für biochemische Messungen, etwa in der Blut- und Serumanalyse, bestand längere Zeit die Problematik, daß die verwendeten Makromoleküle zur Verfälschung der Meßergebnisse durch den Einfluß von Ionen und fremden Proteinen führten. Diese Makromoleküle führten auch zu technologischen Problemen, da sie nicht direkt in die Halbleiterschichten des elektronischen Auswerteelementes eingebracht werden konnten.

Unterschiedliche Versuche über Zwischenschichten oder durch sogenannte Entrapments (z.B. Bakterien) überhaupt eine reproduzierbare Verbindung zwischen biologischen und elektronischer Funktionsschicht herzustellen, befriedigten nicht.

Bis Mitte der 80er Jahre existierten daher Sensoren auf Enzym-Basis mit direkter Kombination eines FET praktisch nur im Labor.

Wesentliche neue Gedanken wurden 1985 von dem Erfinder THOMAS DANDEKAR aus München in der DE 3513168 offenbart. Er schlägt vor, nur kleine Grundbausteine von Makromolekülen zu verwenden und diese direkt in das Gate eines FET zu dotieren. Das stellt eine völlig neue Technologie für einen sogenannten CHEMFET dar und bewirkt eine höhere Empfindlichkeit, eine verbesserte Rausch-Signal-Charakteristik in Verbindung mit der Nutzung der VLSI-Technologie. Voraussetzung dafür ist die Verwendung hinreichend kleiner biologischer Monomere, z.B. Nukleinbasen oder Aminosäuren. Als praktisches Beispiel wird angegeben, daß ein Adenin-dotierter FET-Sensor die Konzentration des Thymins in einer Lösung messen kann.

Durch diese Kombination von biologisch-chemisch und elektronisch aktiven Schichten besteht nach Auffassung des Erfinders erstmals die Möglichkeit, kybernetische Systeme mit kleinsten Abmessungen zu schaffen. Da an diese, in den Halbleiterkristallen eingelagerten oberflächennahen organisch-biologischen Schichtkomponenten auch kovalent zugehörige Polymere angekoppelt werden können, stellt diese Erfindung auch eine grundsätzlich neue Möglichkeit zur Verbesserung der Eigenschaften von Sensoren mit den schon beschriebenen Polymerringketten dar.

Eine weitere grundlegende Erfindung zu chemisch-elektronischen Schichten hat 1987 mit der DE 3721793 die Mitsubishi Denki KK angemeldet.

Oxidations-Reduktions-Substanzen aus biogenen Redox-Proteinen, Pseudo-Redox-Protein u.ä., Substanzen zur Bildung von Gleichrichtern- und Transistorelementen ermöglichen demnach die Herstellung von aktiven Elementen unterhalb der Größe von ULSI-Strukturen in der molekularen Größenordnung von einigen 10 bis zu mehreren 100 Angström. Die vorgeschlagenen dünnen Schichten aus organischen, nicht-biogenen oder biogenen Redox-Protein Substanzen können z.B. mit dem Langmuir-Blodgett-Verfahren hergestellt werden.

Wenngleich der erfinderische Gedanke vorrangig auf eine Verringerung der Strukturabmessungen aktiver Bauelemente gegenüber lichtoptisch hergestellten Halbleiterstrukturen zielt, um dichtere und schnellere Speicher realisieren zu können, ist es in Verbindung mit der schon zitierten DE 3513168 nicht zu übersehen, daß mit dieser Erfindung auch völlig neue Sensorlösungen durch direkte Kopplung chemischer Reaktionen und elektronischer Funktionen ermöglicht werden, ohne daß die herkömmliche Kopplung chemisch sensitiver Substanzen an das Gitter von Halbleitereinkristallen erforderlich wäre.

4.6.3 Verwendete Technologien

Bezüglich der Anwendung der betrachteten Technologien ist keine signifikante Zuordnung zu Sensortypen festgestellt worden.

Sowohl die Halbleiterfestkörpertechnologie, die Dünnfilmtechnologie (Aufdampfen, Sputtern, Flüssigkeitssprühen), die Dickschichttechnologie (vorzugsweise Pastenauftrag und Strukturierung über Siebdruckverfahren, aber auch kombiniert mit Sintertechnologien), als auch die Anwendung mehrerer Technologien an einem Element werden auf den speziellen Zweck orientiert.

Als ein Hauptkriterium für die Anwendung der genannten Technologien muß offensichtlich die Verfügbarkeit der notwendigen Ausrüstungen bei dem jeweiligen Hersteller angesehen werden.

In den Patentschriften sind mehrfach Hinweise darauf enthalten, daß z.B. die Dickschichttechnologie kostengünstiger als die gerätetechnisch um ein Mehrfaches aufwendigere Dünnfilmtechnologie zu realisieren ist.

Gelegentliche Hinweise in Patentschriften Mitte der 80er Jahre, wonach die Dünnfilmtechnologie gegenüber der Festkörpertechnologie den wesentlichen Nachteil hat, daß immer nur ein Element zur gleichen Zeit herstellbar sei, dürfte durch die Entwicklung der letzten Jahre z.B. im Zusammenhang mit den Massentechnologien der Chip-Widerstands- und Kondensatorenherstellung überholt sein.

Lediglich bei der Zielsetzung, miniaturisierte Sensorchips einschließlich der Integration anspruchsvoller Auswerteelektronik herzustellen, bestätigt sich ein Trend zur Anwendung der Halbleiterfestkörpertechnologien. Letztere beinhalten besonders die bekannten Vorteile der Dotierung sowie der Strukturätztechniken.

Als Trägermaterialien für planare Aufbauten werden mit nahezu gleicher Häufigkeit Glassubstate (ideale Oberfläche aber Haftprobleme), Quarz- oder Keramiksubstrate (Preisprobleme bei eingeebneter Oberflächenrauheit), polymere Folien und Si-Substrate genannt. Bei letzteren wird insbesondere der Vorteil der Kombination von mono- und polykristallinen Zonen auf kleinstem Raum hervorgehoben.

Mikromechanische Technologien und Strukturen erweisen sich im Ergebnis der Recherche bis heute als nicht typisch für die Herstellung und den Aufbau chemischer Sensoren. Aus Zweitklassifikationen und Hinweisen kann jedoch eine breite Anwendung dieser Technologie im Bereich von Sensoren für die Messung mechanisch-physikalischer Parameter wie z.B. der Beschleunigung, der Geschwindigkeit, von Druck und Kraft bestätigt werden. Entsprechende Patente sind vorrangig in den Untergruppen der GO1P 15 klassifiziert.

Unabhängig davon ist einzelnen Patentschriften zu entnehmen, z.B. der DE 3839419 (Siemens AG, 1988), daß es auch vorteilhaft sein kann, mit mikromechanischer (Volumenätz-) Technologie Stege und Membranen für einen Planar-Pellistor-Sensor zum Nachweis von Gasen nach dem Wärmetönungsprinzip zu erzeugen.

Auch mit der DE 3844023 (Hartmann & Braun AG, 1988, Europapatentanmeldung) wird ein Wärmetönungs-Gas-Sensor patentiert, bei dem die thermische Trennung der Dünnfilmwiderstände durch Ätzen von freitragenden Stegen im Si-Körper erreicht wird.

In der DE 4007375 (Siemens AG 1989) wird ein MOS-Gas-Sensor mit einem Palladium-Gate beschrieben, bei dem zur thermischen Isolation des Katalysators eine Aussparung in den Si-Träger geätzt wird.

Zu chemischen Sensoren auf der Basis der Faseroptik (Optroden) und zur Anwendung sonstiger lichtoptischer Meßverfahren wurden ebenfalls nur einige Patentanmeldungen in Deutschland festgestellt, obwohl Patente zu diesen Sachverhalten in Großbritanien und in den USA bereits seit 1979 bekannt sind.

Eine Erfindung der Bergakademie Freiberg aus dem Jahre 1985 befaßt sich mit einem faseroptischen Sensor zur in-situ-Messung von Stoffkonzentrationen verschiedenener Arten. Um die bekannten Nachteile von Optroden, insbesondere den Zerfall oder den Verbrauch des immobilisierten Reagenzes am Ende des Lichtleiters zu vermeiden, wird ein neues Meßverfahren vorgeschlagen. Ein faseroptischer Sensor wird mit einem Reagenzraum verbunden, der durch eine Membrane gegen das zu untersuchende, ruhende oder fließende Meßobjekt isoliert ist.

In der DE 3914147 (Mine Safety Applicances Co., USA) wird als Sensor eine optische Faser verwendet, bei der eine dielektrische Schicht den Kern umgibt. Durch unterschiedliche Brechungindizes von Kern und Schicht einerseits und der zu messenden Probe andererseits wird über einem Schwingungsmodenselektor ein Meßergebnis erreicht.

Mit der DE 3701833 (AVL AG, Schaffhausen) wurde ein Sensor patentiert, der am Ende eines Lichtleiters ein Enzymsubstrat trägt, das bei entsprechender Reaktion mit der Meßprobe seine spektralen Eigenschaften verändert.

Weitere Lösungen befassen sich mit der Modifizierung interferometrischer Meßmethoden (u.a. DE 3604537 Siemes AG).

4.7 Erkennbare Trends

Faßt man die zur Anwendung von Technologien dargestellten Fakten zusammen, läßt sich einschätzen, daß in den 90er Jahren Weiterentwicklungen zu allen Arten von chemischen Sensoren stattfinden werden, da sie alle technisch-kommerzielle Berechtigung unter spezifischen Bedingungen der Herstellung und der Anwendung gefunden haben.

Die Reproduzierbarkeit, die Miniaturisierbarkeit und die Integrierbarkeit von Sensor und weiteren Auswerte- und Funktionsgruppen, favorisiert die Anwendung der Halbleiterfestkörpertechnologie mit MOS-FET-Strukturen.

Der Rückgang von Patentveröffentlichungen zu Sensoren auf FET-Basis im Jahre 1990 scheint darauf hinzuweisen, daß derzeit noch kein massenhafter Bedarf weitgehend unifizierter chemischer Sensoren besteht.

Bezogen auf geringere Stückzahlen und unter Berücksichtigung verfügbarer technologischer Ausrüstung werden auch in den 90er Jahren neue Lösungen in der planaren Dünn- und Dickschichttechnik entstehen. Das wird speziell für den Anwendungsbereich bei Betriebstemperaturen oberhalb von 200 bis 500 °C zutreffen (Abgasanalyse).

Bemerkenswerte Lösungen zur schaltungstechnischen Optimierung der Eigenschaften herkömmlicher chemischer Sensoren wurden z.B. von der ETR Elektronik und Technologie Rump GmbH zum Patent angemeldet (DE 3827426, 1988; DE 3907556, 1989). Um Echtzeitergebnisse mit Sensoren hoher Verfügbarkeit und Lebensdauer zur Gasanalyse in der Umwelttechnik zu erhalten, werden Sensoren auf Metalloxidbasis so betrieben, daß die Beheizung mehrerer Sensoren mikroprozessorgesteuert wird und die Werte weiterer Temperatur- und Feuchtesensoren über A-D-Wandler ebenfalls in den Mikroprozessor eingelesen werden.

Die Identifikations- und Korrekturdaten werden z.B. in einem EPROM abgelegt und die Meßwerte vom Mikroprozessor aus einem geeigneten Display zugeführt. Dieses zeigt an, welcher Stoffgruppe eine gemessene

Substanz zuzuordnen ist und in welcher Konzentration sie vorliegt. Zu dieser Problematik hat die Rump GmbH 1989 aus 4 nationalen Patenten das EP-Patent 0354486 angemeldet.

Mindestens je 5 Patente im Bereich der Anwendung chemischer Sensoren sind auch durch HEINZ HÖLTER, Gladbeck, sowie durch eine Arbeitsgruppe der Siemens AG um Prof. RUDOLF MÜLLER angemeldet worden. Prof. MÜLLER ist darüber hinaus seit 1985 an einer Reihe von Erfindungen beteiligt, bei denen Mehrfachsensoranordnungen mit Mustererkennungsmatrizen und integrierten Auswerteschaltungen patentiert sind. Diese Sensormatrizen erlauben die Auswertung der Konzentration einer ganzen Anzahl von Gasen unter Verwendung arrayförmiger N-MOS-FET Strukturen auf einem Substrat in das auch die elektronische Auswerteschaltung integriert ist.

5 Zusammenfassung der Ergebnisse: FuE-Optionen für die Mikrosystemtechnik

Die Ergebnisse aus der Technometrie, der Bibliometrie und der Patentrecherche lassen sich zu zwei Kategorien von Aussagensystemen bündeln:

(1) Technologiepolitische Handlungsoptionen zur Förderung von Anpassungsentwicklungen der Mikrotechniken im Hinblick auf Anwendungen in der Mikrosystemtechnik (vgl. Kapitel 5.1)

(2) Hinweise zur Ableitung einzelwirtschaftlicher FuE-Strategien auf der Basis einer Einschätzung der Technologieattraktivität der Mikrotechniken (vgl. Kapitel 5.2)

Wesentliche Eckdaten für die Ableitung von Förder-Optionen (zu 1) und von einzelwirtschaftlichen FuE-Strategien (zu 2) lassen sich dabei

❏ aus den FuE-Portfolios der Technometrie gewinnen, da diese sowohl über das Entwicklungsstadium als auch über den FuE-Bedarf (für MST-Anwendungen) der behandelten Mikrotechniken Auskunft geben (vgl. im einzelnen Kapitel 2.3.1),

❏ aus der Darstellung der Kompatibilitätsprobleme zwischen den behandelten Einzeltechniken gewinnen, die Auskunft über die Integrationsmöglichkeiten unterschiedlicher Techniken geben (vgl. im einzelnen Kapitel 2.3.2).

Die Bibliometrie und die Patentrecherche ergänzen die Aussagen zu den im folgenden aufgezeigten FuE-Optionen um Hintergrundinformationen zum Aktivitätsprofil in den einzelnen Mikrotechniken für Anwendungen in der Sensorik, wobei durch den internationalen Vergleich der derzeitige Stellenwert der bundesdeutschen Aktivitäten deutlich wird.

5.1 Technologiepolitische Handlungsoptionen

5.1.1 Charakterisierung der Forschungsfelder der FuE-Portfolios

Wie bereits in Kapitel 2.2.2 ausgeführt, verweisen der ermittelte Stand und der FuE-Bedarf hinsichtlich der einzelnen behandelten Mikrotechniken nach MST-Anwendungen über deren Positionierung in den dargestellten FuE-Portfolios auf unterschiedliche Strategien zur Förderung von Anpassungsentwicklungen. In Bild 5-1 sind die grundsätzlichen Förderungsoptionen in das FuE-Portfolio eingearbeitet.

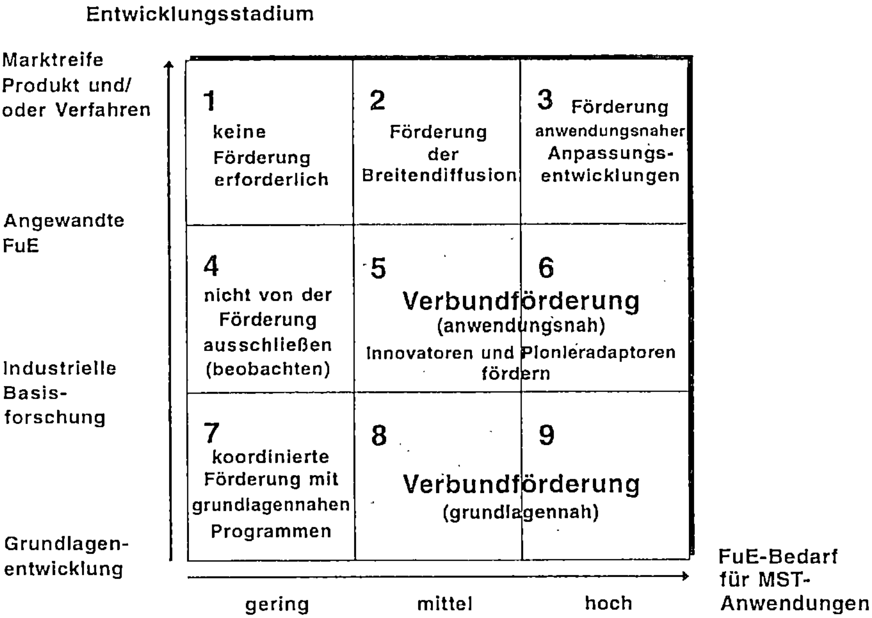

Entwicklungsstadium

	gering	mittel	hoch
Marktreife Produkt und/ oder Verfahren	**1** keine Förderung erforderlich	**2** Förderung der Breitendiffusion	**3** Förderung anwendungsnaher Anpassungs- entwicklungen
Angewandte FuE	**4** nicht von der Förderung ausschließen (beobachten)	**5** **Verbundförderung** (anwendungsnah) Innovatoren und Pionieradaptoren fördern	**6**
Industrielle Basis- forschung / Grundlagen- entwicklung	**7** koordinierte Förderung mit grundlagennahen Programmen	**8** **Verbundförderung** (grundlagennah)	**9**

FuE-Bedarf für MST-Anwendungen

Bild 5-1: "Normstrategien" zur Förderung von Mikrotechniken für MST-Anwendungen

Die Förderungsoptionen gründen sich dabei auf folgende Charakterisierung der einzelnen Felder der dargestellten FuE-Portfolios (vgl. nochmals Bild 5-1).

<table>
<tr><td>

Feld 1:   Keine Förderung erforderlich

</td></tr>
<tr><td>

➥ Einzelwirtschaftliche Prozeßverbesserung von marktver-
fügbaren Technologien

</td></tr>
<tr><td>

<u>Charakterisierung des Forschungsfeldes:</u>

❑ Hoher Verbreitungsgrad an Produkten, die mit dem
entsprechenden Verfahren gefertigt werden,

❑ Automatisierung/Massenanwendungen,

❑ breite Anwendung der Technologie,

❑ technische Dienstleister verfügbar,

❑ hohe Prozeßsicherheit und Reproduzierbarkeit,

❑ Standards vorhanden

</td></tr>
</table>

<table>
<tr><td>

Feld 2:   Förderung der Breitendiffusion

</td></tr>
<tr><td>

➥ Technologien im Anwendungswachstum fördern

</td></tr>
<tr><td>

<u>Charakterisierung des Forschungsfeldes:</u>

❑ Markteingeführte Prozesse, die noch vor einer breiten
Anwendung stehen (Adoptoren breit vorhanden),

❑ Teilautomatisierung einzelner Prozeßschritte,

❑ Prozeßsicherheit und Reproduzierbarkeit für ein einge-
grenztes Anwendungsspektrum,

❑ Kleinserien

</td></tr>
</table>

Feld 3: Förderung anwendungsnaher Anpassungsentwicklungen

➡ Großes Potential für Neuentwicklungen für die Mikrosystemtechnik absehbar

Charakterisierung des Forschungsfeldes:

- erste Geräte am Markt verfügbar,
- Spezialanwendungen werden abgedeckt (geringe Anwendungsbreite bei hohem Spezialisierungsgrad),
- manuelle Prozesse möglich,
- Einzelproduktfertigung,
- geringe Prozeßsicherheit und Reproduzierbarkeit

Feld 4: Nicht von der Förderung ausschließen

➡ Koordination mit grundlagenorientierten Programmen wie z.B. Dünnfilmtechnologien

Charakterisierung des Forschungsfeldes:

- Technologien, die relativ weit entwickelt und im Labormaßstab gut beherrscht werden, aber noch nicht frei marktverfügbar sind,
- Technologien, deren Anwendungspotential für die MST derzeit noch nicht abgesehen werden kann,
- Technologien, die im Hinblick auf zukünftige MST-Anforderungen beobachtet werden müssen,
- eingegrenzte Materialverwendbarkeit,
- Geräte müssen selbständig zusammengebaut werden mit größtenteils marktverfügbaren Komponenten

Feld 5:	**Verbundförderung/Pionieradoptoren fördern**

➨ Verfügbarkeit der Technologien verbessern und
Anpassungsentwicklungen fördern

<u>Charakterisierung des Forschungsfeldes:</u>

❏ Technologien, die schon relativ weit entwickelt aber derzeit
nicht frei marktverfügbar sind,

❏ Technologien, deren Anwendungspotentiale für die MST
derzeit als hoch eingestuft und die bereits im Labormaßstab
eingesetzt werden,

❏ Prototypenentwicklungen auf Basis der Technologien,

❏ eingegrenzte Materialverwendbarkeit,

❏ Geräte müssen selbständig zusammengebaut werden mit
teilweise marktverfügbaren Komponenten

Feld 6:	**Verbundförderung (hohe Priorität)**

➨ Anwendungsbreite und Handhabbarkeit der Mikrotechniken vorantreiben

<u>Charakterisierung des Forschungsfeldes:</u>

❏ Technologien, die schon relativ weit entwickelt aber derzeit
nicht frei marktverfügbar sind,

❏ Technologien, deren Anwendungspotentiale für die MST
derzeit als hoch eingestuft und die bereits im Labormaßstab
eingesetzt werden,

❏ Technologien, deren Anpassungsbedarf für MST-
Anwendungen als hoch eingestuft wird,

❏ Geräte müssen selbständig zusammengebaut werden mit
größtenteils nicht-marktverfügbaren Komponenten,

❏ geringe Anwendungsbreite bei hohem Spezialisierungsgrad

Feld 7: Nicht von der Förderung ausschließen

➡ Koordination mit grundlagenorientierten Programmen wie z.B. Dünnfilmtechnologien

Charakterisierung des Forschungsfeldes:

❑ Technologien in der Grundlagenentwicklung,

❑ Technologien, die im Labormaßstab noch nicht beherrscht werden,

❑ MST-Relevanz derzeit nicht erkennbar

Feld 8: Grundlagenentwicklung/Verbundförderung

➡ Problemkenntnis verbessern, Technologien beobachten

Charakterisierung des Forschungsfeldes:

❑ Technologien in der Grundlagenentwicklung,

❑ Technologien sind theoretisch gut charakterisiert,

❑ Technologien werden im Labormaßstab teilweise beherrscht,

❑ MST-Relevanz zeichnet sich ab,

❑ Problemkenntnis über einige der zu lösenden Grundlagen- fragen noch nicht ausgereift

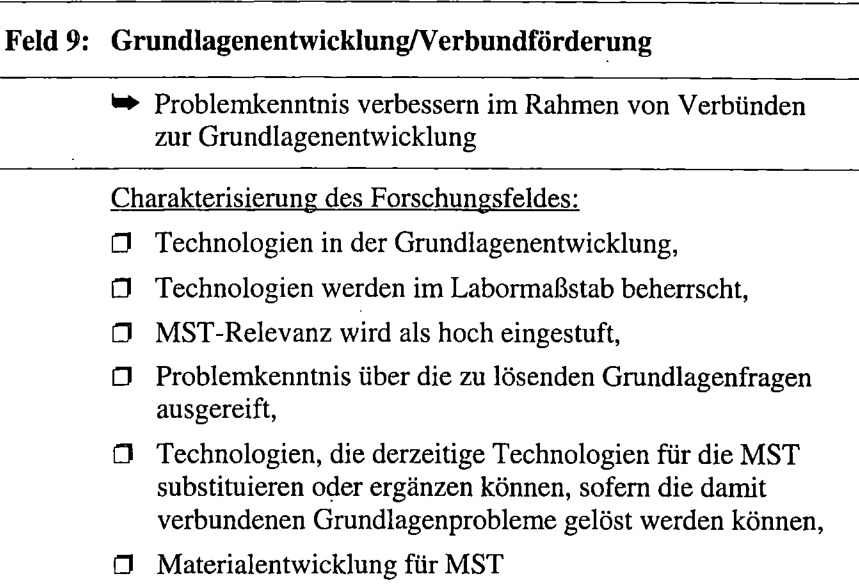

Die einzelnen Felder des Förder-Portfolios lassen sich dabei wie folgt auf den Technologie-Lebenszyklus projizieren (vgl. nochmals Bild 2-4 in Kapitel 2.2.2):

Feld 1:

In Feld 1 befinden sich Technologien bzw. Prozeßschritte, die sich am Übergang in die technologische Reifephase befinden. Sie bestimmen als Basis-Technologien maßgeblich den gegenwärtigen Wettbewerb, da sie bereits in zahlreichen Produkten inkorporiert sind oder als Prozeßtechnologien Verwendung finden. Hierzu gehören beispielsweise die Fotolithographie, die meisten Ätzverfahren oder Verfahren der Schichterzeugung in der Silizium-Halbleitertechnologie. Eine Förderung von weiteren Anpassungsentwicklungen dieser Technologien ist nicht geboten. In Einzelfällen, insbesondere bei Technologien im Übergang zu Feld 2, ist die Förderung zur Verbesserung der Materialeigenschaften (z.B. Keramiksubstrate, Silizium-Substrate für die Mikromechanik) und zur Erhöhung der Materialvielfalt der Prozesse angezeigt. Dies gilt auch für Verbesserungen der Prozeßtechnik (z.B. sind elektronenoptische Verfahren der Halbleitertechnik für Massenanwendungen noch zu langsam und zu teuer).

Felder 2 und 3:

Technologien, die in den Feldern 2 und 3 positioniert sind, gelten als Schlüssel-Technologien, die gemessen an ihrer Leistungsfähigkeit schon relativ weit entwickelt sind, den zukünftigen Wettbewerb absehbar beeinflussen und noch vor einer breiteren Anwendung stehen. Hierzu zählen z.B. die in der Faseroptik benötigten Hilfskomponenten (z.B. Filter, Polarisatoren, Isolatoren oder Modulatoren für Intensität, Phase und Frequenz) oder das direkte Waferbonden in der Silizium-Mikromechanik. Dieses ursprünglich von der Mikromechanik kommende Verfahren wird zunehmend interessant auch für z.B. Leistungshalbleiter (z.B. als Silicon-On-Insulator-Technologie, SOI). Für diese Technologien bietet sich eine Förderung der Breitendiffusion z.B. im Rahmen einer indirekt-spezifischen Maßnahme, einer Kreditfinanzierung von Innovationen mit Rückdeckungsversicherung [5-1] oder (bezogen auf Feld 3) eine Förderung im Rahmen anwendungsnaher Verbundvorhaben an.

Felder 4 und 7:

Die Felder 4 und 7 sind nicht eindeutig auf dem Technologie-Lebenszyklus einordnungsfähig, da das Anwendungspotential für die MST derzeit noch nicht abgesehen werden kann, deren Weiterentwicklung aber beobachtet und koordiniert über grundlagenorientierte Programme gefördert werden sollte.

Felder 5 und 6:

Technologien, die in den Feldern 5 und 6 positioniert sind, werden von Pionieradoptoren eingesetzt. Sie gelten als Schlüssel-Technologien, deren Leistungsfähigkeit noch längst nicht ausgeschöpft ist und die noch ein erhebliches Differenzierungspotential aber auch noch hohe Risiken bergen. Hierzu zählen u.a. die LIGA-Technik, einzelne Verfahren der Schichttechnologie (z.B. Spin-Coating) und einzelne Prozeßschritte in der Integrierten Optik (z.B. der Ionenaustausch und die Titandiffusion). Hier können prototypisch Verbundvorhaben ansetzen, die geeignet sind, die Anwendungungsbreite einzelner Prozeßschritte bzw. Mikrotechniken sowie deren Handhabbarkeit für MST-Anwendungen voranzutreiben.

Felder 8 und 9:

Technologien, die in den Feldern 8 und 9 verortet sind, gelten als Schrittmacher-Technologien, deren Anwendungsrelevanz für MST-Anwendungen absehbar ist (Feld 8) oder als hoch eingestuft wird (Feld 9), aber für die noch die Lösung von Grundlagenproblemen ansteht. Die Leistungsfähigkeit dieser Technologien gilt deshalb derzeit als noch gering; wenn die identifizierten Grundlagenprobleme gelöst sind, bergen sie jedoch ein erhebliches Wettbewerbspotential, da sie z.B. aufgrund von absehbaren Kosten/Nutzen-Vorteilen etablierte Technologien verdrängen können (z.B. Integrierte Optik auf Polymeren). Eine Förderung im Rahmen grundlagenorientierter Verbundvorhaben kann das Anwendungspotential dieser Technologien entscheidend verbessern.

Die wesentlichen technologiepolitischen Handlungsoptionen werden im folgenden noch einmal bezogen auf die einzelnen Technikfelder zusammengefaßt dargestellt. Zu betonen ist, daß die Förderungsoptionen auf den Bedarf nach Anpassungsentwicklungen der Einzeltechniken für MST-Anwendungen generell ausgerichtet sind und keinesfalls die Notwendigkeit einer Förderung von z.B. beispielhaften MST-Lösungen in konkreten Anwendungsfeldern ausschließen. Dies schließt selbstverständlich auch die mögliche Förderung von Technologieentwicklungen von solchen Verfahrensschritten in konkreten Anwendungsfällen nicht aus, für die im Rahmen der vorliegenden Untersuchung ein lediglich geringer FuE-Bedarf diagnostiziert wurde. Die Anforderungen, die aus der konkreten Anwendung an die Technologieentwicklung im Einzelfall gerichtet werden, können demnach aufgrund der unüberschaubaren Vielzahl möglicher Anwendungsanforderungen im Rahmen der vorliegenden Untersuchung nicht aufgelistet werden.

5.1.2 Förderungs-Optionen für Anpassungsentwicklungen der Mikrotechniken in der Mikrosystemtechnik

5.1.2.1 Förderungs-Optionen für die Integrierte Optik

Mikro- bzw. faseroptische (vgl. Kapitel 5.1.2.5) Sensoren für chemische Parameter stehen - gemessen an den Patentanmeldungen in der chemischen Sensorik - erst am Beginn ihrer industriellen Diffusion (vgl. Bild 4-7), werden aber - wie die Auswertungen im Rahmen der Bibliometrie zeigen - in der Grundlagenentwicklung sowohl für physikalische und chemische, als auch für biologische Parameter verstärkt aufgegriffen (vgl. Bilder 3-5, 3-8 und 3-9).

Eine grundsätzliche Förderung der Integrierten Optik in der Mikrosystemtechnik ist für einzelne Verfahrensschritte in Abhängigkeit von den verwendeten Materialien differenziert zu beurteilen:

❑ Die Substrate für die Integrierte Optik sind im allgemeinen verfügbar. Verbesserungen bei der Reinheit und Langzeitstabilität ist für das Substrat Lithiumniobat ($LiNbO_3$) geboten, Spezialgläser für den Ionenaustausch in der Integrierten Optik auf Glas sind nicht verfügbar. Hoher Entwicklungs- und Förderungsbedarf besteht für quaternäre III-V-Halbleiter und die Weiterentwicklung von Verfahren zur Herstellung optisch aktiver Polymere.

❑ Die Strukturierungsverfahren für die Integrierte Optik auf allen Materialien sind im allgemeinen für MST-Anwendungen ausreichend, abgesehen von notwendigen Optimierungen der Verfahren der Schichterzeugung bzgl. der Resistenz gegen Salzschmelzen (Glas, Lithiumniobat) und der Schichtqualität (III-V-Halbleiter). Entwicklungs- und Förderungsbedarf besteht auch bei der Lösung von Grundlagenproblemen bzgl. der Schrumpfungsprozesse bei der Polymerisation (Integrierte Optik auf Polymeren).

❑ Ansatzpunkte für eine Förderung im Rahmen von grundlagennahen oder anwendungsnahen Verbundvorhaben bestehen insbesondere bei Verfahren zur Brechzahleinstellung. Hier befinden sich einige Verfahrensschritte z.T. noch in der Grundlagenentwicklung (Flammenhydrolyse für IO-Glas/Silizium, Ionenimplantation für IO-Glas/$LiNbO_3$/Silizium, Germanium-Diffusion für IO-Silizium, Sol-Gel-Prozeß für IO-Glas), andere Verfahren sind nicht oder nur eingeschränkt verfügbar (z.B. Ionenaustausch bei IO-Glas, Protonenaustausch bei IO-$LiNbO_3$). Zur Weiterentwicklung der Prozeßtechnik im Hinblick auf diffusionsfördernde Eigenschaften z.B. Entwicklung von handhabbaren einheitlichen Prozeßlinien ist hier die Mitwirkung von Geräteherstellern in Verbundvorhaben angezeigt.

Die Bilder 5-2 bis 5-6 zeigen im Überblick die Beurteilung der einzelnen Prozeßschritte für die Integrierte Optik nach den Ergebnissen der technometrischen Analyse (vgl. ausführlich Kapitel 2.3.1.1).

Aus den identifizierten Kombinationsproblemen der Integrierten Optik mit anderen Mikrotechniken (vgl. ausführlich Kapitel 2.3.2.1) ergeben sich für die förderpolitische Handhabung ergänzend folgende Hinweise:

❑ Im Rahmen von grundlagenorientierten bzw. anwendungsorientierten Verbundvorhaben ergeben sich Ansatzpunkte für eine Förderung der Themen:

Themenfeld — Integrierte Optik auf Glas	GE	IBF	AFE	MR	g	m	h	Qualitative Beschreibung des FuE-Bedarfs	Anlagen/Bauelemente	Techn. DL	Inst.	GU	KMU
Substrate			x →	x	x →	x		Spezialgläser für den Ionenaustausch	ja	-		x	x
Fotolithographie				x	x			------	ja	ja	x	x	x
Schicht-erzeugung			x →	x	x			Optimierung der Schichten bzgl. Resistenz gegen Salzschmelzen	ja	ja	x	x	x
Ätzverfahren				x	x			-------	ja	ja	x	x	x
Flammen-hydrolyse	x						x	Grundlagenentwicklung	-	-	x		
Ionenaustausch		x →	x			x →	x	Die benötigten Geräte müssen aus Komponenten selbst zusammengestellt werden. Verfahren zur Qualifizierung des Ionenaustausches sind nicht am Markt erhältlich.	nein	nein	x		x
Ionen-implantation	x →	x				x →	x	Es gibt keine geeigneten Ionenimplanter, die mit hoher Dosis den benötigten Durchsatz schaffen. Die industriell verfügbaren Anlagen müssen modifiziert werden.	ja	ja	x		
Sol-Gel-Prozeß	x →	x				x →	x	Geräte müssen selbst entwickelt werden.	nein	nein	x		x

GE = Grundlagenentwicklung
IBF = Industrielle Basisforschung
AFE = Angewandte Forschung und Entwicklung
MR = Marktreife

g = gering
m = mittel
h = hoch

DL = Dienstleistung
Inst. = Institut
GU = Großunternehmen
KMU = kleine und mittlere Unternehmen

Bild 5-2: Beurteilung der Prozeßschritte der Integrierten Optik auf Glas

Themenfeld — Integrierte Optik auf Silizium	GE	IBF	AFE	MR	g	m	h	Qualitative Beschreibung des FuE-Bedarfs	Anlagen/Bauelemente	Techn. DL	Inst.	GU	KMU
Substrate				x	x			------	ja	-		x	x
Fotolithographie				x	x			Die Strukturierungsverfahren für die Wellenleiterherstellung <u>auf</u> und <u>im</u> Si-Substrat genügen den Anforderungen der Integrierten Optik auf Silizium	ja	ja	x	x	x
Schicht-erzeugung			x →	x	x				ja	ja	x	x	x
Ätzverfahren				x	x				ja	ja	x	x	x
Flammen-hydrolyse	x						x	Grundlagenentwicklung	-	-	x		
Diffusion (Ge)	x					x →	x	Grundlagenentwicklung	ja	ja	x		
Ionen-implantation	x →	x				x →	x	Grundlagenentwicklung	ja	ja	x		

GE = Grundlagenentwicklung
IBF = Industrielle Basisforschung
AFE = Angewandte Forschung und Entwicklung
MR = Marktreife

g = gering
m = mittel
h = hoch

DL = Dienstleistung
Inst. = Institut
GU = Großunternehmen
KMU = kleine und mittlere Unternehmen

Bild 5-3: Beurteilung der Prozeßschritte der Integrierten Optik auf Silizium

- Hybridaufbau integriert-optischer Systeme mit unterschiedlichen Substratmaterialien, Hybridintegration mit Silizium-Mikromechanik

- Monolithisch-integrierte optische Systeme mittels Hetero-Epitaxie

- Prozeßkompatibilität von Dickschichttechnik und Integrierter Optik (Beeinflussung der Eigenschaften von Wellenleitern etc.)

- Verbesserung der Langzeitstabilität, der Querempfindlichkeit und Selektivität in der Optimierung der Ankoppelung von Signalen an integriert-optische Wellenleiter in der (bio-)chemischen Sensorik

- Integration von mikromechanischen und optischen Komponenten auf einem gemeinsamen Halbleitersubstrat (Silizium)

- Herstellung von mikromechanischen oder über LIGA-Technik erzeugten Justierhilfen für die optische Aufbau- und Verbindungstechnik (Automatisierungsprojekte zur Faser-Chip-Kopplung)

- Anwendungslösungen zur Integration von integriert-optischen, optoelektronischen und elektronischen Bauelementen (OEIC's) und Verbesserung der Prozeßsicherheit (Ausbeute).

❑ In einer Maßnahme zur Förderung der Breitendiffusion sollte das Themenfeld "Intelligente Mikrosysteme auf der Basis der Integrierten Optik und Mikromechanik auf Silizium" einbezogen werden.

Themenfeld Integrierte Optik auf Lithiumniobat	Entwicklungsstadium				FuE-Bedarf für MST-Anwendungen			Qualitative Beschreibung des FuE-Bedarfs	Verfügbarkeit der Technologie		Anwendungsstand in		
	GE	IBF	AFE	MR	g	m	h		Anlagen/Bauelemente	Techn. DL	Inst.	GU	KMU
Substrate		x→x			x→x			Verbesserung der Langzeitstabilität und der Reinheit	ja	-	x	x	x
Fotolithographie			x		x			------	ja	ja	x	x	x
Schichterzeugung			x→x		x			Optimierung der Schichten bezüglich Resistenz gegen Salzschmelzen	ja	ja	x	x	x
Ätzverfahren			x		x			------	ja	ja	x	x	x
Titan-Diffusion		x→x					x	Verminderung von globalem Verlust für Resonatoren sowie Verbesserung von Gleichmäßigkeit und Reproduzierbarkeit der Dotierung	ja	ja	x	x	
Protonenaustausch		x→x					x	Austausch anderer als Li^+-Ionen, Verbesserung von Langzeitstabilität sowie Gleichmäßigkeit und Reproduzierbarkeit der Dotierung	nein	nein	x	x	
Ionenimplantation	x						x	Grundlagenentwicklung	ja	ja	x		

GE = Grundlagenentwicklung
IBF = Industrielle Basisforschung
AFE = Angewandte Forschung und Entwicklung
MR = Marktreife

g = gering
m = mittel
h = hoch

DL = Dienstleistung
Inst. = Institut
GU = Großunternehmen
KMU = kleine und mittlere Unternehmen

Bild 5-4: Beurteilung der Prozeßschritte der Integrierten Optik auf Lithiumniobat

Themenfeld Integrierte Optik auf III-IV-HL	Entwicklungs-stadium				FuE-Bedarf für MST-An-wendungen			Qualitative Beschreibung des FuE-Bedarfs	Verfügbar-keit der Technologie		Anwen-dungsstand in		
	GE	IBF	AFE	MR	g	m	h		Anlagen/ Bau-elemente	Techn. DL	Inst.	GU	KMU
Substrate			x→x		x→x			Es besteht hoher Entwicklungsbedarf für quaternäre III-V-Halbleiter	ja	-		x	x
Fotolithographie				x	x			------	ja	ja	x	x	x
Schicht-erzeugung	x→x						x	Verbesserung der Schichtqualität (optische Dämpfung im Wellenleiter)	ja	nein	x		
Ätzverfahren			x→x		x			------	ja	ja	x	x	x

```
GE  = Grundlagenentwicklung          g = gering      DL = Dienstleistung
IBF = Industrielle Basisforschung    m = mittel      Inst. = Institut
AFE = Angewandte Forschung und Entwicklung   h = hoch   GU  = Großunternehmen
MR  = Marktreife                                        KMU = kleine und mittlere Unternehmen
```

Bild 5-5: Beurteilung der Prozeßschritte der Integrierten Optik auf III-V-Halbleitern

Themenfeld Integrierte Optik auf Polymeren	Entwicklungs-stadium				FuE-Bedarf für MST-An-wendungen			Qualitative Beschreibung des FuE-Bedarfs	Verfügbar-keit der Technologie		Anwen-dungsstand in		
	GE	IBF	AFE	MR	g	m	h		Anlagen/ Bau-elemente	Techn. DL	Inst.	GU	KMU
Substrate	x→x						x	Materialentwicklung, Weiterentwicklung von Verfahren zur Herstellung opt. aktiver Polymere		-	x	x	
Fotolithographie				x	x			------	ja	ja	x	x	x
Schicht-erzeugung			x→x			x		Lösung von Grundlagenproblemen bezüglich Schrumpfungsprozessen	ja	ja	x	x	x
Präge-/Abdruck-techniken	x→x						x→x	bei der Polymerisation	ja	nein	x		

```
GE  = Grundlagenentwicklung          g = gering      DL = Dienstleistung
IBF = Industrielle Basisforschung    m = mittel      Inst. = Institut
AFE = Angewandte Forschung und Entwicklung   h = hoch   GU  = Großunternehmen
MR  = Marktreife                                        KMU = kleine und mittlere Unternehmen
```

Bild 5-6: Beurteilung der Prozeßschritte der Integrierten Optik auf Polymeren

5.1.2.2 *Förderungs-Optionen für Schichttechniken*

Gemessen am Stand der derzeitigen Patentanmeldungen in der chemischen Sensorik spielen als Herstellungstechnologien derzeit in der Rangfolge vorwiegend Dünnfilm, Dickschicht- und Halbleitertechniken eine wesentliche Rolle. Häufungen in den Patentanmeldungen über die Zeit lagen dabei

❏ in 1985 bei der Halbleitertechnologie,

❏ in 1987 bei der Dickschichttechnik und

❏ in 1990 bei der Dünnfilmtechnik.

Bundesdeutsche Arbeitsgruppen liegen dabei - gemessen an der Anzahl wissenschaftlicher Beiträge - etwa im Gleichstand mit US-amerikanischen Gruppen insbesondere bei Halbleiter- und Schichttechniken sowie in der Mikromechanik (speziell für physikalische Parameter) hinter asiatischen und anderen europäischen Arbeitsgruppen zurück.

Für die Dünnfilmtechnik besteht nach den Ergebnissen der Technometrie für Anwendungen in der Mikrosystemtechnik für die meisten Verfahren bzw. Prozeßschritte geringer oder kein Förderungsbedarf. Die Prozeßschritte sind marktreif, die benötigten Anlagen sind bis auf wenige Ausnahmen (z.B. laserinduzierte Umwandlung) industriell verfügbar und werden industriell auch von kleinen und mittleren Unternehmen eingesetzt (Ausnahmen: ICB-Verfahren, Ionenstrahlgestützte Verfahren, optisch-induzierte CVD, laserinduzierte Umwandlung, die sich noch in der Entwicklung befinden).

Hoher FuE-Bedarf und Ansatzpunkte für eine Förderung im Rahmen von Verbundvorhaben in der Mikrosystemtechnik liegen demgegenüber in den Themenfeldern

☐ Fotolithographie: Belichten von Substraten mit hoher vertikaler Topographie und

☐ Entwicklung von Ätzverfahren für Materialien, die nicht in der Halbleitertechnik verwendet werden.

Für das Abscheiden aus der flüssigen Phase stellt sich folgende Situation der verwendeten Prozeßschritte:

☐ Strukturierungstechniken sind soweit entwickelt, daß sie marktdiffundiert sind. Eine generelle Förderung von weiteren Anpassungsentwicklungen ist nicht geboten.

☐ Für die Verfahren der Schichterzeugung liegen die Probleme generell im Bereich der Schichthaftung, der Reinheit, Selektivität und Reproduzierbarkeit der Schichten und im Schrumpfungsverhalten bei der Trocknung der aufgebrachten Schichten. Die dahinterstehenden Verfahren der Galvanik, der stromlosen Abscheidung, der Sol-Gel-Prozesse, Spin-Coating und das Langmuir-Blodgett-Verfahren sind i.allg. nicht industriell verfügbar (Anwendung erfolgt derzeit in (außer-) universitären Forschungseinrichtungen), technische Dienstleister existieren nicht, . Eine Einbeziehung in Verbundvorhaben im Rahmen der Mikrosystemtechnik ist angezeigt.

Im Rahmen der Dickschichttechnik besteht aufgrund der Marktreife des Verfahrens kein weiterer Förderungsbedarf in der Mikrosystemtechnik. Lediglich für Pasten im Rahmen von Sensoranwendungen besteht Entwicklungsbedarf.

Die Bilder 5-7 bis 5-9 geben einen Überblick über die Beurteilung der einzelnen Verfahren der Schichttechniken:

Themenfeld Dünnfilmtechnik	Entwicklungsstadium				FuE-Bedarf für MST-Anwendungen			Qualitative Beschreibung des FuE-Bedarfs	Verfügbarkeit der Technologie		Anwendungsstand in		
	GE	IBF	AFE	MR	g	m	h		Anlagen/ Bauelemente	Techn. DL	Inst.	GU	KMU
Therm. Schichterzeugung			x	x	x			Verringerung von Schichtspannungen und Realisierung ultradünner Isolatorschichten	ja	ja	x	x	x
Ion-Cluster-Beam			x	x	x			Erhöhung der Materialvielfalt	ja	ja	x		
Hochvakuum-Aufdampfen			x	x	x			für MST-Anwendungen nur begrenzt einsetzbar	ja	ja	x	x	x
Sputtern			x	x	x			Verbesserung der Materialvielfalt (binäre und ternäre Legierungen)	ja	ja	x	x	x
Ionenstrahlgestützte Verfahren	x	x			x			Geräte- und Prozeßentwicklung	ja	-	x		
CVD-Verfahren			x	x	x			Erzeugung elektrisch leitender Schichten, Beschichtungsprozesse für nicht-planare Substrate, Erhöhung der Materialvielfalt	ja	ja	x	x	x
Plasma-CVD-Verfahren			x	x	x				ja	ja	x	x	x
opt.-ind. chem. Schichtabscheid.	x				x			Grundlagenentwicklung			x		
Beschichten üb. Metallmasken			x	x	x			------	ja	ja	x	x	x
Fotolithographie			x	x			x	Belichtung von Substraten mit hoher vertikaler Topographie	ja	ja	x	x	x
Naßchem. Ätzen			x	x		x	x	Entwicklung von Ätzverfahren für Materialien, die nicht in der Halbleitertechnik verwendet werden.	ja	ja	x	x	x
Trockenätzen			x	x		x	x		ja	ja	x	x	x
Laserschneiden			x	x	x			------	ja	ja	x	x	x
Laser-induzierte Umwandlung		x	x		x			Verbesserung der Materialvielfalt	nein	nein	x	x	
Substrate: Silizium				x	x			------	ja	-		x	x
andere einkristalline Substrate			x	x	x			------	ja	-	x	x	x
Quarz				x	x			------	ja	-		x	
Glas				x	x			------	ja	-		x	
Kunststoffe			x	x	x			------	ja	-		x	
Keramik			x	x	x	x		Verbesserung der Reproduzierbarkeit der mechanischen Eigenschaften	ja	-		x	x
Metalle				x	x			------	ja	-	x	x	x

GE = Grundlagenentwicklung
IBF = Industrielle Basisforschung
AFE = Angewandte Forschung und Entwicklung
MR = Marktreife

g = gering
m = mittel
h = hoch

DL = Dienstleistung
Inst. = Institut
GU = Großunternehmen
KMU = kleine und mittlere Unternehmen

Bild 5-7: Beurteilung der Prozeßschritte der Dünnfilmtechnik

Themenfeld Abscheiden aus der flüssigen Phase	Entwicklungsstadium				FuE-Bedarf für MST-Anwendungen			Qualitative Beschreibung des FuE-Bedarfs	Verfügbarkeit der Technologie		Anwendungsstand in		
	GE	IBF	AFE	MR	g	m	h		Anlagen/Bauelemente	Techn. DL	Inst.	GU	KMU
Galvanik	x→x					x		Verbesserung der Schichtreinheit, Entwicklung geeigneter Elektrolyte, Grundlagenfragen der Materialqualität	ja	ja	x	x	x
Stromlose Abscheidung	x					x		Entwicklungsbedarf für Katalysatoren und Elektrolyte, Grundfragen der Selektivität, Reproduzierbarkeit und Reinheit der Schichten	nein	nein	x		
Sol-Gel-Prozeß	x→x					x		Grundlagenproblem: Verbesserung der Schichthaftung und des Schrumpfungsverhaltens bei Trocknung der aufgebrachten Schicht	nein	nein	x		
Spin-Coating	x→x					x		Verbesserung der Schichthaftung bei anderen Materialien als Photolacken	ja	ja	x		
Langmuir-Blodgett Verfahren	x					x		Verbesserung von Stabilität und Haftung der Schichten	ja	nein	x		
Beschichten üb. Metallmasken								siehe Dünnfilmtechnik					
Fotolithographie													
Naßchem.Ätzen													
Trockenätzen													
Laserschneiden													
Substrate													

GE　= Grundlagenentwicklung
IBF　= Industrielle Basisforschung
AFE　= Angewandte Forschung und Entwicklung
MR　= Marktreife

g　= gering
m　= mittel
h　= hoch

DL = Dienstleistung
Inst. = Institut
GU　= Großunternehmen
KMU = kleine und mittlere Unternehmen

Bild 5-8: Beurteilung der Prozeßschritte für das Abscheiden aus der flüssigen Phase

Themenfeld Dickschichttechnik	Entwicklungsstadium				FuE-Bedarf für MST-Anwendungen			Qualitative Beschreibung des FuE-Bedarfs	Verfügbarkeit der Technologie		Anwendungsstand in		
	GE	IBF	AFE	MR	g	m	h		Anlagen/Bauelemente	Techn. DL	Inst.	GU	KMU
Pulver			x→x		x			------	ja	-	x		
Pasten	x→x						x	Entwicklung von Pasten für Sensoranwendungen	ja	-	x	x	x
Masken- und Siebherstellung			x		x			------	ja	ja		x	x
Substrate			x		x			------	ja	-		x	
Siebdrucken			x		x			------	ja	ja	x	x	x
Brennen				x	x			------	ja	ja	x	x	x

GE　= Grundlagenentwicklung
IBF　= Industrielle Basisforschung
AFE　= Angewandte Forschung und Entwicklung
MR　= Marktreife

g　= gering
m　= mittel
h　= hoch

DL = Dienstleistung
Inst. = Institut
GU　= Großunternehmen
KMU = kleine und mittlere Unternehmen

Bild 5-9: Beurteilung der Prozeßschritte der Dickschichttechnik

5.1.2.3 Förderungs-Optionen für die Mikromechanik

Der Einsatz der Mikromechanik ist in den letzten Jahren insbesondere im Rahmen von Arbeiten zur physikalischen Sensorik diskutiert worden (vgl. Bild 3-5), wobei deutsche Arbeitsgruppen mit gerade 10% an der Gesamtzahl der Beiträge (ca. 200) beteiligt waren. Für die chemische Sensorik ist der Einsatz der Mikromechanik erwartungsgemäß insgesamt von sekundärer Bedeutung. Im Rahmen der Patentanalyse wurden in der Gruppe der FET-Anordnungen vereinzelt mikromechanische Strukturen ausgemacht. Die Verwendung der Mikromechanik als primäre Herstellungstechnologie für chemische Sensoren wurde in keinem der analysierten Patente aufgefunden.

Die technometrischen Ergebnisse zur Mikromechanik verweisen auf einen insgesamt mittleren bis hohen FuE-Bedarf für MST-Anwendungen und damit auf eine Einbeziehung verschiedener Technologieschritte in die Verbundforschung:

Mikromechanik auf Silizium:

❏ Hinsichtlich der Substrateigenschaften ist die Bereitstellung (110)-orientierter Wafer von großer Bedeutung,

❏ Direktes Waferbonden: Entwicklung von Bondtechniken mit niedrigen Prozeßtemperaturen,

❏ Entwicklung von organischen und anorganischen Schichten zum Passivieren der nicht-prozessierten Waferseite,

❏ Entwicklung nicht-toxischer Ätzmittel sowie von Ätzstopptechniken für die Massenfertigung,

❏ Entwicklung anisotroper Ätzverfahren, die eine hohe Ätzgeschwindigkeit und ein hohes Aspektverhältnis zulassen

Mikromechanik auf Quarz und anderen Materialien:

❏ Grundlagenorientierte Verbundvorhaben zur Verbesserung der Verfahren der Mikrostrukturherstellung

LIGA-Technik:

❏ Röntgenoptische Verfahren: Entwicklung von Strahlquellen mit kleinen Abmessungen, Entwicklung spezieller Resistschichten (> 600 µm),

❑ Galvanik: Prozeßentwicklung für weitere Metalle und Legierungen,

❑ Abformtechnik: Weiterentwicklung der Spritz-, Schlicker- und Reaktionsgußverfahren mit dem Ziel, derartige Verfahren für Massenanwendungen zur Verfügung zu stellen

In der Kombination mit anderen Mikrotechniken nimmt die Mikromechanik sowohl im Rahmen des Hybridaufbaus als auch bei der monolithischen Integration von mechanischen Elementen und elektronischen Funktionsgruppen eine Schlüsselposition ein. Ansatzpunkte für eine Förderung im Rahmen von Verbundvorhaben in der MST liegen bei der Bearbeitung von Integrationsproblemen mit der Halbleitertechnik in folgenden Bereichen:

❑ Temperaturbelastung der elektrischen Bauelemente bei der Reduzierung von Membranspannungen durch Hochtemperaturschritte,

❑ Entstehung von Membran-/Materialspannungen bei der Optimierung der elektrischen Bauelemente,

❑ Schutz der Schaltungsteile vor unterschiedlichen Ätzmedien,

❑ Assemblierung der Bauelemente sowie

❑ Verwendung artfremder Materialien (d.h. Materialien, die normalerweise im Halbleiter-Prozeß nicht vorkommen wie z.B. Gold, Palladium) in Halbleiter-Prozessen.

Probleme bei der Kombination von Mikromechanik und Faseroptik liegen in erster Linie in der noch nicht ausgereiften Aufbau- und Verbindungstechnik. Ansatzpunkte für eine Förderung können hier in der Verbesserung der Langzeitstabilität und Erschütterungssicherheit bei der Ankopplung von Fasern an mikromechanische Elemente liegen.

Die Bilder 5-10 bis 5-12 geben einen Überblick über die Beurteilung der verschiedenen Verfahren der Mikromechanik:

Themenfeld Mikromechanik auf Silizium	Entwicklungsstadium				FuE-Bedarf für MST-Anwendungen			Qualitative Beschreibung des FuE-Bedarfs	Verfügbarkeit der Technologie		Anwendungsstand in		
	GE	IBF	AFE	MR	g	m	h		Anlagen/Bauelemente	Techn. DL	Inst.	GU	KMU
Substrate			x→	x	x→	x		Verbesserung spezifischer Materialeigenschaften, Bereitstellung (110)-orientierter Wafer	ja	-		x	x
Konventionelle Verfahren der Mikroelektronik				x	x			siehe Halbleitertechnik	ja	ja	x	x	x
Direktes Waferbonden			x→	x			x	Entwicklung von Bondtechniken mit niedrigen Prozeßtemperaturen	nein	ja	x	x	x
Anodisches Bonden			x→	x		x→	x	Geräteentwicklung	ja	ja	x	x	x
Schutz der nicht-prozess. Waferseite	x→	x					x	Entwicklung von organischen und anorganischen Schichten zum Passivieren der nicht-prozessierten Waferseite sowie entsprechender Ätzmittel	nein	-	x	x	x
Rückseitenbelichtung			x→	x	x			Verbesserung der Justiergenauigkeit der Rückseitenbelichtung	ja	ja	x	x	x
Naßchem. Tiefenätzen		x→	x			x→	x	Entwicklung nicht-toxischer Ätzmittel sowie von Ätzstopptechniken für die Massenfertigung	ja	ja	x	x	x
Trockenätzen	x→	x					x	Entwicklung anisotroper Ätzverfahren, die eine hohe Ätzgeschwindigkeit und ein hohes Aspektverhältnis zulassen.	ja	nein	x	x	x

GE = Grundlagenentwicklung
IBF = Industrielle Basisforschung
AFE = Angewandte Forschung und Entwicklung
MR = Marktreife

g = gering
m = mittel
h = hoch

DL = Dienstleistung
Inst. = Institut
GU = Großunternehmen
KMU = kleine und mittlere Unternehmen

Bild 5-10: Beurteilung der Prozeßschritte der Mikromechanik auf Silizium

Themenfeld Mikromechanik auf Quarz	Entwicklungsstadium				FuE-Bedarf für MST-Anwendungen			Qualitative Beschreibung des FuE-Bedarfs	Verfügbarkeit der Technologie		Anwendungsstand in		
	GE	IBF	AFE	MR	g	m	h		Anlagen/Bauelemente	Techn. DL	Inst.	GU	KMU
Substrate			x→	x	x			Standardspezifikation von Quarz-Blanks	ja	-		x	x
Mikrostrukturherstellung	x→	x					x	Anpassungsentwicklung der aus der Silizium-Mikromechanik bekannten Verfahren zur Mikrostrukturherstellung	ja	ja	x		
Mikromechanik auf anderen Materialien	x						x	Grundlagenentwicklung		-	x		

GE = Grundlagenentwicklung
IBF = Industrielle Basisforschung
AFE = Angewandte Forschung und Entwicklung
MR = Marktreife

g = gering
m = mittel
h = hoch

DL = Dienstleistung
Inst. = Institut
GU = Großunternehmen
KMU = kleine und mittlere Unternehmen

Bild 5-11: Beurteilung der Prozeßschritte der Mikromechanik auf der Basis von Quarz und anderen Materialien

Themenfeld LIGA-Verfahren	Entwicklungsstadium				FuE-Bedarf für MST-Anwendungen			Qualitative Beschreibung des FuE-Bedarfs	Verfügbarkeit der Technologie		Anwendungsstand in		
	GE	IBF	AFE	MR	g	m	h		Anlagen/Bauelemente	Techn. DL	Inst.	GU	KMU
Substrate			x→x		x			------	ja	-		x	x
Elektronenstrahl-Lithographie			x→x		x			Steigerung der Strahlenergie zur Belichtung dickerer Resists	ja	ja	x		x
Röntgen-optische Verfahren	x→x					x→x		Strahlungsquellen mit kleinen Abmessungen, Entwicklung spezieller Resist-Schichten (> 600 µm)	ja	ja	x		
Galvanik	x→x					x		Prozeßentwicklung für weitere Metalle und Legierungen	ja	ja	x		x
Spritzguß			x→x		x→x			------	ja	nein	x		x
Reaktionsguß	x				x→x			------	ja	nein	x		x
Schlickerguß	x				x→x			------	ja	nein	x		x

GE = Grundlagenentwicklung
IBF = Industrielle Basisforschung
AFE = Angewandte Forschung und Entwicklung
MR = Marktreife

g = gering
m = mittel
h = hoch

DL = Dienstleistung
Inst. = Institut
GU = Großunternehmen
KMU = kleine und mittlere Unternehmen

Bild 5-12: Beurteilung der Prozeßschritte der LIGA-Verfahren

5.1.2.4 Förderungs-Optionen für Halbleitertechniken

22% der analysierten Patente in der chemischen Sensorik befassen sich mit der Verbesserung oder der Neugestaltung von Festkörperhalbleiterstrukturen. Bei den Patentveröffentlichungen aus dem Jahre 1990 fällt zugleich auf, daß die größte Anzahl zu Sensoren in Dünnfilmtechnik, die geringste Anzahl in Si-MOS und FET-Sensoren festzustellen ist (vgl. Bild 4-8), die größte Anzahl der Patente zu FET-Sensoren in 1985 von der japanischen Sharp KK veröffentlicht wurde.

Auch bei der Gesamtzahl der Veröffentlichungen zu chemischen, biologischen und physikalischen Sensoren liegen deutsche Arbeitsgruppen zusammen mit amerikanischen Arbeitsgruppen deutlich hinter asiatischen und europäischen Arbeitsgruppen zurück (vgl. Bilder 3-5, 3-8 und 3-9).

Eine generelle Förderung von Anpassungsentwicklungen der Halbleitertechnik für MST-Anwendungen ist auf der Basis der Technometrie - abgesehen von z.B. den bereits erwähnten Integrationsproblemen (vgl. Kapitel 5.1.2.3) - nicht angezeigt (vgl. Bild 5-13):

Themenfeld **Halbleiter-technik**	Entwicklungs-stadium				FuE-Bedarf für MST-Anwendungen			Qualitative Beschreibung des FuE-Bedarfs	Verfügbar-keit der Technologie		Anwen-dungsstand in		
	GE	IBF	AFE	MR	g	m	h		Anlagen/Bau-elemente	Techn. DL	Inst.	GU	KMU
Kristallzucht				x	x			-------	ja	-		x	
Konfektionierung				x	x			-------	ja	-		x	x
Therm. Schicht-erzeugung			x→x		x			Herstellung ultradünner Isolatorschichten	ja	ja	x	x	x
Physik. Schicht-abscheidung			x		x			-------	ja	ja	x	x	x
Chem. Schicht-abscheidung			x		x			-------	ja	ja	x	x	x
Diffusion			x		x			-------	ja	ja	x	x	x
Ionen-implantation			x		x			Höhere Strahlströme, homogene Implantation bei großen Waferdurchmessern	ja	ja	x	x	x
Waferstepper			x		x			-------	ja	ja	x	x	x
Mask-Aligner			x		x			-------	ja	ja	x	x	x
Röntgenoptische Verfahren	x				x			-------		ja	x		
Elektronenopt. Verfahren			x→x		x →x			Einsatz bei Nanometer-Lithographie	ja	ja	x	x	x
Naßchemisches Ätzen			x		x			-------	ja	ja	x	x	x
Trockenätzen			x		x			-------	ja	ja	x	x	x
Laserverfahren	x→x				x			-------			x		

```
GE  = Grundlagenentwicklung        g = gering      DL  = Dienstleistung
IBF = Industrielle Basisforschung  m = mittel      Inst. = Institut
AFE = Angewandte Forschung und Entwicklung  h = hoch   GU  = Großunternehmen
MR  = Marktreife                                     KMU = kleine und mittlere Unternehmen
```

Bild 5-13: Beurteilung der Prozeßschritte der Halbleitertechnik

5.1.2.5 *Förderungs-Optionen für die Faseroptik*

Mikro- bzw. faseroptische chemische Sensoren stehen - wie bereits erwähnt (vgl. Kapitel 5.1.2.1) - erst am Beginn ihrer industriellen Diffusion, wobei der Stellenwert der Faseroptik im Bereich der Grundlagenentwicklung zu physikalischen und chemischen Sensoren, der der Mikrooptik im Bereich biologischer Sensoren - gemessen an der Anzahl der Fachbeiträge (vgl. Bild 3-5, 3-8, 3-9) - jeweils als bedeutungsvoller einzustufen ist.

Nach den Ergebnissen der Technometrie besteht noch Entwicklungsbedarf für folgende Bauelemente:

☐ Dauerstrich-Laserdioden: Laser für Wellenlängen im sichtbaren Bereich mit höheren Leistungen

☐ Kantenemitter: LED's für Wellenlängen im sichtbaren Bereich mit höheren Leistungen

❑ Monomode-Fasern: Verfahren zur Steckermontage als Voraussetzung für eine breite Markteinführung

❑ Spleißverbindungen: Prozeßautomatisierung, Spleißen von Lichtwellenleitern (LWL) mit hohem Gehalt an Dotierstoffen sowie mit stark differierenden Außendurchmessern und Brechzahlprofilen, Spleißen von polarisationserhaltenden LWL und von LWL mit Wellenlängen > 2 µm

Bild 5-14 gibt einen Überblick über die Beurteilung der Bauelemente der Faseroptik für die Sensorik im Hinblick auf Anpassungsentwicklungen für die Mikrosystemtechnik.

Themenfeld Faseroptik	Entwicklungs-stadium				FuE-Bedarf für MST-Anwendungen			Qualitative Beschreibung des FuE-Bedarfs	Verfügbarkeit der Technologie		Anwendungsstand in		
	GE	IBF	AFE	MR	g	m	h		Anlagen/Bau-elemente	Techn. DL	Inst.	GU	KMU
Dauerstrich-Laserdioden			x→	x	x→	x		Laser für Wellenlängen im sichtbaren Bereich mit höheren Leistungen	ja	-			
Pulslaser			x→	x	x			------	ja	-			
Gaslaser			x→	x	x			------	ja	-			
LED's			x		x			------	ja	-			
Kantenemitter			x→	x	x→	x		LED's für Wellenlängen im sichtbaren Bereich mit höheren Leistungen	ja	-			
Si-Photo-Dioden			x		x			------	ja	-			
andere Dioden			x→	x	x			------	ja	-			
Multimode Fasern			x		x			------	ja	-			
Monomode Fasern			x→	x	x→	x		------	ja	-			
Spezielle Fasern	x→	x					x	------	ja	-			
Stecker für Multimode Fasern			x		x			------	ja	-			
Stecker für Monomode Fasern			x→	x	x			Verfahren zur Steckermontage	ja	-			
Spleiß-verbindungen			x→	x	x→	x		Prozeßautomatisierung	ja	-	x	x	x
Koppler für Multimode Fasern			x→	x	x→	x		höhere Verfügbarkeit von Verzweigern für Fasern mit größeren Kerndurchmessern und fest eingestelltem Koppelverhältnis	ja	-			
Koppler für Monomode Fasern			x→	x	x→	x		Steigerung der Verfügbarkeit	ja	-			
Hilfs-komponenten			x→	x		x→	x	Steigerung der Verfügbarkeit	ja	-			

GE = Grundlagenentwicklung
IBF = Industrielle Basisforschung
AFE = Angewandte Forschung und Entwicklung
MR = Marktreife

g = gering
m = mittel
h = hoch

DL = Dienstleistung
Inst. = Institut
GU = Großunternehmen
KMU = kleine und mittlere Unternehmen

Bild 5-14: Beurteilung der Bauelemente der Faseroptik

5.2 Orientierung einzelwirtschaftlicher FuE-Strategien

5.2.1 Verwendung der Technometrie-Indikatoren im Rahmen der Technologie-Portfolio-Analyse

Die im Rahmen dieser Untersuchung entwickelte **Technometrie** dient u.a. als Verfahren zur Charakterisierung von Mikrotechniken und ihrer Einordnung in den Technologie-Lebenszyklus. Die vorangestellten Ergebnisse zu den FuE-Bedarfen einzelner Mikrotechniken geben jeweils einzeln betrachtet substantielle Hinweise zu den Weiterentwicklungspotentialen der Einzeltechniken und ihrer Kombinationen im Hinblick auf MST-Anwendungen (vgl. Kapitel 2.3) und stellen damit auch aus einzelwirtschaftlicher Sicht eine Grundlage für die Beurteilung von Entwicklungsrisiken oder generell für die Orientierung der FuE-Aktivitäten dar.

Bild 5-15 zeigt vor diesem Hintergrund in einer Übersicht den Verwendungszusammenhang der Technometrie-Indikatoren bei der Erstellung eines **Technologie-Portfolios** (der Anwendungsbereich der Technometrie ist im Bild 5-15 durch die dreidimensionalen Rahmen dargestellt).

> Das **Technologie-Portfolio-Konzept** ist ein Instrument zur Integration von Technologieaspekten in den strategischen Analyse- und Planungsprozeß [5-2].

Die Technometrie-Indikatoren stellen aus einzelwirtschaftlicher Sicht eine wesentliche Daten- und Informationsgrundlage für die Beurteilung der **Technologieattraktivität** der einzelnen Mikrotechniken dar. Sie liefern insbesondere Hinweise zur Beurteilung des technischen Risikos, der erforderlichen FuE-Investitionen, der Eintrittsbarrieren sowie des Anwendungsstandes und charakterisieren den Typ der erforderlichen Entwicklungsanforderungen (vgl. nochmals Bild 2-6).

> Die **Technologieattraktivität** bezeichnet die Summe aller technisch-wirtschaftlichen Vorteile, die durch das Ausschöpfen der in einem Technologiegebiet steckenden strategischen Weiterentwicklungsmöglichkeiten noch gewonnen werden können. Sie wird beispielsweise durch die Indikatoren
> - naturwissenschaftlich-technisches Weiterentwicklungspotential,
> - notwendiger Zeitbedarf bis zur Anwendungsreife,
> - Anwendungsbreite,
> - Entwicklungsrisiko,
> - Kompatibilität mit anderen inkorporierten Technologien
>
> dargestellt (Vgl. zur Definition der Technologieattraktivität [5-3].).

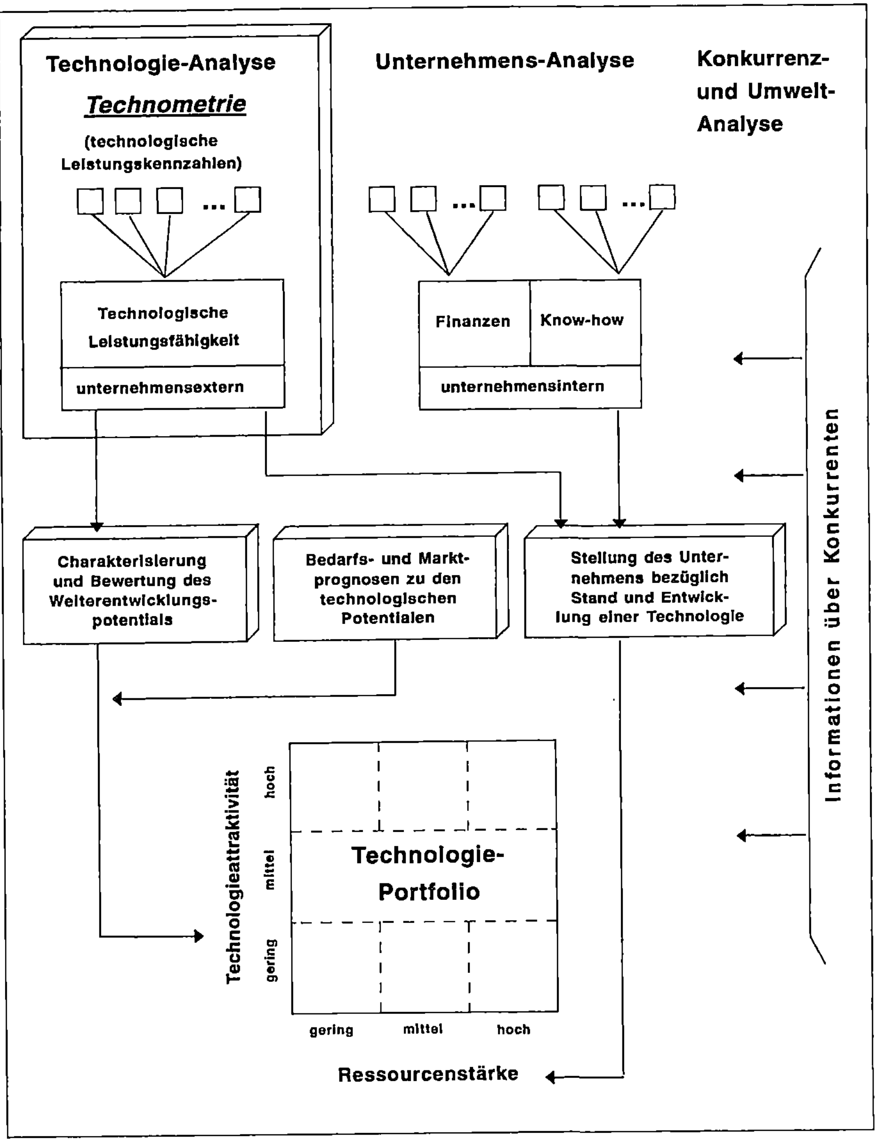

Bild 5-15: Verwendung der Technometrie-Indikatoren im Rahmen der Technologie-Portfolio-Analyse. Quelle: [5-5]

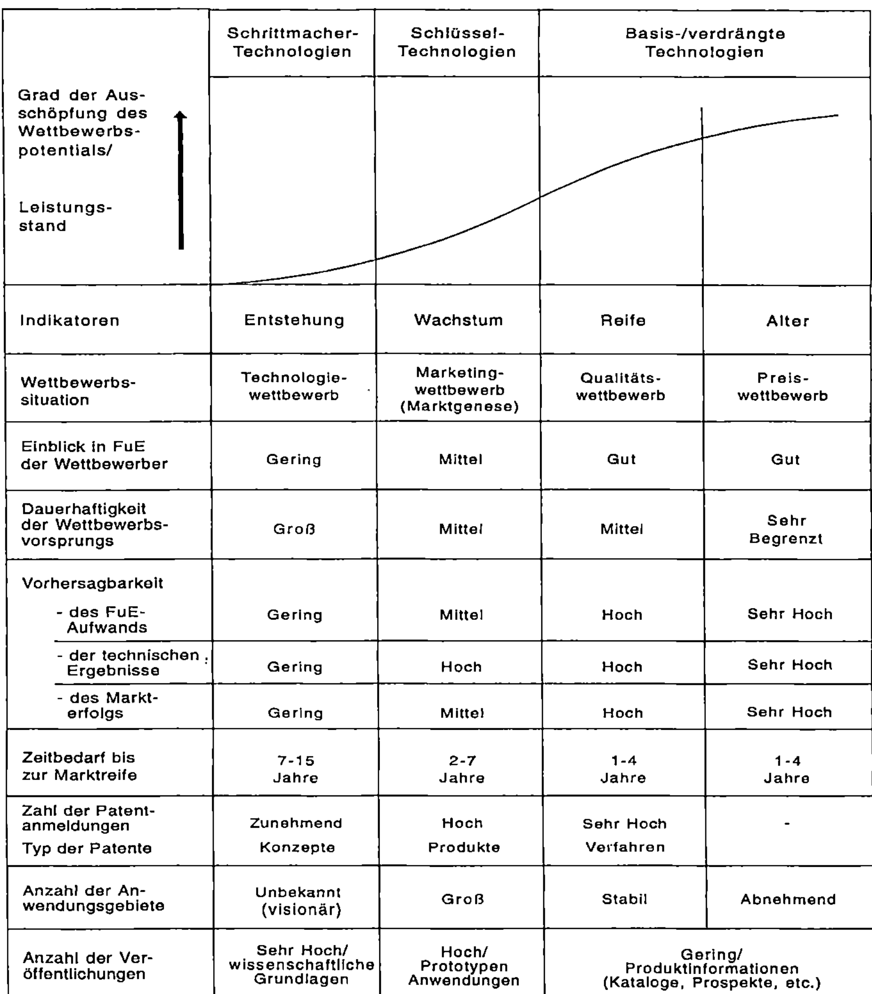

	Schrittmacher-Technologien	Schlüssel-Technologien	Basis-/verdrängte Technologien	
Grad der Ausschöpfung des Wettbewerbspotentials/ Leistungsstand				
Indikatoren	Entstehung	Wachstum	Reife	Alter
Wettbewerbssituation	Technologiewettbewerb	Marketingwettbewerb (Marktgenese)	Qualitätswettbewerb	Preiswettbewerb
Einblick in FuE der Wettbewerber	Gering	Mittel	Gut	Gut
Dauerhaftigkeit der Wettbewerbsvorsprungs	Groß	Mittel	Mittel	Sehr Begrenzt
Vorhersagbarkeit - des FuE-Aufwands	Gering	Mittel	Hoch	Sehr Hoch
- der technischen Ergebnisse	Gering	Hoch	Hoch	Sehr Hoch
- des Markterfolgs	Gering	Mittel	Hoch	Sehr Hoch
Zeitbedarf bis zur Marktreife	7-15 Jahre	2-7 Jahre	1-4 Jahre	1-4 Jahre
Zahl der Patentanmeldungen Typ der Patente	Zunehmend Konzepte	Hoch Produkte	Sehr Hoch Verfahren	-
Anzahl der Anwendungsgebiete	Unbekannt (visionär)	Groß	Stabil	Abnehmend
Anzahl der Veröffentlichungen	Sehr Hoch/ wissenschaftliche Grundlagen	Hoch/ Prototypen Anwendungen	Gering/ Produktinformationen (Kataloge, Prospekte, etc.)	

Bild 5-16: Markt- und wettbewerbsbezogene Indikatoren im Technologie-Lebenszyklus

Zur Ableitung einzelwirtschaftlicher FuE-Strategien sind im Rahmen der Modellierung eines Technologie-Portfolios neben derartigen Technologiedaten und -kennzahlen ergänzende Informationen zur Beurteilung der unternehmensbezogenen **Ressourcenstärke** (insbesondere Finanzpotential und Technologie-know-how), der Markt- und Konkurrenzsituation etc. notwendig, um eine integrierte Betrachtung von Technologie- und Marktaspekten zu ermöglichen (vgl. Bild 5-15, auf deren Systematisierung, Erfassung und Verwendung im Rahmen dieser Studie jedoch nicht eingegangen werden kann. Informationen über das Marktpotential einzelner Mikrotechniken sind z.T. den "Technologiestudien in der MST" zu entnehmen (vgl. Anlage 3)).

Die **Ressourcenstärke** ist ein Maß für die technische und wirtschaftliche Stärke oder Schwäche des eigenen Unternehmens bzgl. einer Technologie, insbesondere im Verhältnis zur wichtigsten Konkurrenz. Sie wird bestimmt durch die Indikatoren
- technisch-qualitativer Beherrschungsgrad,
- technische, finanzielle, personelle Potentiale,
- Leistungsfähigkeit der eigenen FuE-Abteilung,
- Besitz von Patenten und anderen Schutzrechten,
- Zugang zu externen Know-how-Quellen und potentiellen Kooperationspartnern,
- Verfügbarkeit von Komplementärtechnologien.
(Vgl. zur Definition der Ressourcenstärke [5-4].)

Ergänzende Indikatoren zur Charakterisierung der Technologien in den Phasen des Technologie-Lebenszyklus sind in Bild 5-16 aufgeführt. Bild 5-16 ergänzt die bereits in Bild 2-6 dargestellten Technometrie-Indikatoren um zusätzliche markt- und wettbewerbsbezogene Indikatoren [5-6].

5.2.2 Verwendung der Technometrie-Indikatoren im Rahmen von Make-Or-Buy-Entscheidungen in der MST

Im Technologie-Portfolio wird die (unternehmensexterne) Technologieattraktivität der (unternehmensinternen) Ressourcenstärke bzw. der relativen Technologieposition des Unternehmens gegenübergestellt (vgl. Bild 5-15), um Handlungsoptionen für FuE-Prioritäten und Ressourcenzuteilungen sowie Hinweise für grundsätzliche Technologiestrategien erarbeiten zu können.

Ein Teilaspekt dieser grundsätzlichen Technologiestrategien ist die Ausrichtung des Unternehmens im Hinblick auf die Problematik der (externen) technologischen Wissensgewinnung und damit auf die Frage, welche Handlungsmöglichkeiten sich im Spiegel des jeweiligen technischen Leistungsstandes (bzw. des erwarteten Wettbewerbspotentials) und der derzeit verfügbaren internen Ressourcen (Finanz- und Know-how-Potential) für eine "Eigenfertigung" oder einen "Fremdbezug" von Technologie-Knowhow eröffnen.

Hierzu zunächst noch einmal ein Blick auf den Technologie-Lebenszyklus (vgl. nochmals Bild 5-16):

❏ **Technologien in der Entstehungsphase** (Schrittmacher-Technologien) können sich noch mit einer hohen technologischen Veränderungsrate entwickeln. Die Unsicherheit über die technische Leistungsfähigkeit ist i.allg. noch sehr hoch, die Anzahl der Anwendungsgebiete noch weitgehend unbekannt. Werden bestehende Grundlagenprobleme gelöst, bergen diese Technologien eine hohe Attraktivität, da der Grad des ausgeschöpften Marktpotentials noch sehr gering ist. Schrittmachertechnologien haben demnach ein erkennbares zukünftiges Wettbewerbspotential, ihre Integration als Produkt- und Prozeßtechnologien steht jedoch erst am Anfang. Bei Technologien in der Entstehungs- und frühen Wachstumsphase herrscht intensiver Technologiewettbewerb. Wollen Unternehmen bereits in dieser Phase Wettbewerbsvorsprünge erzielen, ist mit signifikant hohen FuE-Aufwendungen und entsprechenden Risiken zu rechnen. Technologische Durchbrüche in diesen Feldern verhelfen Unternehmen für den späteren Wettbewerb zu ausschlaggebenden Erfolgspotentialen (früher Markteintritt etc.), sind aber aufgrund der hohen FuE-Investitionen und der technisch-wirtschaftlichen Risiken i.d.R. nicht im "Alleingang" zu bewältigen.

❏ **Technologien in der Wachstumsphase** (Schlüssel-Technologien) gehen bereits in erste Prototypen und in die Produktentwicklung ein. Von ihnen geht eine signifikante Beeinflussung des gegenwärtigen Wettbewerbes aus. Die FuE-Aufwendungen sind i.allg. sehr hoch, die Anzahl der (möglichen) Anwendungsgebiete groß, das technische Risiko kalkulierbar, so daß sich die größten Möglichkeiten zur Differenzierung unter Wettbewerbern bietet. Diese Phase ist zugleich gekennzeichnet durch einen Übergang vom Technologie- in den Marketing- und Qualitätswettbewerb.

❏ Mit zunehmender Verbreitung (sog. Basis-Technologien in der **"späten Wachstumsphase"**) nimmt auch der Grad der Erreichung ihres Wettbewerbspotentials zu. Basis-Technologien sind häufig allgemein verfügbar und werden von den Wettbewerbern in etwa gleichem Maße beherrscht. Kennzeichen für diese Phase ist ihr Einsatz in der Massenproduktion und die fortschreitende Automatisierung von Prozeßschritten verbunden mit einem Übergang vom Marketing- in den Preiswettbewerb.

❏ Mit zunehmender Reife nimmt die Attraktivität dieser Technologien ab, da sie die Grenze ihrer Leistungsfähigkeit erreicht haben ("**Reifephase**") und durch andere Technologien absehbar verdrängt werden ("**Degenerations-bzw. Altersphase**").

Vor diesem Hintergrund eröffnen sich aus einzelwirtschaftlicher Sicht verschiedene Einstiegsstrategien in neue Technologiefelder der MST. Die Wahl der Einstiegsform wird dabei von den diagnostizierten Entwicklungsrisiken und FuE-Aufwendungen, der Verteilung der Prozeßkompetenz in Wissenschaft und Industrie, der Verfügbarkeit von Prozeßschritten als technische Dienstleistung und den eigenverfügbaren Ressourcen abhängig sein.

Zur Ableitung von Make-Or-Buy-Strategien in der MST aus einzelwirtschaftlicher Sicht bietet sich dabei analog zur oben beschriebenen Technologie-Portfolio-Analyse die Interpretation der Felder der in der technometrischen Analyse entwickelten FuE-Portfolios nach folgendem Muster an (vgl. Bild 5-17):

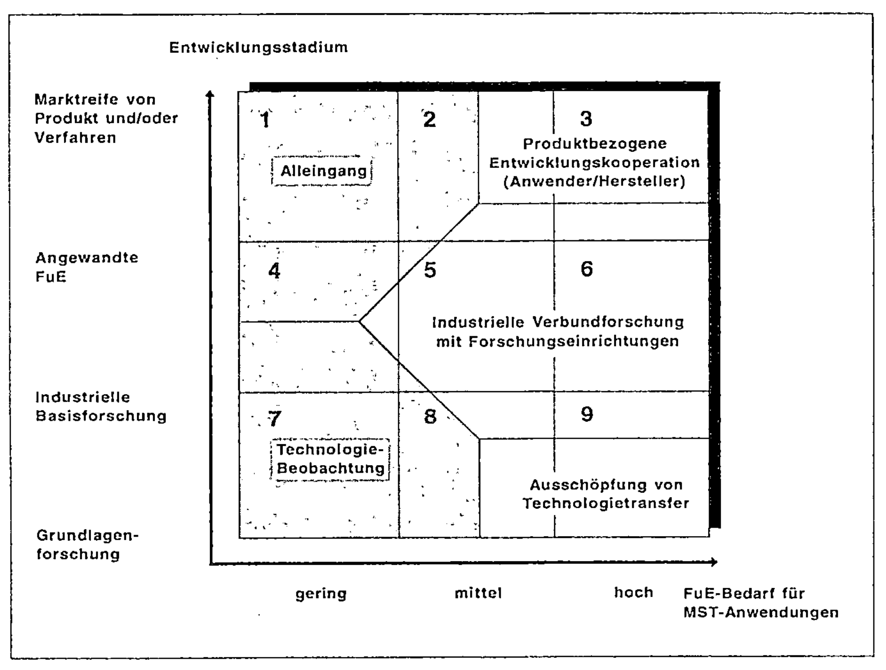

Bild 5-17: Handlungsmöglichkeiten für Make-Or-Buy-Entscheidungen beim Einstieg in MST-Technologien

❑ **Felder 4,7,8: Systematische Beobachtung neu entstehender Technologien**, deren Anwendungsrelevanz derzeit noch nicht vollständig abgeschätzt werden kann.

❑ **Felder 8,9: Effektive Ausschöpfung von Technologietransfer**, d.h. intensive aktive Informationsgewinnung über Schrittmacher-Technologien mit hoher Anwendungsrelevanz über die Arbeit von Forschungseinrichtungen etc.

❑ **Felder 5,6: Industrielle Verbundforschung** zur vorwettbewerblichen Technologie-Entwicklung (z.B. zur Verbesserung der Funktionsfähigkeit und Klärung der Anwendungspotentiale der Technologien) in Zusammenarbeit mit wissenschaftlichen Forschungseinrichtungen. In grundlagennahen FuE-Vorhaben mit erheblichen technischen Risiken und extrem hohen FuE-Aufwendungen bieten sich dabei auch horizontale Kooperationen (unter Konkurrenten) an.

❑ **Feld 1: "Potentieller Alleingang"**: Mit zunehmender Reife der Technologien nehmen die FuE-Risiken tendenziell ab. Bei einigen etablierten Technologien herrschen jedoch erhebliche Schwellenprobleme und bereits ein scharfer Preiswettbewerb (z.B. C-MOS Chipherstellung mit erforderlichen Investitionen von über 10 Mio. DM). Der "potentielle Alleingang" zur Umsetzung der Technologien in Prozeß- und Produktinnovationen hängt dann von der eigenen Ressourcenstärke (technologisches Know-how etc.), der Teilbarkeit der Technologien (Möglichkeit zur schrittweisen Einführung), der Verfügbarkeit technischer Dienstleistungen für (Teil-)Prozeßschritte und der erwarteten Verbesserung des Problemlösungspotentials sowie des Kosten-/Nutzenverhältnisses ab.

❑ **Felder 2,3: Produktbezogene Entwicklungs-Kooperationen** wie z.B: Hersteller-Anwender-Kooperationen, horizontale Kooperationen, Auftragsvergabe an technische Dienstleister bieten sich insbesondere bei relativ weit entwickelten Technologien an, deren Anwendungsrelevanz als hoch eingestuft wird, für die aber noch produktspezifische Anpassungsentwicklungen zu leisten sind.

Aufgrund der Vielzahl und der Komplexität der technischen Themenfelder in der MST, aber auch der Vielzahl möglicher Anwendungsfelder und unterschiedlicher Ausgangssituationen der Unternehmen im Feld der MST ist eine weitere Präzisierung von Handlungsoptionen an dieser Stelle weder sinnvoll noch möglich.

Die vorgenannten Handlungsoptionen ersetzen damit nicht die unternehmerische Entscheidung, in bestimmte Technologiefelder zu investieren. Die dargestellten Instrumente für das einzelwirtschaftliche Technologie-Management bereiten jedoch die Basis für eine systematische Informationsgewinnung über Chancen und Risiken beim Einstieg in die neuen Technologiefelder der MST.

Die im Rahmen dieser Untersuchung entwickelte Technometrie leistet dazu einen wichtigen Beitrag, da sie über die breite Erfassung im Rahmen von Technologieanalysen und Expertenbefragungen verobjektivierte Daten und Informationen zum Stand und zur Entwicklung der Technologien für Mikrosysteme liefert.

6 Struktur und Nutzung der Datenblätter

Die einzelnen Felder der Datenblätter (Kapitel 6) sowie der Tabellen (Kapitel 5.1) zur Technometrie (vgl. hierzu auch nochmals Bild 2-2) wurden nach folgenden Kriterien ausgefüllt:

Die Datenblätter in Kapitel 6 bilden die Basis der Analyse:

Anhand der den Einzeltechniken zugeordneten Code-Nr. ist eine Zuordnung zur Baumstruktur der jeweiligen Technik sowie ein Verweis zu Techniken aus anderen Themenfeldern der Mikrosystemtechnik möglich.

Die **Kriterien** dienen zur Operationalisierung der Leistungsfähigkeit der Einzeltechniken bzw. Bauelemente.

Die **Maßeinheit** gibt metrische, ordinale und nominale Skalierungseinheiten zur Klassifizierung und zur Messung der einzelnen Kriterien an.

Der **Istwert** t_0 gibt den gegenwärtig erreichten Leistungsstand in Forschung und/oder Industrie zum Zeitpunkt t_0 (d.h. zum Zeitpunkt der Erhebung der Daten 1991/92) an.

Der **Kommentar** nimmt Spezifizierungen, Erläuterungen von Rahmenbedingungen etc. zu Einzelkriterien vor oder nennt Richt- und Tendenzwerte, die nach Einschätzung der Experten für die Weiterentwicklung der Istwerte im Hinblick auf MST-Anwendungen wünschens- bzw. erstrebenswert sind.

Der angegebene **Marktpreis für Anlagenbeschaffung/Bauelemente** bezieht sich auf Katalogpreise bzw. Angaben aus verfügbaren Technologie- und Marktstudien (siehe auch Anlage 3), gilt meist für sehr flexible Maschinen und ist als Richtpreis zu verstehen. Oftmals sind auch weniger komplexe oder gebrauchte Anlagen einsetzbar, die zu deutlich niedrigeren Kosten erhältlich sind. Ergänzende Investitionskosten (z.B. für Klima- und Medienversorgung oder Reinraumtechnik) sind unberücksichtigt.

Die Tabellen in Kapitel 5.1 bauen auf diesen Daten in folgender Weise auf:

Das **Themenfeld** bezeichnet die übergeordnete Mikrotechnik, das Einzelthema das einzelne Blatt der Baumstruktur.

Das **Entwicklungsstadium** des Prozeßschrittes bzw. Bauelementes wird differenziert nach vier Entwicklungsstadien:

- GrundlagenEntwicklung: Erweiterung der allgemeinen wissenschaftlichen und technischen Kenntnisse, die nicht auf industrielle oder kommerzielle Ziele ausgerichtet ist

- Industrielle BasisForschung: eigenständige theorerische oder experimentelle Arbeit, deren Ziel es ist, neues oder besseres Verständnis der Gesetze von Wissenschaft und Technik einschließlich ihrer Anwendung auf einen Industriesektor oder die Tätigkeiten eines bestimmten Unternehmens zu gewinnen

- Angewandte Forschung und Entwicklung: Forschungs- oder Experimentierarbeiten auf der Basis der Ergebnisse der industriellen Basisforschung mit dem Zweck, neue Erkenntnisse zu gewinnen, um die Erreichung spezifischer praktischer Ziele wie Kreation neuer Produkte, Produktionsverfahren oder Dienstleistungen, zu erleichtern

- MarktReife: Die Prozesse/Materialien/Bauteile sind weitgehend markteingeführt, werden zur Produktentwicklung eingesetzt.

Der **FuE-Bedarf für MST-Anwendungen** wird als **gering**, **mittel** oder **hoch** eingestuft (vgl. ausführlich die Beschreibung in Kap. 5.1.).

Die **Qualitative Beschreibung des FuE-Bedarfs** liefert ergänzende Informationen zur Einzeltechnik und weist ggf. auf besondere Problembereiche und Entwicklungsbedarfe der Einzeltechnik im Hinblick auf MST-Anwendungen hin.

Die **Verfügbarkeit der Technologie** gibt an, ob (Komplett-) **Anlagen** zur Durchführung des Prozeßschrittes bzw. Prozesses kommerziell erhältlich bzw. **Bauelemente** über Distributoren verfügbar sind und/oder Prozesse/Prozeßschritte als **Technische Dienstleistung** von (kommerziellen) Dienstleistern angeboten werden.

Der **Anwendungsstand** der Einzeltechnik **in** Wissenschaft und Wirtschaft bemißt sich danach, ob eine Technologie angewendet wird in einem

- **Institut,** d.h. einer wissenschaftlichen Forschungseinrichtung oder Großforschungseinrichtung,

- einem GroßUnternehmen, d.h. einem Unternehmen mit einem Umsatz von mehr als 1 Mrd. DM, oder

- in einem Kleinen und/oder Mittelständischen Unternehmen, d.h. in einem Unternehmen mit weniger als 1000 Mitarbeitern.

Die Einstufung des Entwicklungsstadiums, des FuE-Bedarfes und des Anwendungsstandes ist mit einem **X** gekennzeichnet. Die Verfügbarkeit der Anlagen/Bauelemente sowie die Verfügbarkeit der Prozeßschritte als Dienstleistung ist mit **Ja**, **Nein** oder - (entfällt) angegeben. In den Fällen, in denen keine Angabe erfolgt, sind keine diesbezüglichen Informationen vorhanden oder bekannt.

6.1 Integrierte Optik

6.1.1 Integrierte Optik auf Glas

Substrateigenschaften: Glas			IO 1.1.1
Kriterium	*Maßeinheit*	*Istwert t_0*	*Kommentar*
Oberflächenqualität	A (rms)	10	
Schlierenfreiheit (Klassen)	j / n	ja	
Scheibendurchmesser	Zoll	3	
Globale Ebenheit	μm	6	
Lokale Ebenheit	μm	2	
Dämpfung	dB / cm	< 0,01	
Lokale Brechzahlschwankung		10^{-7}	
Substratdickenvariation	2mm ± X μm	0,1	
Marktpreis für Anlagenbeschaffung/Bauelemente: 10 - 50 DM			

Wellenleiterherstellung - Strukturierung:

Fotolithographie			IO 1.1.2.1.1
Kriterium	*Maßeinheit*	*Istwert t_0*	*Kommentar*
Vgl. HL 1.1.4.1.1.1 Vgl. HL 1.1.4.1.1.2			

Schichterzeugung			IO 1.1.2.1.2
Kriterium	*Maßeinheit*	*Istwert t_0*	*Kommentar*
Vgl. Sch 1.1.1			

Ätzverfahren			IO 1.1.2.1.3
Kriterium	*Maßeinheit*	*Istwert t_o*	*Kommentar*
Vgl. Sch 1.1.2.3.1 Vgl. Sch 1.1.2.3.2			

Verfahren zur Brechzahleinstellung:

Flammenhydrolyse			IO 1.1.2.2.1
Kriterium	*Maßeinheit*	*Istwert t_o*	*Kommentar*
<u>Verfahren</u> Reproduzierbarkeit Reinheit <u>Eigenschaften des Wellenleiters</u> Dämpfung Doppelbrechung (mechanische Spannung) Temperaturkonstanz	% ppm dB / cm N / cm² °C		hängt von den Komponenten ab

Ionenaustausch			IO 1.1.2.2.2
Kriterium	*Maßeinheit*	*Istwert t_o*	*Kommentar*
<u>Verfahren</u> Reproduzierbarkeit Reinheit <u>Eigenschaften des Wellenleiters</u> Dämpfung Doppelbrechung (mechanische Spannung) Temperaturkonstanz	% ppm dB / cm N / cm² °C	PA 0,1 10^{-5} 2-3	hängt von den Komponenten ab Werte < 0,01 sind erwünscht < 1 erwünscht
Marktpreis für Anlagenbeschaffung/Bauelemente: Komponenten: 100 TDM			

Ionenimplantation			IO 1.1.2.2.3
Kriterium	*Maßeinheit*	*Istwert t_o*	*Kommentar*
<u>Verfahren</u> Reproduzierbarkeit Reinheit vgl. auch HL 1.1.3.2 <u>Eigenschaften des Wellenleiters</u> Dämpfung Doppelbrechung (mechanische Spannung) Temperaturkonstanz	% ppm dB / cm N / cm² °C	± 1 0,1 10^{-5}	die erreichten Werte sind für MST-Anwendungen ausreichend Werte < 0,01 sind erwünscht die erreichten Werte sind für MST-Anwendungen ausreichend

Sol-Gel-Prozeß			IO 1.1.2.2.4
Kriterium	*Maßeinheit*	*Istwert t_0*	*Kommentar*
<u>Verfahren</u> vgl. Sch. 1.2.1.3 <u>Eigenschaften des Wellenleiters</u> Dämpfung Doppelbrechung (mechanische Spannung) Temperaturkonstanz	 dB / cm N / cm² °C	 1 10^{-5} 2-3	

6.1.2 Integrierte Optik auf Silizium

Substrateigenschaften: Silizium			IO 1.2.1
Kriterium	*Maßeinheit*	*Istwert t_0*	*Kommentar*
Vgl. HL 1.1.1.2			

Wellenleiterherstellung <u>auf</u> dem Si-Substrat: Strukturierung

Fotolithographie			IO 1.2.2.1.1.1
Kriterium	*Maßeinheit*	*Istwert t_0*	*Kommentar*
Vgl. HL 1.1.4.1.1.1 Vgl. HL 1.1.4.1.1.2			

Schichterzeugung			IO 1.2.2.1.1.2
Kriterium	*Maßeinheit*	*Istwert t_0*	*Kommentar*
Vgl. Sch 1.1.1			

Ätzverfahren			IO 1.2.2.1.1.3
Kriterium	*Maßeinheit*	*Istwert t_0*	*Kommentar*
Vgl. Sch 1.1.2.3.1 Vgl. Sch 1.1.2.3.2			

Wellenleiterherstellung im Si-Substrat: Strukturierung

Fotolithographie			IO 1.2.2.2.1.1.
Kriterium	*Maßeinheit*	*Istwert t_o*	*Kommentar*
Vgl. HL 1.1.4.1.1.1 Vgl. HL 1.1.4.1.1.2			

Schichterzeugung			IO 1.2.2.2.1.2
Kriterium	*Maßeinheit*	*Istwert t_o*	*Kommentar*
Vgl. HL 1.1.2.1 Vgl. HL 1.1.2.2 Vgl. HL 1.1.2.3			

Ätzverfahren			IO 1.2.2.2.1.3
Kriterium	*Maßeinheit*	*Istwert t_o*	*Kommentar*
Vgl. HL 1.1.4.2.1 Vgl. HL 1.1.4.2.2			

Wellenleiterherstellung im Si-Substrat - Verfahren zur Brechzahleinstellung:

Diffusion			IO 1.2.2.2.2.1
Kriterium	*Maßeinheit*	*Istwert t_o*	*Kommentar*
Verfahren			
Gleichmäßigkeit der Dotierung	%	± 5	
Reproduzierbarkeit der Dotierung	%	± 5	
Durchsatz	Wafer / h	50	
Eigenschaften des Wellenleiters			
Dämpfung	dB / cm		
Doppelbrechung (mechanische Spannung)	N / cm^2		
Temperaturkonstanz	°C		

Ionenimplantation			IO 1.2.2.2.2.2
Kriterium	*Maßeinheit*	*Istwert t_o*	*Kommentar*
Verfahren			
Reproduzierbarkeit	%	± 1	die erreichten Werte sind für MST-Anwendungen ausreichend
Reinheit	ppm		
Eigenschaften des Wellenleiters			
Dämpfung	dB / cm	0,1	Werte < 0,01 sind erwünscht
Doppelbrechung (mechanische Spannung)	N / cm²	10^{-5}	die erreichten Werte sind für MST-Anwendungen ausreichend
Temperaturkonstanz	°C		

Flammenhydrolyse			IO 1.2.2.2.2.3
Kriterium	*Maßeinheit*	*Istwert t_o*	*Kommentar*
Verfahren			
Reproduzierbarkeit	%		
Reinheit	ppm		hängt von den Komponenten ab
Eigenschaften des Wellenleiters			
Dämpfung	dB / cm		
Doppelbrechung (mechanische Spannung)	N / cm²		
Temperaturkonstanz	°C		

6.1.3 Integrierte Optik auf Lithiumniobat

Substrateigenschaften: Lithiumniobat			IO 1.3.1
Kriterium	*Maßeinheit*	*Istwert t_o*	*Kommentar*
Substratgröße	mm / Zoll	2 / 3	die erreichten Werte sind für MST-Anwendungen ausreichend
Reinheit	ppm	< 5	die Werte gelten für Übergangsmetalle
Homogenität	mol %	± 0,02	Werte << 1 erwünscht
Brechungsindexvariation	n0 ± X	0,0002	die erreichten Werte sind für MST-Anwendungen ausreichend
Genauigkeit der Orientierung	Minuten (')	± 30	die erreichten Werte sind für MST-Anwendungen ausreichend
Oberflächenrauhigkeit	μm	7	die erreichten Werte sind für MST-Anwendungen ausreichend
Marktpreis für Anlagenbeschaffung/Bauelemente: < 1.000 DM			

Wellenleiterherstellung - Strukturierung:

Fotolithographie			IO 1.3.2.1.1
Kriterium	*Maßeinheit*	*Istwert t_0*	*Kommentar*
Vgl. HL 1.1.4.1.1.1 Vgl. HL 1.1.4.1.1.2			

Schichterzeugung			IO 1.3.2.1.2
Kriterium	*Maßeinheit*	*Istwert t_0*	*Kommentar*
Vgl. Sch 1.1.1			

Ätzverfahren			IO 1.3.2.1.3
Kriterium	*Maßeinheit*	*Istwert t_0*	*Kommentar*
Vgl. Sch 1.1.2.3.1 Vgl. Sch 1.1.2.3.2			

Verfahren zur Brechzahleinstellung:

Titan-Diffusion			IO 1.3.2.2.1
Kriterium	*Maßeinheit*	*Istwert t_0*	*Kommentar*
Verfahren			
Gleichmäßigkeit der Dotierung	%	± 5	Werte von ± 1 erwünscht
Reproduzierbarkeit der Dotierung	%	± 5	Werte von ± 1 erwünscht
globaler Verlust	dB / cm	< 0,5	Für Resonatoren wird ein Wert < 0,03 gewünscht
Eigenschaften des Wellenleiters			
Dämpfung	dB / cm		
Doppelbrechung (mechanische Spannung)	N / cm^2		
Temperaturkonstanz	°C		

Protonenaustausch			IO 1.3.2.2.2
Kriterium	*Maßeinheit*	*Istwert t_0*	*Kommentar*
Verfahren			
Gleichmäßigkeit der Dotierung	%	± 5	Werte von ± 1 erwünscht
Reproduzierbarkeit der Dotierung	%	± 5	Werte von ± 1 erwünscht
Eigenschaften des Wellenleiters			
Dämpfung	dB / cm		
Doppelbrechung (mechanische Spannung)	N / cm^2		
Temperaturkonstanz	°C		

Ionenimplantation			IO 1.3.2.2.3
Kriterium	*Maßeinheit*	*Istwert t_0*	*Kommentar*
<u>Verfahren</u> Reproduzierbarkeit Reinheit <u>Eigenschaften des Wellenleiters</u> Dämpfung Doppelbrechung (mechanische Spannung) Temperaturkonstanz	% ppm dB / cm N / cm² °C	 -	

6.1.4 Integrierte Optik auf III-V-Halbleitern

Substrateigenschaften: III-V-Halbleiter			IO 1.4.1
Kriterium	*Maßeinheit*	*Istwert t_0*	*Kommentar*
Waferdurchmesser Genauigkeit der Orientierung Globale Ebenheit Lokale Ebenheit	Zoll Grad µm µm	2 ± 1 10 5	die Werte gelten für GaAs
Marktpreis für Anlagenbeschaffung/Bauelemente: 500 DM			

Wellenleiterherstellung - Strukturierung und Brechzahleinstellung:

Fotolithographie			IO 1.4.2.1.1
Kriterium	*Maßeinheit*	*Istwert t_0*	*Kommentar*
Vgl. HL 1.1.4.1.1.1 Vgl. HL 1.1.4.1.1.2			

Schichterzeugung			IO 1.4.2.1.2
Kriterium	*Maßeinheit*	*Istwert t_0*	*Kommentar*
Gleichmäßigkeit der Abscheidung Reproduzierbarkeit der Abscheidung Flächendurchsatz Kantenbedeckung (-Winkel) Haftung Porenfreiheit Einstellbarkeit des Gefüges Schichtspannung	% % m² / h grad 1 / cm² dyn / cm²		 abhängig vom Materialsystem sollte von amorph bis mikro- kristallin reichen
Marktpreis für Anlagenbeschaffung/Bauelemente: > 1 Mio. DM			

Ätztechniken			IO 1.4.2.1.3
Kriterium	*Maßeinheit*	*Istwert t_0*	*Kommentar*
Selektivität (Verhältnis der Ätzraten) Ätzrate Partikel Homogenität vgl. auch Sch. 1.1.2.3.2	µm / min 1 / cm^2 %		materialspezifisch materialspezifisch prozeßspezifisch
Marktpreis für Anlagenbeschaffung/Bauelemente: 500 TDM			

6.1.5 Integrierte Optik auf Polymeren

Substrateigenschaften: Polymere			IO 1.5.1
Kriterium	*Maßeinheit*	*Istwert t_0*	*Kommentar*
Dämpfung	dB / cm	< 0,01	gilt für Polymerfilme auf Glassubstrat

Wellenleiterherstellung - Strukturierung:

Fotolithographie			IO 1.5.2.1.1
Kriterium	*Maßeinheit*	*Istwert t_0*	*Kommentar*
Vgl. HL 1.1.4.1.1.1 Vgl. HL 1.1.4.1.1.2			

Schichterzeugung			IO 1.5.2.1.2
Kriterium	*Maßeinheit*	*Istwert t_0*	*Kommentar*
Vgl. Sch 1.1.1			

Präge-/Abdrucktechniken			IO 1.5.2.1.3
Kriterium	*Maßeinheit*	*Istwert t_0*	*Kommentar*
Verfahren Auflösungsvermögen Flächendurchsatz Eigenschaften des Wellenleiters Dämpfung Doppelbrechung (mechanische Spannung) Temperaturkonstanz	µm cm^2 / h dB / cm N / cm^2 °C		

6.2 Schichttechniken

6.2.1 Dünnfilmtechnik

Thermische Schichterzeugung			Sch 1.1.1.1
Kriterium	*Maßeinheit*	*Istwert t_O*	*Kommentar*
Isolatorschichten			
Gleichmäßigkeit der Schicht	%	± 5	
Reproduzierbarkeit	%	± 5	
Flächendurchsatz	cm² / h	> 2.000	
Schichtspannung	dyn / cm²	> 5x10⁸	
Vgl. auch HL 1.1.2.1			
Marktpreis für Anlagenbeschaffung/Bauelemente: > 500 TDM			

Physikalische Schichtabscheidung:

Ion-Cluster-Beam			Sch 1.1.1.2.1
Kriterium	*Maßeinheit*	*Istwert t_O*	*Kommentar*
Gleichmäßigkeit der Abscheidung	%	± 5	
Reproduzierbarkeit der Abscheidung	%	± 5	
Flächendurchsatz	cm² / h	300	
Kantenbedeckung (-Winkel)	Grad	70	
Haftung			abhängig vom Materialsystem (es existiert keine Norm für Kriterien)
Porenfreiheit	1 / cm²		
Einstellbarkeit des Gefüges			sollte von amorph bis mikro-kristallin reichen
Schichtspannung	dyn / cm²	> 5x10⁸	
Marktpreis für Anlagenbeschaffung/Bauelemente: > 1 Mio. DM			

Hochvakuum-Abdampfen   Sch 1.1.1.2.2

Kriterium	Maßeinheit	Istwert t_0	Kommentar
Gleichmäßigkeit der Abscheidung	%	± 5	
Reproduzierbarkeit der Abscheidung	%	± 5	
Flächendurchsatz	m² / h	> 1	
Kantenbedeckung (-Winkel)	Grad		
Haftung			abhängig vom Materialsystem (es existiert keine Norm für Kriterien)
Porenfreiheit	1 / cm²		
Einstellbarkeit des Gefüges			sollte von amorph bis mikro-kristallin reichen
Schichtspannung	dyn / cm²	> 5x10⁸	

Marktpreis für Anlagenbeschaffung/Bauelemente: 500 TDM

Sputtern   Sch 1.1.1.2.3

Kriterium	Maßeinheit	Istwert t_0	Kommentar
Gleichmäßigkeit der Abscheidung	%	± 5	
Reproduzierbarkeit der Abscheidung	%	± 5	
Flächendurchsatz	cm² / h	> 500	
Kantenbedeckung (-Winkel)	Grad	70	
Haftung			abhängig vom Materialsystem (es existiert keine Norm für Kriterien)
Porenfreiheit	1 / cm²		
Einstellbarkeit des Gefüges			sollte von amorph bis mikro-kristallin reichen
Schichtspannung	dyn / cm²	> 5x10⁸	

Marktpreis für Anlagenbeschaffung/Bauelemente: > 1 Mio. DM

Ionenstrahlgestützte Verfahren			Sch 1.1.1.2.4
Kriterium	*Maßeinheit*	*Istwert t_O*	*Kommentar*
Gleichmäßigkeit der Abscheidung	%	± 5	
Reproduzierbarkeit der Abscheidung	%	± 5	
Flächendurchsatz	cm² / h	> 500	
Kantenbedeckung (-Winkel)	Grad	70	
Haftung			abhängig vom Materialsystem (es existiert keine Norm für Kriterien)
Porenfreiheit	1 / cm²		
Einstellbarkeit des Gefüges			sollte von amorph bis mikro-kristallin reichen
Schichtspannung	dyn / cm²	> 5x10⁸	
Marktpreis für Anlagenbeschaffung/Bauelemente: Komponenten > 1 Mio. DM			

Chemische Schichtabscheidung:

CVD- Verfahren			Sch 1.1.1.3.1
Kriterium	*Maßeinheit*	*Istwert t_O*	*Kommentar*
Gleichmäßigkeit der Abscheidung	%	± 5	
Reproduzierbarkeit der Abscheidung	%	± 5	
Flächendurchsatz	cm² / h	> 10.000	
Kantenbedeckung (-Winkel)	Grad		
Haftung			abhängig vom Materialsystem (es existiert keine Norm für Kriterien)
Porenfreiheit	1 / cm²	< 1	
Einstellbarkeit des Gefüges			sollte von amorph bis mikro-kristallin reichen
Schichtspannung	dyn / cm²	> 5x10⁸	
Marktpreis für Anlagenbeschaffung/Bauelemente: > 500 TDM			

Plasma-CVD-Verfahren   Sch 1.1.1.3.2

Kriterium	Maßeinheit	Istwert t_o	Kommentar
Gleichmäßigkeit der Abscheidung	%	± 5	
Reproduzierbarkeit der Abscheidung	%	± 5	
Flächendurchsatz	cm² / h	> 10.000	
Kantenbedeckung (-Winkel)	Grad		
Haftung			abhängig vom Materialsystem (es existiert keine Norm für Kriterien)
Porenfreiheit	1 / cm²	< 10	
Einstellbarkeit des Gefüges			sollte von amorph bis mikro-kristallin reichen
Schichtspannung	dyn / cm²	> 5x10⁸	

Marktpreis für Anlagenbeschaffung/Bauelemente: > 500 TDM

Optisch induzierte chemische Abscheidung   Sch 1.1.1.3.3

Kriterium	Maßeinheit	Istwert t_o	Kommentar
Gleichmäßigkeit der Abscheidung	%	± 5	
Reproduzierbarkeit der Abscheidung	%	± 5	
Flächendurchsatz	cm² / h	> 10.000	
Kantenbedeckung (-Winkel)	Grad		
Haftung			abhängig vom Materialsystem (es existiert keine Norm für Kriterien)
Porenfreiheit	1 / cm²		
Einstellbarkeit des Gefüges			sollte von amorph bis mikro-kristallin reichen
Schichtspannung	dyn / cm²	> 5x10⁸	

Marktpreis für Anlagenbeschaffung/Bauelemente: > 500 TDM

Strukturierungstechniken:

Beschichten über Metallmasken   Sch 1.1.2.1

Kriterium	Maßeinheit	Istwert t_o	Kommentar
Justiergenauigkeit	µm	± 5	
Randschärfe	µm	5	
Wiederholte Nutzbarkeit			abhängig von Strukturgröße und Schichtdicke
Strukturgröße	µm	20	
Strukturgenauigkeit	µm	2	

Marktpreis für Anlagenbeschaffung/Bauelemente: 1 - 10 TDM

Fotolithographie			Sch 1.1.2.2
Kriterium	*Maßeinheit*	*Istwert t_O*	*Kommentar*
Vgl. HL 1.1.4.1.1.1 Vgl. HL 1.1.4.1.1.2			

Naßchemisches Ätzen			Sch 1.1.2.3.1
Kriterium	*Maßeinheit*	*Istwert t_O*	*Kommentar*
Selektivität (Verhältnis der Ätzraten) Ätzrate Reinheit der Ätzlösung Partikel Homogenität	µm / min ppm 1 / cm² %	500 250	materialspezifisch materialspezifisch prozeßspezifisch
Marktpreis für Anlagenbeschaffung/Bauelemente: > 50 TDM			

Trockenätzen			Sch 1.1.2.3.2
Kriterium	*Maßeinheit*	*Istwert t_O*	*Kommentar*
Selektivität (Verhältnis der Ätzraten) Ätzrate Partikel Homogenität	µm / min 1 / cm² %	300 ± 5	materialspezifisch materialspezifisch Partikelgröße > 0,5 µm prozeßspezifisch
Marktpreis für Anlagenbeschaffung/Bauelemente: > 1,5 Mio. DM			

Laserschneiden			Sch 1.1.2.4.1
Kriterium	*Maßeinheit*	*Istwert t_O*	*Kommentar*
Schnittgeschwindigkeit Rauhigkeit Winkel der Schnittkante zur Oberfläche Gradfreiheit Breite der Wärmeeinflußzone	mm / sec µm Grad µm		
Marktpreis für Anlagenbeschaffung/Bauelemente: > 100 TDM			

Laserinduzierte Umwandlung			Sch 1.1.2.4.2
Kriterium	*Maßeinheit*	*Istwert t_O*	*Kommentar*
Strukturgenauigkeit Durchsatz Randschärfe max. Schichtdicke	µm cm² / h µm µm	1 1 0,1	
Marktpreis für Anlagenbeschaffung/Bauelemente: > 500 TDM			

Einkristalline Substrate:

Silizium			Sch 1.1.3.1.1
Kriterium	*Maßeinheit*	*Istwert t_o*	*Kommentar*
Vgl. HL. 1.1.1.2			

Andere einkristalline Substrate			Sch 1.1.3.1.2
Kriterium	*Maßeinheit*	*Istwert t_o*	*Kommentar*
Scheibendurchmesser	Zoll	4	Die
Globale Ebenheit	µm	6	angegebenen
Lokale Ebenheit	µm	3	Werte
Totale Dickenvariation	µm	15	gelten
Durchbiegung	µm	50	für Galliumarsenid

Amorphe Substrate:

Quarz			Sch 1.1.3.2.1
Kriterium	*Maßeinheit*	*Istwert t_o*	*Kommentar*
Scheibendurchmesser	Zoll	8	
Genauigkeit der Orientierung	Grad	± 1	
Globale Ebenheit	µm	6	
Lokale Ebenheit	µm	2,7	
Totale Dickenvariation	µm	11	
Durchbiegung	µm	20	
Genauigkeit der Dotierung	%	± 15	

Glas			Sch 1.1.3.2.2
Kriterium	*Maßeinheit*	*Istwert t_o*	*Kommentar*
Scheibendurchmesser	Zoll	8	
Genauigkeit der Orientierung	Grad	± 1	
Globale Ebenheit	µm	6	
Lokale Ebenheit	µm	2,7	
Totale Dickenvariation	µm	11	
Durchbiegung	µm	20	
Genauigkeit der Dotierung	%	± 15	

Kunststoffe			Sch 1.1.3.2.3
Kriterium	*Maßeinheit*	*Istwert t_0*	*Kommentar*
Scheibendurchmesser	Zoll		
Genauigkeit der Orientierung	Grad		
Globale Ebenheit	µm		
Lokale Ebenheit	µm		
Totale Dickenvariation	µm		
Durchbiegung	µm		
Genauigkeit der Dotierung	%		

Polykristalline Substrate:

Keramik			Sch 1.1.3.3.1
Kriterium	*Maßeinheit*	*Istwert t_0*	*Kommentar*
Rauhigkeit	µm	1	
Dicke	µm	100	
Größe	cm²	1-100	
Dickenvariation	µm	10	
Ebenheit	µm	10	
Durchbiegung	µm	50	

Metalle			Sch 1.1.3.3.2
Kriterium	*Maßeinheit*	*Istwert t_0*	*Kommentar*
Rauhigkeit	µm	0,1	
Dicke	µm	< 50	
Größe	cm²	beliebig	
Dickenvariation	µm	< 1	
Ebenheit	µm	< 1	
Durchbiegung	µm	< 10	

6.2.2 Abscheiden aus der flüssigen Phase

Schichterzeugung:

Galvanik			Sch 1.2.1.1
Kriterium	*Maßeinheit*	*Istwert t_0*	*Kommentar*
Abscheiderate	µm / sec		Die Ist-Werte sind abhängig
Homogenität der Abscheidung	%		vom Prozeß
Rauhigkeit der Oberfläche	µm		(z.B. Stromdichte, Reinheit der
Reinheit der Abschneidung	ppm		Ausgangsmaterialien etc.).
Marktpreis für Anlagenbeschaffung/Bauelemente: 400 - 800 TDM			

Stromlose Abscheidung　　　　Sch 1.2.1.2

Kriterium	Maßeinheit	Istwert t_0	Kommentar
Gleichmäßigkeit	%		
Reproduzierbarkeit	%		
Flächendurchsatz	cm² / h		
Depositionsrate	nm / min		

Sol-Gel-Prozeß　　　　Sch 1.2.1.3

Kriterium	Maßeinheit	Istwert t_0	Kommentar
Gleichmäßigkeit der Abscheidung	%		Die Ist-Werte
Reproduzierbarkeit der Abscheidung	%		sind abhängig
Flächendurchsatz	cm² / h		vom
Reinheit	ppm	PA	Materialsystem.

Spin-Coating　　　　Sch 1.2.1.4

Kriterium	Maßeinheit	Istwert t_0	Kommentar
Gleichmäßigkeit der Abscheidung	%		
Reproduzierbarkeit der Abscheidung	%		
Flächendurchsatz	m² / h		

Marktpreis für Anlagenbeschaffung/Bauelemente: 20 - 40 TDM

Langmuir-Blodgett-Verfahren　　　　Sch 1.2.1.5

Kriterium	Maßeinheit	Istwert t_0	Kommentar
Depositionsgeschwindigkeit	mm / min	1-170	
Substratgröße	mm²	100 x 100	

Marktpreis für Anlagenbeschaffung/Bauelemente: 100 TDM

Strukturierungstechniken　　　　Sch 1.2.2

Kriterium	Maßeinheit	Istwert t_0	Kommentar
Vgl. Sch 1.1.2.1			
Vgl. Sch 1.1.2.2			
Vgl. Sch 1.1.2.3.1			
Vgl. Sch 1.1.2.3.2			
Vgl. Sch 1.1.2.4.1			

Substrate			Sch 1.2.3
Kriterium	*Maßeinheit*	*Istwert t_O*	*Kommentar*
Vgl. Sch 1.1.3			

6.2.3 Dickschichtverfahren

Ausgangsmaterial: Pulver			Sch 1.3.1.1
Kriterium	*Maßeinheit*	*Istwert t_O*	*Kommentar*
Korngröße Reinheit	µm %	0,1 - 1 99,9	abhängig von der Anwendung

Ausgangsmaterial: Pasten			Sch 1.3.1.2
Kriterium	*Maßeinheit*	*Istwert t_O*	*Kommentar*
Korngröße Reinheit Dichte Leitfähigkeit Viskosität (Tixotropisches Verhalten)	µm % g / cm³ 1 / Ohm cm j / n	0,1 - 1 99,9	abhängig von der Anwendung

Masken- / Siebherstellung			Sch 1.3.2
Kriterium	*Maßeinheit*	*Istwert t_O*	*Kommentar*
Maschenweite	µm	50	für Elektronikanwendungen, nicht für Sensoren
Drahtdicke	µm	10	

Substrate (Keramiken etc.)			Sch 1.3.3
Kriterium	*Maßeinheit*	*Istwert t_O*	*Kommentar*
Rauhigkeit Dicke Größe	µm µm cm²	10 100 1 - 10	

Siebdrucken			Sch 1.3.4
Kriterium	*Maßeinheit*	*Istwert t_o*	*Kommentar*
Auflösung	µm	50	

Marktpreis für Anlagenbeschaffung/Bauelemente: 100 TDM

Brennen			Sch 1.3.5
Kriterium	*Maßeinheit*	*Istwert t_o*	*Kommentar*
Brenntemperatur	°C	600 - 1.000	abhängig vom Materialsystem
Flächendurchsatz	m² / h		

Marktpreis für Anlagenbeschaffung/Bauelemente: 100 TDM

6.3 Mikromechanik

6.3.1 Mikromechanik auf Siliziumbasis

Substrateigenschaften: Silizium			MM 1.1.1
Kriterium	*Maßeinheit*	*Istwert t_o*	*Kommentar*
Waferdurchmesser	Zoll	2 - 8	Durchmesser von 4 - 6 Zoll sind erwünscht.
Genauigkeit der Orientierung	Grad	± 1	± 0,1 wird erwünscht.
Globale Ebenheit	µm	6	< 4
Lokale Ebenheit	µm	2,7	< 1
Totale Dickenvariation	µm	11	< 2
Durchbiegung	µm	20	
Genauigkeit der Dotierung	%	± 15	
Orientierungstoleranz der Flats	Grad	± 0,5	< ± 0,1
Scheibendicke	µm	240 - 715	30 - 2000
Orientierung	(xyz)	(111)(100)	(110)-orientierte Wafer sind z.Z. nicht verfügbar.

Marktpreis für Anlagenbeschaffung/Bauelemente: 20 - 50 DM

Mikrostrukturherstellung:

Konventionelle Verfahren der Mikroelektronik			MM 1.1.2.1
Kriterium	*Maßeinheit*	*Istwert t_o*	*Kommentar*
Vgl. HL 1.1.2 Vgl. HL 1.1.3 Vgl. HL 1.1.4			

Direktes Waferbonden — MM 1.1.2.2.1.1

Kriterium	Maßeinheit	Istwert t_o	Kommentar
Prozeßtemperatur	°C	700 - 1200	Erwünscht sind Prozeß-temperaturen < 400 °C.
Justiergenauigkeit	µm		
Partikel	1 / cm²		
Defektdichte	1 / cm²		

Anodisches Bonden — MM 1.1.2.2.1.2

Kriterium	Maßeinheit	Istwert t_o	Kommentar
Prozeßtemperatur	°C	300 - 400	
Justiergenauigkeit	µm	< 10	
Partikel	1 / cm²		
Defektdichte	1 / cm²	1	

Marktpreis für Anlagenbeschaffung/Bauelemente: < 100 TDM

Schutz der nichtprozessierten Waferseite — MM 1.1.2.2.2.1

Kriterium	Maßeinheit	Istwert t_o	Kommentar
Beschädigung der nichtprozessierten Waferseite	ja / nein	nein	gilt für die derzeit verwendeten mechanischen Verfahren

Rückseitenbelichtung — MM 1.1.2.2.2.2

Kriterium	Maßeinheit	Istwert t_o	Kommentar
Auflösung	µm	3	
Justiergenauigkeit	µm	5 - 10	< 5 µm erwünscht
Belichtungszeit pro Flächeneinheit	sec / Wafer	10	abhängig vom verwendeten Photolack
Durchsatz	Wafer / h	25	

Marktpreis für Anlagenbeschaffung/Bauelemente: 300 TDM

Mikrostrukturherstellung - Tiefenätzprozesse:

Naßchemische Verfahren			MM 1.1.2.2.3.1
Kriterium	*Maßeinheit*	*Istwert t_0*	*Kommentar*
Ätzrate für < 100 > Si	µm / min		Die Ätzraten sind abhängig von der Konzentration und der Temperatur des Ätzmittels.
KOH	µm / min	3 - 4	anisotrop, 60 - 100 °C, stoppt an der p+ - Schicht
EDP	µm / min	≤ 1,4	anisotrop, 60 - 115 °C,
HF (5%)/H_2O, elektrochemisch	µm / min	10	stromdichteabhängig, isotrop, Raumtemperatur, stoppt an n- und p-Schicht
Anisotropie			Verhältnis der Ätzraten von (100)- und (111)-Oberfläche
KOH		1:400	
EDP		1:35	

Trockenätzverfahren			MM 1.1.2.2.3.2
Kriterium	*Maßeinheit*	*Istwert t_0*	*Kommentar*
Ätzrate Selektivität Grad der Anisotropie	µm / min		Verhältnis der Ätzraten Verhältnis der Ätzrate horizontal und vertikal zur Substratoberfläche
Gleichmäßigkeit	%		Die Kriterien sind abhängig vom Anwendungsfall. Die Ist-Werte sind von den Prozeßparametern (Gaszusammensetzung, Gasfluß, Arbeitsdruck, Substrattemperatur, HF-Leistung) abhängig.

6.3.2 Mikromechanik auf Basis von Quarz und anderen Materialien

Substrateigenschaften: Quarz			MM 1.2.1
Kriterium	*Maßeinheit*	*Istwert t_0*	*Kommentar*
Größe	Zoll	1 - 1,5	
Dicke	µm	100 - 300	
Häufigste Schnittrichtung		z-Schnitt	
Orientierungsgenauigkeit	Minuten	± 0,5	
Güte Q		> 60.000	
Oberflächenrauhigkeit	µm	≤ 5	

Mikrostrukturherstellung			MM 1.2.2
Kriterium	*Maßeinheit*	*Istwert t_0*	*Kommentar*
Vgl. HL 1.1.2 Vgl. HL 1.1.3 Vgl. HL 1.1.4 Vgl. HL 1.1.2.2			.

Mikromechanik auf anderen Materialien			MM 1.3
Kriterium	*Maßeinheit*	*Istwert t_0*	*Kommentar*
			weitere Materialien in der Mikromechanik sind z.B. III-V-Halbleiter, Metalle etc.

6.3.3 LIGA-Verfahren

Substrateigenschaften			MM 1.4.1
Kriterium	*Maßeinheit*	*Istwert t_0*	*Kommentar*
Vgl. Sch 1.1.3 Vgl. Sch 1.3.3			
Marktpreis für Anlagenbeschaffung/Bauelemente: materialabhängig			

Elektronenstrahl-Lithographie			MM 1.4.2
Kriterium	*Maßeinheit*	*Istwert t_0*	*Kommentar*
Auflösung Belichtungsdauer pro Flächeneinheit	nm sec/mm^2	< 10	Die Belichtungsdauer ist abhängig von der Art und Dicke des verwendeten Photolacks.
Energie	KV	100	Wegen der größeren Resistdicke sind hier höhere Energien als in der Halbleitertechnik erforderlich.
Marktpreis für Anlagenbeschaffung/Bauelemente: ca. 1 -2 Mio. DM			

Röntgenoptische Verfahren　　MM 1.4.3

Kriterium	Maßeinheit	Istwert t_o	Kommentar
Resists für Tiefenlithographie:			
Bestrahlungsdauer	h	2	abhängig von der Strahlungsquelle, Empfindlichkeit und Dicke des Resists
Strahlungsquelle:			
Charakteristische Wellenlänge	µm	0,1 -0,2	Derzeit sind entsprechende Quellen nur in England und Frankreich verfügbar.
Strom	mA	50 - 100	Ströme von 500 mA sind erwünscht.

Galvanik　　MM 1.4.4

Kriterium	Maßeinheit	Istwert t_o	Kommentar
Vgl. Sch 1.2.1.1			

Abformtechnik für Kunststoffe:

Spritzguß　　MM 1.4.5.1.1

Kriterium	Maßeinheit	Istwert t_o	Kommentar
Minimale laterale Strukturhöhe	µm	3	
Maximale Strukturhöhe	µm	600	
Maximales Aspektverhältnis	h/d	200	
Oberflächenrauhigkeit	µm	10 - 20	
Schließkraft	kN	600	

Reaktionsguß　　MM 1.4.5.1.2

Kriterium	Maßeinheit	Istwert t_o	Kommentar
Minimale laterale Strukturhöhe	µm		
Maximale Strukturhöhe	µm		
Maximales Aspektverhältnis	h/d		
Oberflächenrauhigkeit	µm		

Abformtechnik für Keramik:

Schlickerguß			MM 1.4.5.2.1
Kriterium	*Maßeinheit*	*Istwert t_0*	*Kommentar*
Minimale laterale Strukturhöhe	μm	3	
Maximale Strukturhöhe	μm	600	
Maximales Aspektverhältnis	h/d	200	
Oberflächenrauhigkeit	μm		

6.4 Halbleitertechniken

Kristallverfahren:

Kristallzucht			HL 1.1.1.1
Kriterium	*Maßeinheit*	*Istwert t_0*	*Kommentar*
Reinheit des Kristalls	ppB	0,3	
Kristalldurchmesser	Zoll	8	Für MST-Anwendungen sind Durchmesser von 6 Zoll erwünscht.

Konfektionierung			HL 1.1.1.2
Kriterium	*Maßeinheit*	*Istwert t_0*	*Kommentar*
Scheibendurchmesser	Zoll	8	Für MST-Anwendungen sind Durchmesser von 6 Zoll erwünscht.
Genauigkeit der Orientierung	Grad	± 1	
Globale Ebenheit	μm	6	
Lokale Ebenheit	μm	2,7	
Totale Dickenvariation	μm	11	
Durchbiegung	μm	20	
Genauigkeit der Dotierung	%	± 15	

Schichterzeugung:

Thermische Schichterzeugung HL 1.1.2.1

Kriterium	Maßeinheit	Istwert t_0	Kommentar
Gleichmäßigkeit der Schicht	%	± 2	Die angegebenen Werte gelten für SiO_2
Reproduzierbarkeit der Schicht	%	± 2	
Durchsatz	Wafer / h	> 50	Für MST-Anwendungen sind 25 Wafer/h ausreichend
Schichtspannung	dyn / cm^2	> 5×10^8	

Marktpreis für Anlagenbeschaffung/Bauelemente: > 500 TDM

Physikalische Schichtabscheidung HL 1.1.2.2

Kriterium	Maßeinheit	Istwert t_0	Kommentar
Gleichmäßigkeit der Abscheidung	%	± 5	Die Ist-Werte werden mit Anlagen für 1 Mio. DM erreicht.
Reproduzierbarkeit der Abscheidung	%	± 5	
Durchsatz	Wafer / h	> 12	
Schichtspannung	dyn / cm^2		

Zu neueren Verfahren: Vgl. Sch 1.1.1.2

Marktpreis für Anlagenbeschaffung/Bauelemente: > 1 Mio. DM

Chemische Schichtabscheidung HL 1.1.2.3

Kriterium	Maßeinheit	Istwert t_0	Kommentar
Gleichmäßigkeit der Schicht	%	± 2	
Reproduzierbarkeit der Schicht	%	± 2	
Durchsatz	Wafer / h	> 20	
Schichtspannung	dyn / cm^2		

Zu neueren Verfahren: Vgl. Sch 1.1.1.3

Marktpreis für Anlagenbeschaffung/Bauelemente: > 1,5 Mio. DM

Dotierung:

<table>
<tr><td colspan="4">Diffusion   HL 1.1.3.1</td></tr>
<tr><td>Kriterium</td><td>Maßeinheit</td><td>Istwert t_0</td><td>Kommentar</td></tr>
<tr><td>Gleichmäßigkeit der Dotierung</td><td>%</td><td>± 5</td><td>Für MST-Anwendungen ist ein</td></tr>
<tr><td>Reproduzierbarkeit der Dotierung</td><td>%</td><td>± 5</td><td>Wert von +/- 1 erwünscht</td></tr>
<tr><td>Durchsatz</td><td>Wafer / h</td><td>50</td><td>Für MST-Anwendungen ist ein Durchsatz von 25 Wafern/h ausreichend</td></tr>
<tr><td colspan="4">Marktpreis für Anlagenbeschaffung/Bauelemente: > 500 TDM</td></tr>
</table>

<table>
<tr><td colspan="4">Ionenimplantation   HL 1.1.3.2</td></tr>
<tr><td>Kriterium</td><td>Maßeinheit</td><td>Istwert t_0</td><td>Kommentar</td></tr>
<tr><td>Gleichmäßigkeit der Dotierung</td><td>%</td><td>± 1</td><td></td></tr>
<tr><td>Reproduzierbarkeit der Dotierung</td><td>%</td><td>± 1</td><td></td></tr>
<tr><td>Durchsatz</td><td>Wafer / h</td><td>25</td><td></td></tr>
<tr><td colspan="4">Marktpreis für Anlagenbeschaffung/Bauelemente: > 1,5 Mio. DM</td></tr>
</table>

Strukturierungstechniken:

<table>
<tr><td colspan="4">Lichtoptische Verfahren: Waferstepper   HL 1.1.4.1.1.1</td></tr>
<tr><td>Kriterium</td><td>Maßeinheit</td><td>Istwert t_0</td><td>Kommentar</td></tr>
<tr><td>Auflösung</td><td>µm</td><td>0,5</td><td>Aktivitäten gehen in Richtung 0,25 µm (für 64 MB-Speicher); für MST-Anwendungen ist eine Auflösung von 0,2 µm erwünscht</td></tr>
<tr><td>Belichtungsdauer pro Flächeneinheit</td><td>sec / Wafer</td><td>60</td><td>abhängig vom verwendeten Photolack und der Chipgröße; der angegebene Wert gilt für 4"-Wafer</td></tr>
<tr><td colspan="4">Marktpreis für Anlagenbeschaffung/Bauelemente: > 3 Mio. DM</td></tr>
</table>

<table>
<tr><td colspan="4">Lichtoptische Verfahren: Mask-Aligner   HL 1.1.4.1.1.2</td></tr>
<tr><td>Kriterium</td><td>Maßeinheit</td><td>Istwert t_0</td><td>Kommentar</td></tr>
<tr><td>Auflösung</td><td>µm</td><td>2</td><td></td></tr>
<tr><td>Belichtungsdauer pro Flächeneinheit</td><td>sec / Wafer</td><td>10</td><td>abhängig vom verwendeten Photolack</td></tr>
<tr><td colspan="4">Marktpreis für Anlagenbeschaffung/Bauelemente: 200 TDM</td></tr>
</table>

Röntgenoptische Verfahren — HL 1.1.4.1.2

Kriterium	Maßeinheit	Istwert t_o	Kommentar
Auflösung Belichtungsdauer pro Flächeneinheit	µm sec / Wafer	< 0,1 5	abhängig vom verwendeten Photolack und von der Röntgenquelle

Marktpreis für Anlagenbeschaffung/Bauelemente: > 10 Mio. DM

Elektronenoptische Verfahren — HL 1.1.4.1.3

Kriterium	Maßeinheit	Istwert t_o	Kommentar
Auflösung Belichtungsdauer pro Flächeneinheit	nm sec / Wafer	< 10 7.200	Bei 1 µm Strukturbreite und 4"-Wafer für MST-Anwendungen sind Belichtungsdauern < 7.200 sec/Wafer erwünscht.

Marktpreis für Anlagenbeschaffung/Bauelemente: > 5 Mio. DM

Naßchemisches Ätzen (Bsp. SiO_2) — HL 1.1.4.2.1

Kriterium	Maßeinheit	Istwert t_o	Kommentar
Selektivität		> 1000	Verhältnis der Ätzraten SiO_2 zu Si
Ätzrate	µm / min	0,05 - 0,5	
Reinheit der Ätzlösung	ppM	50	Für MST-Anwendungen ist eine Reinheit von von < 10 ppM erwünscht.
Homogenität	%	± 2	
Partikel	1 / cm^2	< 250	Partikelgröße > 0,5 µm; für MST-Anwendungen sind Partikel < 100 /cm^2 erwünscht.

Marktpreis für Anlagenbeschaffung/Bauelemente: > 50 TDM

Trockenätzen (Bsp. SiO_2)			HL 1.1.4.2.2
Kriterium	*Maßeinheit*	*Istwert t_o*	*Kommentar*
Selektivität		10 - 15	Verhältnis der Ätzraten SiO_2 zu Si; für MST-Anwendungen ist eine Selektivität > 20 erwünscht.
Ätzrate	µm / min	1	
Homogenität	%	± 5	Für MST-Anwendungen ist eine Homogenität von ± 2 % erwünscht.
Partikel	1 / cm^2	< 300	Partikelgröße > 0,5 µm; für MST-Anwendungen sind Partikel < 10 /cm^2 erwünscht.
Marktpreis für Anlagenbeschaffung/Bauelemente: > 1,5 Mio. DM			

Laserverfahren			HL 1.1.4.3
Kriterium	*Maßeinheit*	*Istwert t_o*	*Kommentar*
			Prozesse wie Laserumwandlung und Laserrekristallisation werden z.Zt. in der Halbleitertechnik nicht kommerziell eingesetzt.

Halbleitertechniken auf anderen Halbleitern			HL 1.2
Kriterium	*Maßeinheit*	*Istwert t_o*	*Kommentar*
			Im Rahmen dieser Technometrie wird nur auf die Fertigung elektronischer Bauteile auf Si-Basis eingegangen.

6.5 Faseroptik

Kohärente Strahlungsquellen:

Dauerstrichlaserdioden   FO 1.1.1.1.1

Kriterium	Maßeinheit	Istwert t_o	Kommentar
abstrahlende Leistung	mW	5 - 50 Faser	für 1300 nm, 8/125 µm
Leistungskonstanz	% / K	1	Werte < 1 erwünscht
Wellenlängenstabilität	nm / K	0,05	hängt von Umgebungstemperatur ab; Werte < $5*10^{-4}$ erwünscht
Modulationsbereich	GHz	1	
Spektralcharakteristik		m und s	m = multimode, s= singlemode
Halbwertsbreite (spektral)	nm	0,1 - 3	
Schwellenstrom	mA	20 - 100	
Abstrahlcharakteristik	Grad	10 x 40	
Empfindlichkeit gegen kohärente Rückreflexion	ja / nein	ja	Unempfindlichkeit wichtig für interferometrische Anwendung

Marktpreis für Anlagenbeschaffung/Bauelemente: 15 - 1.000 DM

Pulslaserdioden   FO 1.1.1.1.2

Kriterium	Maßeinheit	Istwert t_o	Kommentar
Leistung (im Puls)	mW	10 - 50	Leistung > 50 W wünschenswert
Modulationsbereich	KHz	10	
Spektralcharakteristik		m	m = multimode,
Halbwertsbreite (spektral)	nm	3,5 - 5	
Schwellenstrom	A	2 - 100	hoher Schwellenstrom konstruktionsbedingt
Abstrahlcharakteristik	Grad	15 x 30	

Marktpreis für Anlagenbeschaffung/Bauelemente: 15 - 1.000 DM

Gaslaser   FO 1.1.1.2

Kriterium	Maßeinheit	Istwert t_o	Kommentar
			im Bereich der Faseroptik nur für Spezialanwendungen erforderlich

Inkohärente Strahlungsquellen:

Flächenhaft strahlende LED's			FO 1.1.2.1.1
Kriterium	*Maßeinheit*	*Istwert t_0*	*Kommentar*
abgestrahlte Leistung	µW	200	in 50 /125 µm Gradientenfaser
Halbwertsbreite (spektral)	nm	100	
Temperaturkoeffizient	nm / °C	0,4	

Kantenemitter			FO 1.1.2.1.2
Kriterium	*Maßeinheit*	*Istwert t_0*	*Kommentar*
abgestrahlte Leistung	µW	60	9 µm Kerndurchmesser
	µW	200	50 µm Kerndurchmesser
Halbwertsbreite (spektral)	nm	100	
Temperaturkoeffizient	nm / °C	0,5	
Modulierbarkeit	MHz	100	
Marktpreis für Anlagenbeschaffung/Bauelemente: 200 DM			

Weißlichtquellen			FO 1.1.2.2
Kriterium	*Maßeinheit*	*Istwert t_0*	*Kommentar*
			im Bereich der Faseroptik nur in einzelnen Spezialanwendungen

Detektoren:

Si-Photodioden			FO 1.2.1
Kriterium	*Maßeinheit*	*Istwert t_0*	*Kommentar*
Arbeitsbereich	nm	250 - 1.100	Maximum der spektralen Empfindlichkeit abhängig von der Bauart
Sperrvorspannung	V	0 - 100	abhängig von der Bauart
Anstiegszeit	nsec	10 - 100	100mm² Diodenfläche, abhängig von Spektralwellenlänge, Diodenmaterial und -dicke, Sperrvorsprung
	nsec	5 - 50	1 mm² Diodenfläche
spektrale Empfindlichkeit	A / W	0,1 - 0,6	
Marktpreis für Anlagenbeschaffung/Bauelemente: 5 - 20 DM			

Andere Dioden			FO 1.2.2
Kriterium	*Maßeinheit*	*Istwert t_o*	*Kommentar*
			Andere Dioden finden aufgrund ihres hohen Preises nur in Spezialfällen Anwendung.
Marktpreis für Anlagenbeschaffung/Bauelemente: 100 - 1.000 DM			

Fasern:

Multimode-Fasern			FO 1.3.1
Kriterium	*Maßeinheit*	*Istwert t_o*	*Kommentar*
Kerndurchmesser	µm	100 - 1000	
Kern / Cladding-Verhältnis	%	80 - 95	
Dämpfung	dB / km	5 - 15	
Bandbreite	MHz x km	10 - 20	
Numerische Apertur		0,2 - 0,4	

Monomode-Fasern			FO 1.3.2
Kriterium	*Maßeinheit*	*Istwert t_o*	*Kommentar*
Polarisationserhaltung	dB		Die Meßgrenze liegt bei 70 dB
Dämpfung	dB / km	30	Für Wellenlängen von 515 nm
	dB / km	< 1	Für Wellenlängen von 1550 nm

Spezielle Fasern			FO 1.3.3
Kriterium	*Maßeinheit*	*Istwert t_o*	*Kommentar*
			Aufgrund der Vielzahl unterschiedlicher Spezialfasern wird nicht näher auf Kriterien und Ist-Werte eingegangen.

Verbindungen:

<table>
<tr><td colspan="4">Stecker für Multimode-Fasern   FO 1.4.1.1</td></tr>
<tr><td>Kriterium</td><td>Maßeinheit</td><td>Istwert t_0</td><td>Kommentar</td></tr>
<tr><td>Dämpfung
Reflexfreiheit
Montageaufwand
Stabilität und Reproduzierbarkeit
Faserendflächenschutz
Standarisierung</td><td>dB
%</td><td>1 - 2
< 4</td><td></td></tr>
<tr><td colspan="4">Marktpreis für Anlagenbeschaffung/Bauelemente: 60 - 70 DM</td></tr>
</table>

<table>
<tr><td colspan="4">Stecker für Monomode-Fasern   FO 1.4.1.2</td></tr>
<tr><td>Kriterium</td><td>Maßeinheit</td><td>Istwert t_0</td><td>Kommentar</td></tr>
<tr><td>Dämpfung
Reflexfreiheit</td><td>dB
%</td><td>1
< 4</td><td></td></tr>
</table>

<table>
<tr><td colspan="4">Spleißverbindungen   FO 1.4.2</td></tr>
<tr><td>Kriterium</td><td>Maßeinheit</td><td>Istwert t_0</td><td>Kommentar</td></tr>
<tr><td>Zusatzdämpfung</td><td>dB
dB
dB</td><td>< 0,05
< 0,1
> 0,1</td><td>bei Einzelspleißtechnik
bei Mehrfachspleißtechnik
für Spleiß zwischen LWL
unterschiedlicher Struktur</td></tr>
<tr><td>Rückflußdämpfung
Extinktionsverschlechterung
Temperaturbereich

Langzeitstabilität</td><td>dB
dB
°C

a</td><td>> 60
< 0,5
-50 / +100

> 30</td><td>Meßgrenze z.Z. bei 70 dB
bei Infrarot-Lichtwellenleitern
ohne meßbare Dämpfungs-
änderung
ohne meßbare Dämpfungs-
änderung</td></tr>
</table>

<table>
<tr><td colspan="4">Koppler für Multimode-Fasern   FO 1.4.3.1</td></tr>
<tr><td>Kriterium</td><td>Maßeinheit</td><td>Istwert t_0</td><td>Kommentar</td></tr>
<tr><td>Zusatzdämpfung
Einfügedämpfung
Rückwirkungsdämpfung</td><td>dB
dB
dB</td><td>0,1 - 1,5
0,05 - 1
30 - 60</td><td>
erwünscht: < 0,01 dB
Meßgrenze z.Z. bei 70 dB</td></tr>
<tr><td colspan="4">Marktpreis für Anlagenbeschaffung/Bauelemente: 200 - 800 DM</td></tr>
</table>

Koppler für Monomode-Fasern FO 1.4.3.2

Kriterium	Maßeinheit	Istwert t_o	Kommentar
Zusatzdämpfung	dB	0,1 - 10	
Einfügedämpfung	dB	0,1 - 0,5	erwünscht: < 0,01 dB
Rückwirkungsdämpfung	dB	40 - 60	Meßgrenze z.Z. bei 70 dB
Polarisationstrennung	dB	> 30	Meßgrenze z.Z. bei 70 dB
Polarisationserhaltung	dB	> 30	Meßgrenze z.Z. bei 70 dB, Werte > 60 dB sind erwünscht

Marktpreis für Anlagenbeschaffung/Bauelemente: 200 - 800 DM

Hilfskomponenten FO 1.5

Kriterium	Maßeinheit	Istwert t_o	Kommentar
			Aufgrund der Vielzahl unterschiedlicher Hilfskomponenten wird nicht näher auf Kriterien und Ist-Werte eingegangen.

7 Der Förderungsschwerpunkt Mikrosystemtechnik des BMFT

7.1 Entstehung und Begründung des Förderungsschwerpunktes

Der Bundesminister für Forschung und Technologie hat am 5. Februar 1990 den Förderungsschwerpunkt Mikrosystemtechnik (vgl. im einzelnen hierzu [1-1]) verkündet. Mit dem Förderungsschwerpunkt soll die Entwicklung von intelligenten miniaturisierten Produkten, die eigenständig Daten erfassen, auswerten und daraus resultierende Aktionen durchführen können, gefördert werden. Durch den systemorientierten Einsatz von Mikrotechniken (z.B. Mikrooptik oder Mikromechanik) und Aufbau- und Verbindungstechniken (z.B. Oberflächenmontagetechnik) unter Verwendung von Systemtechniken (z.B. Entwurfs- und Simulationstechniken) können solche Produkte geschaffen werden, die neue Markt- und Wettbewerbspotentiale erschließen.

Der Förderungsschwerpunkt soll vor allem kleine und mittlere Unternehmen unterstützen, die Chancen der Mikrosystemtechnik frühzeitig zu nutzen. Kleine und mittlere Unternehmen zeichnen sich sehr häufig durch eine hohe Flexibilität bei sich ändernden Wettbewerbsbedingungen aus. Im Rahmen des technologischen Wandels entsteht jedoch das Problem der Nutzung neuer Technologien, die in ihren Grundlagen in Forschungseinrichtungen sowie großen Unternehmen entwickelt werden und nicht ohne weitere Anpassungsmaßnahmen für die Anwendung in mittelständischen Unternehmen geeignet sind. Eng verbunden mit der Einführung neuer Technologien ist das Problem der betrieblichen Strukturanpassung.

Der Förderungsschwerpunkt Mikrosystemtechnik ist eine konzeptionelle Weiterentwicklung mit wesentlich neuen Akzenten bereits abgeschlossener Förderungsmaßnahmen in der Informationstechnik, die die Anwendung der Mikroelektronik sowie die Entwicklung von Peripheriekomponenten zum Ziel hatten. Das "Sonderprogramm Anwendung der Mikroelektronik" (1982-1984) [7-1] hat die Verbreitung von Mikroelektronik in Produkten vorangetrieben. Im Vordergrund des Förderungsschwerpunktes "Mikroperipherik" (1985-1989) [7-2] stand komplementär dazu die

Unterstützung der qualitativen Diffusion der Mikroelektronik durch die Schaffung eines Angebots an technisch leistungsfähigen und preiswerten Mikroperipherik-Komponenten (intelligente Mikrosensoren) sowie die Weiterentwicklung der technologischen Grundlagen.

Das Konzept des neuen Förderungsschwerpunktes "Mikrosystemtechnik" wurde unter breiter Beteiligung von Wissenschaft, Fachverbänden und Experten aus Unternehmen entwickelt. Bereits im Sommer 1987 gab es im Zusammenhang mit der Studie "Mikroelektronik 2000" [7-3] und nach Gesprächen im Arbeitskreis "Industrieelektronik" bei der VDI/VDE-IT erste Überlegungen zur Mikrosystemtechnik. Fachgespräche im BMFT in Verbindung mit Arbeitsgruppen zu Themenbereichen in der Mikrosystemtechnik und Diskussionen mit Industrievertretern führten im Sommer 1988 zu einem ersten Konzept und möglichen Inhalten für einen künftigen Förderungsschwerpunkt. Im Frühjahr 1989 wurde ein erster Entwurf zur Diskussion gestellt, der nach zahlreichen Abstimmungsgesprächen zu der Anfang 1990 verkündeten Fassung führte.

Es werden unterschiedliche, sich ergänzende und miteinander verzahnte Förderungsinstrumente eingesetzt (vgl. zur Konzeption des Förderungsschwerpunktes und zu den Maßnahmen [7-4]):

❑ **Indirekt-spezifische Maßnahme**, durch die der Einführungsprozesse neuer technischer Verfahren und des betrieblichen Innovationsmanagements bei der Entwicklung von Prototypen gefördert wird

❑ **Verbundforschung** von Industrie und Wissenschaft zur Weiterentwicklung und Anpassung der Technologien an die Anwendungserfordernisse - insbesondere von kleinen und mittleren Unternehmen

❑ **Technologietransfer und Querschnittsaufgaben** zur Verbesserung der Kommunikation der Beteiligten und zur Bereitstellung von Leistungen im Innovationsmanagement

❑ Alle Maßnahmen werden von einer **Aus- und Bewertung** begleitet

Die VDI/VDE-IT ist als Projektträger (PT) mit der Abwicklung der Förderung beauftragt.

7.2 Die Aus- und Bewertung der Förderung

Der Förderungsschwerpunkt Mikrosystemtechnik wird von einem Prozeß der Aus- und Bewertung begleitet. Die inhaltliche Ausgestaltung der Aus- und Bewertung wird im Dialog mit denjenigen erarbeitet, die den Innovationsprozeß vorantreiben. Die Aus- und Bewertung erfaßt alle Instrumente der Förderung (Verbundförderung, Technologietransfer und indirekt-spezifische Maßnahme) und untersucht den Innovationsprozeß in geförderten und nicht geförderten Feldern. Sie begleitet den gesamten Prozeß von seiner Entstehung bis zur abschließenden Analyse der Wirkungen.

Innovation erfordert ständiges Lernen sowie Handeln unter Unsicherheit. Dafür werden rechtzeitig verfügbare und in der Praxis verwertbare Informationen benötigt. Die Ergebnisse der Aus- und Bewertung (siehe auch Anlage 4) werden so aufbereitet und vermittelt, daß sie den Lernprozeß im Innovationsprozeß unterstützen, besonders für die Zielgruppen:

❑ kleine und mittlere Unternehmen,

❑ Forschungseinrichtungen,

❑ Multiplikatoren wie z.B. Fachverbände und -vereinigungen, Industrie- und Handelskammern, Gewerkschaften,

❑ Förderungsinstanzen und Politiker sowie

❑ Technologietransfer-Institutionen.

Bisher wurden sowohl methodische Grundlagen gelegt und Informationen aus zahlreichen Quellen gewonnen als auch bereits verwertbare Ergebnisse weitergegeben.

Die Umsetzung der Ergebnisse erfolgt z.B. durch:

❑ Veröffentlichungen in der Fachpresse,

❑ Handbücher und Checklisten,

❑ Beratungsangebote,

❑ Kooperations- und Informationsleistungen,

❑ Seminare und Workshops und

❑ Einrichtung von Gesprächskreisen.

Die Aus- und Bewertung wird von einem Team aus drei gleichberechtigten Partnern erarbeitet. Sie können auf breite Erfahrungen in diesem Gebiet verweisen und bündeln den Sachverstand aus unterschiedlichen Disziplinen. Die einzelnen Partner sind im Schwerpunkt jeweils für Teilgebiete zuständig; sie arbeiten jedoch in enger Kooperation und stimmen sowohl ihre Informationsgewinnung als auch die Ergebnispräsentation so aufeinander ab, daß Synergien genutzt und Doppelarbeiten vermieden werden.

Die Teams und ihre Arbeitsschwerpunkte sind:

iBi (Innovationsberatungsinstitut - Gesellschaft für Innovationsforschung und -beratung mbH, Düsseldorf)

Aufgaben:

- Erstellen eines Technologie-Transfer-Atlas',
- Erstellen einer Technikbeschreibung (Technometrie),
- Aus- und Bewertung der Verbundförderung sowie
- Aus- und Bewertung des Technologietransfers.

GIB (Gesellschaft für Innovationsforschung und Beratung mbh, Berlin)

Aufgaben:

- Untersuchungen zur Diffusion der Förderung,
- Untersuchungen zur Diffusion der Technologien,
- Positivbeispiele zu Kooperationen in der Mikrosystemtechnik,
- Hilfen zum Innovationsmanagement und
- Analyse der Wirkungen der Förderung.

VDI/VDE-IT (VDI/VDE-Technologiezentrum Informationstechnik GmbH, Teltow; gleichzeitig Projektträger Mikrosystemtechnik, jedoch nehmen die Evaluatoren keine Projektträgeraufgaben wahr)

Aufgaben:

☐ Analyse der Daten aus den Förderungsakten und Datenbanken des Projektträgers (Prozeßdatenanalyse),

☐ Gesamtkoordination der Aus- und Bewertung und

☐ Übermittlung von Steuerungsinformationen an den Förderer (Monitoring).

Literaturverzeichnis

[1-1]   Vgl. *Bundesminister für Forschung und Technologie* (BMFT) (Hrsg.): Mikrosystemtechnik - Förderungsschwerpunkt im Rahmen des Zukunftskonzepts Informationstechnik, Bonn 1990

[1-2]   Vgl. *Bender, K. / Sebastiany, T.*: Test und Diagnose von Mikrosystemen und Mikrosystemverbunden, S. 185, in: VDI/VDE (Hrsg.) 1990, S. 184 - 193

[1-3]   Vgl. *Bundesminister für Forschung und Technologie* (BMFT) (Hrsg.): Mikrosystemtechnik - Förderungsschwerpunkt im Rahmen des Zukunftskonzepts Informationstechnik, Bonn 1990, S. 38

[1-4]   *VDI/VDE - IT* (Hrsg.): Statusbericht zur indirekt-spezifischen Maßnahme, Berlin 1992

[1-5]   Vgl. *Bundesminister für Forschung und Technologie* (BMFT) (Hrsg.): Mikrosystemtechnik - Förderungsschwerpunkt im Rahmen des Zukunftskonzepts Informationstechnik, Bonn 1990, S. 9

[1-6]   *Hafkesbrink, J. / u.a.*: Management von FuE-Kooperationen in High-Tech-Feldern - Erfolgsfaktoren für die Verbundforschung zwischen kleinen und mittleren Unternehmen und Forschungseinrichtungen in der Mikrosystemtechnik, Düsseldorf 1992

[1-7]   *Bundesminister für Forschung und Technologie* (BMFT) (Hrsg.): Mikrosystemtechnik - Förderungsschwerpunkt im Rahmen des Zukunftskonzepts Informationstechnik, Bonn 1990, S. 18

[1-8]   *Brasche, U.*: Qualifikation - Engpaß im Innovationsprozeß? Die Diffusion von Mikroelektronik und die Veränderung der Qualifikationsanforderungen, Berlin 1989

[1-9]   *Scholz, A.*: Anforderungen der Mikrosystemtechnik an Organisation und Qualifizierung, S. 79 ff., in: VDI/VDE (Hrsg.): Micro System Technologies 90, 1. Internationaler Fachkongress; Anwenderforum; Tagungsband; Berlin, Offenbach 1990, S. 79 - 93

[1-10] Vgl. *Staudt, E. / Bock, J. / Schepanski, N.*: Mikrocomputer-Technik und Facharbeiterqualifikation - Ergebnisse einer empirischen Untersuchung bei Herstellern mikroelektronischer Produkte, Duisburg 1986

[1-11] Vgl. *Staudt, E. / Bock, J. / Mühlemeyer, P.*: Information und Kommunikation als Erfolgsfaktoren für die betriebliche Forschung und Entwicklung, in: DBW, 50. Jg. 1990, Heft 6, S. 759 - 773

[1-12] Vgl. *VDI/VDE - IT (Hrsg.)*: Verbundprojekte im Förderungsschwerpunkt Mikrosystemtechnik - Informationsbroschüre für Antragsteller, Berlin 1990

[1-13] Erweitert in Anlehnung an *Bundesminister für Forschung und Technologie* (BMFT) (Hrsg.): Mikrosystemtechnik - Förderungsschwerpunkt im Rahmen des Zukunftskonzepts Informationstechnik, Bonn 1990, S. 25

[1-14] In Anlehnung an *Grupp, H. / u.a.*: TECHNOMETRIE - Die Bemessung des technisch-wirtschaftlichen Leistungsstandes, Köln 1987, S. 16

[2-1] Vgl. *Scholz, L.*: Technikindikatoren - Ansätze zur Messung des Standes der Technik in der industriellen Produktion, Berlin - München 1977

[2-2] Vgl. *Scholz, L.*: Technikindikatoren - Ansätze zur Messung des Standes der Technik in der industriellen Produktion, Berlin - München 1977, S. 62 ff.

[2-3] Vgl. *Schaldach, H.*: Konzeption und Erklärungsansätze technologischer Disparitäten - Ein Beitrag zur ökonomischen Innovationsforschung, Frankfurt 1985

[2-4] Vgl. *Schaldach, H. / Clapham, R.*: Entwicklung und Anwendung von Meßkonzepten zur Erfassung technologischer Standards in der Industrie, Siegen 1984

[2-5] Vgl. *Grupp, H. / u.a.*: TECHNOMETRIE - Die Bemessung des technisch-wirtschaftlichen Leistungsstandes, Köln 1987

[2-6] Nach *Servatius, H.-G.*: Methodik des strategischen Technologiemanagements - Grundlage für erfolgreiche Innovationen, Berlin 1986, S. 117

[2-7]   In Anlehnung an *Servatius, H.-G.*: Methodik des strategischen Technologiemanagements - Grundlage für erfolgreiche Innovationen, Berlin 1986, S. 119

[2-8]   *Voges, E.*: Technologie der Integrierten Optik in der Sensorik, in: VDI/VDE - IT (Hrsg.) 1988: Technologietrends in der Sensorik, Berlin, S. 21 - 65, S. 34

[2-9]   *Voges, E.*: Technologie der Integrierten Optik in der Sensorik, in: VDI/VDE - IT (Hrsg.) 1988: Technologietrends in der Sensorik, Berlin, S. 21 - 65, S. 37

[2-10]   *Muller, R. S.*: Microdynamics in: Proceeding Transducers '89, 5th International Conference on Solid-State Sensors and Actuators, Montreux 1989, S. 1 - 8, S. 5

[2-11]   *Kist, R. / Wagner, E.*: Faseroptik, in: VDI/VDE - IT (Hrsg.): Mikroperipherik, Monatliche Fachbeilage in der Zeitschrift "HARD AND SOFT", 3. Jg. 1988, Düsseldorf , S. 67

[2-12]   Vgl. *Sohler, W. / Volk, R.*: Integrierte Optik - Potential für mittelständische Hersteller und Anwender von Mikrosystemen, Berlin 1990, S. 45

[2-13]   Vgl. *Sohler, W. / Volk, R.*: Integrierte Optik - Potential für mittelständische Hersteller und Anwender von Mikrosystemen, Berlin 1990, S. 46

[2-14]   Vgl. *Mohr, J.*: Einsatz des LIGA-Verfahrens zur Herstellung von mikromechanischen Sensoren und Aktuatoren sowie mikrooptischer Komponenten und *Eicher, J.*: Entwicklungsarbeiten zur praktischen Anwendung der LIGA-Technik, in: OTTI (Hrsg.): Erstes Symposium Mikrosystemtechnik, Regensburg 1991, S. 25 - 38 und S. 39 - 50

[2-15]   *Voges, E.*: Integrierte Optik auf Silizium-Basis, in: VDI/VDE - IT (Hrsg.): Mikroperipherik, Monatliche Fachbeilage in der Zeitschrift "HARD AND SOFT", Düsseldorf, 2. Jahrgang 1987, S. 61 -62, S. 62

[2-16]   Vgl. *Sohler, W. / Volk, R.*: Integrierte Optik - Potential für mittelständische Hersteller und Anwender von Mikrosystemen, Berlin 1990, S. 28 f.

[2-17]   Vgl. *Petrova-Koch, V.; Kux, A.*: Kathodo- Photolumineszenz von nanoporösem Silizium und *Müller, F. et. al.*: Zusammensetzung und Strukturgröße der optisch aktiven Si-Oberflächen, in: Verhandlungen der Deutschen Physikalischen Gesellschaft, Frühjahrstagung Regensburg 1992, Physik-Verlags GmbH, Weinheim 1992, S. 520 bzw. 554

[2-18]   Vgl. *Sohler, W. / Volk, R.*: Integrierte Optik - Potential für mittelständische Hersteller und Anwender von Mikrosystemen, Berlin 1990, S. 49

[2-19]   Vgl. *Sohler, W. / Volk, R.*: Integrierte Optik - Potential für mittelständische Hersteller und Anwender von Mikrosystemen, Berlin 1990, S. 23

[2-20]   Vgl. *Sohler, W. / Volk, R.*: Integrierte Optik - Potential für mittelständische Hersteller und Anwender von Mikrosystemen, Berlin 1990, S. 46

[2-21]   Vgl. *Müller, J.*: Schichttechnologien für die Sensorik, in: VDI/VDE - IT (Hrsg.): Technologietrends in der Sensorik, Berlin 1988, S. 215 - 256, S. 232

[2-22]   Vgl. *Müller, J.*: Schichttechnologien für die Sensorik, in: VDI/VDE - IT (Hrsg.): Technologietrends in der Sensorik, Berlin 1988, S. 215 - 256, S. 233

[2-23]   *Sturm, H.*: Kombinationstechnik Mikromechanik, in: VDI/VDE - IT (Hrsg.): Mikroperipherik, Monatliche Fachbeilage in der Zeitschrift "HARD AND SOFT", Düsseldorf, 4. Jahrgang 1989, S. 72 - 73, S. 72

[2-24]   Vgl. *Obermeier, E.*: Halbleitertechnologie für die Sensorik, in: VDI/VDE - IT (Hrsg.): Technologietrends in der Sensorik, Berlin 1988, S. 167 -214, S. 204

[2-25]   Vgl. *Benecke, W. / Heuberger, A.*: Mikrostrukturierung / Mikromechanik für die Sensorik, in: VDI/VDE - IT (Hrsg.): Technologietrends in der Sensorik, Berlin 1988, S. 109 -166, S. 150 f

[2-26]   Vgl. *Benecke, W. / Heuberger, A.*: Mikrostrukturierung / Mikromechanik für die Sensorik, in: VDI/VDE - IT (Hrsg.): Technologietrends in der Sensorik, Berlin 1988, S. 109 - 166, S. 145 f.

[2-27] Vgl. *Kist, R. / Wagner, E.*: Faser-Optik. für die Sensorik, in: VDI/VDE - IT (Hrsg.): Technologietrends in der Sensorik, Berlin 1988, S. 67 - 107, S. 67

[5-1] Vgl. hierzu *Bundesministerium für Forschung und Technologie* (Hrsg.): FuE-Darlehen für kleine Unternehmen zur Anwendung neuer Technologien, Pressedokumentation 38/91, Bonn 1991

[5-2] Vgl. hierzu z.B. *Pfeiffer, W. / u.a.*: Technologie-Portfolio zum Management strategischer Zukunftsgeschäftsfelder, 3. unveränderte Auflage, Göttingen 1985; *Michel, K.*: Technologie im strategischen Management - Ein Portflio-Ansatz zur integrierten Technologie- und Marktplanung, Darmstadt 1986; *Krubasik, E. G.* (1982): Strategische Waffe in: Wirtschaftswoche, 36. Jg., Nr. 25, S. 28 - 33; *Servatius, H.-G.*: Methodik des strategischen Technologiemanagements - Grundlage für erfolgreiche Innovationen, Berlin 1986 und den Überblick in *Wolfrum, B.* (1992): Grundgedanke, Formen und Aussagewert von Technologieportfolios (I) und (II), in: WISU, 4/92, S. 312 - 320 und WISU, 5/92, S. 403 - 407

[5-3] *Pfeiffer, W. / u.a.*: Technologie-Portfolio zum Management strategischer Zukunftsgeschäftsfelder, 3. unveränderte Auflage, Göttingen 1985, S. 85 ff. und *Wolfrum, B.*: Strategisches Technologiemanagement, Wiesbaden 1991, S. 155 f.

[5-4] *Pfeiffer, W. / u.a.*: Technologie-Portfolio zum Management strategischer Zukunftsgeschäftsfelder, 3. unveränderte Auflage, Göttingen 1985, S. 89 ff. und *Wolfrum, B.*: Strategisches Technologiemanagement, Wiesbaden 1991, S. 156

[5-5] In Anlehnung an *Zäpfel, G.*: Strategisches Produktions-Management, Berlin - New York 1989, S. 124

[5-6] Vgl. hierzu auch *Little, A. D.* (Hrsg.): Management der FuE-Strategie, Wiesbaden 1991, S. 68

[7-1] *VDI-TZ* (Hrsg.): Wirkungsanalyse zum "Sonderprogramm Anwendung der Mikroelektronik", Berlin 1986

[7-2]   *Bundesminister für Forschung und Technologie* (BMFT) (Hrsg.):
        Informationstechnik - Mikroperipherik, Förderungsschwerpunkt
        Nr. 23, Bonn 1986

[7-3]   *Mikroelektronik 2000* (1987): Studie des Arbeitskreises Mikro-
        elektronik auf Anregung des BMFT, o.O.

[7-4]   *Bundesminister für Forschung und Technologie* BMFT (Hrsg.):
        Mikrosystemtechnik: Förderungsschwerpunkt im Rahmen des Zu-
        kunftskonzeptes Informationstechnik, Bonn 1990; *VDI/VDE-IT*
        (Hrsg.): Indirekt-spezifische Förderung in der Mikrosystemtechnik
        - Informationsbroschüre für Antragsteller, Berlin 1990a; *VDI/VDE-
        IT* (Hrsg.): Verbundprojekte im Förderungsschwerpunkt Mikro-
        systemtechnik - Informationsbroschüre für Antragsteller, Berlin
        1990b

Anlage 1

Unternehmen und Forschungseinrichtungen in Deutschland mit der Anzahl
der in die Auswertung einbezogenen Erfindungen:

❏	Siemens AG, Berlin, München	34 Patente
❏	Robert Bosch GmbH, Stuttgart	16 Patente
❏	Licentia Patentverwaltung GmbH, Frankfurt	10 Patente
❏	ETR Rump GmbH, Dortmund	7 Patente
❏	Fraunhofer Gesellschaft e.V., München (alle Institute)	6 Patente
❏	Drägerwerke AG, Lübeck	3 Patente
❏	Hartmann und Braun AG, Frankfurt	3 Patente
❏	Akademie der Wissenschaften zu Berlin (alle Institute)	3 Patente
❏	Bergakademie, Freiberg	3 Patente
❏	Humboldt-Universität zu Berlin	3 Patente
❏	Energiekombinat, Chemnitz	3 Patente
❏	ASEA Brown Boverie AG, Mannheim	2 Patente
❏	Battelle Institut e.V.	2 Patente
❏	Kernforschungszentrum Karlsruhe GmbH	2 Patente
❏	weitere 22 Unternehmen und Forschungsein- richtungen mit je	1 Patent
❏	19 Einzelerfinder, die selber als Patent- anmelder in Erscheinung traten, zusammen:	29 Patente

Anlage 2

Anmelder aus Japan mit der Anzahl der in die Auswertung einbezogenen Patente:

- ❑ Sharp KK — 18 Patente
- ❑ NGK Isolators — 12 Patente
- ❑ NGK Spark Plug Co. Ltd. — 6 Patente
- ❑ Hitachi LtD — 5 Patente
- ❑ Murata Manufacturing Ltd. — 4 Patente
- ❑ Toyota Jidosha Kogyo KK — 4 Patente
- ❑ Fuji Foto Film Co. Ltd. — 3 Patente
- ❑ Mitsubishi Denki KK — 3 Patente
- ❑ Olympus Optical Ltd. — 3 Patente
- ❑ 8 weitere Unternehmen mit je — 1 - 2 Patenten

Anmelder aus den USA mit der Anzahl der einbezogenen Patente:

- ❑ Mine Safety Applicances Co. — 3 Patente
- ❑ US Department of Energy — 3 Patente
- ❑ weitere 6 Unternehmen mit je — 1 - 2 Patenten

Anmelder aus Europa mit der Anzahl der einbezogenen Patente:

- ❑ ALV AG, Schweiz — 4 Patente
- ❑ National Research Development Corp., UK — 3 Patente
- ❑ Vaisala Oy, Finnland — 3 Patente
- ❑ weitere 5 Unternehmen mit je — 1 - 2 Patenten

Anlage 3

Studien zur Mikrosystemtechnik - hrsg. vom VDI/VDE-IT, Berlin 1990

Band 1: Einsatzmöglichkeiten und -bereiche von piezokeramischen Aktoren; Universität Hannover

Band 2: Intelligente anwendungspezifische Leistungshalbleitermodule; Universität Bremen

Band 3: Einsatzmöglichkeiten und -bereiche von magnetostriktiven Werkstoffen; Universität des Saarlandes

Band 4: Technologieausstattung für die Herstellung mikromechanischer Bauelemente auf der Basis von Silizium und Quarz; Hahn-Schickard-Institut für Mikro- und Informationstechnik, Villingen-Schwenningen

Band 5: Mikromechanik - Komponenten und Dienstleistungsanbieter; Fraunhofer-Institut für Festkörpertechnologie, München

Band 6: Keramik für chemische Sensoren; Battelle-Institut e.V., Frankfurt/M.

Band 7: Integrierte Optik - Potential für mittelständische Hersteller und Anwender von Mikrosystemen; Universität-Gesamthochschule Paderborn

Band 8: Stand und Entwicklung der Drahtbondtechnik; Fraunhofer-Institut für Festkörpertechnologie, München

Band 9: Mikrosystemtechnik in der ehemaligen DDR; Consult & Management International GmbH, München

Band 10: Elektrorheologische Flüssigkeiten; Ostbayerisches-Technologie-Transfer-Institut e.V., Regensburg

Band 11: Systemkonzepte und Signalverarbeitungskonzepte für die Mikrosystemtechnik; VDI/VDE-Technologiezentrum Informationstechnik GmbH, Berlin

Band 12: ASIC - Anwendungsspezifische integrierte Schaltkreise; VDI/VDE-Technologiezentrum Informationstechnik GmbH, Berlin

Band 13: Werkzeuge und Techniken für die Entwicklung elektronischer Schaltungen; VDI/VDE-Technologiezentrum Informationstechnik GmbH, Berlin

Technologietrends in der Sensorik

Zehn Studien - hrsg. vom VDI/VDE-IT, Berlin 1988

- Technologie der Integrierten Optik in der Sensorik
- Faser-Optik in der Sensorik
- Mikrostrukturierung/Mikromechanik für die Sensorik
- Halbleitertechnologie für die Sensorik
- Schichttechnologien für die Sensorik
- Technologien für die chemische und biochemische Sensorik
- Keramische Technologien in der Sensorik
- Signalvorverarbeitungskonzepte
- Technische Entwicklungen bei Sensorsystemen und Sensorbussen
- Aufbau- und Verbindungstechniken für die Sensorik

Anlage 4:

Förderungsschwerpunkt Mikrosystemtechnik

- Aus- und Bewertung der Förderung -

Veröffentlichungen

iBi

Gesellschaft für Innovationsforschung und Beratung mbH, Düsseldorf

Management von FuE-Kooperationen in High-Tech-Feldern: - Erfolgsfaktoren für die Verbundforschung zwischen kleinen und mittleren Unternehmen und Forschungseinrichtungen in der Mikrosystemtechnik, Düsseldorf 1992

❏ Technologiepolitische Rahmenbedingungen, industrielle Möglichkeiten und Grenzen kooperativer Lösungsstrategien

❏ Gestaltungsoptionen und Erfolgsfaktoren für FuE-Kooperationen in der MST in den Phasen der Initiierung, Partnerwahl, Kostituierung und Durchführung, Weiterführung bzw. Beendigung

❏ Checklisten für die Generierung und Durchführung von FuE-Kooperationen

Katalog: Mikrosystemtechnik - Industrie, Forschung, Bildung (zus. mit GIB und VDI/VDE-IT), Düsseldorf/Berlin 1993 (in Vorbereitung)

❏ MST-spezifische Transfer- und Dienstleistungen: Informations-, Weiterbildungs-, Beratungs- und technische Dienstleistungen, Vermittlung von Kooperationen in 16 technischen Themenfeldern und über 60 Einzeltechniken der Mikrosystemtechnik, Register mit über 1400 Schlagworten

Analyse und Bewertung der Transferlandschaft in der Mikrosystemtechnik - Instrumente, Akteure und ausgewählte Projekte im Technologietransfer, 1993 (Bericht)

- Innovation und Technologietransfer: Probleme und Ansatzpunkte zur Einbeziehung von Transfermaßnahmen in die Innovationsförderung

- Angebots- und Nachfragestrukturen zu Transfer- und Dienstleistungen in der MST, Analyse und Bewertung von Lücken in der Transferlandschaft

- Evaluierung von Transfermaßnahmen des BMFT anhand ausgewählter Beispiele

Technometrie als Hilfsmittel zur ex-ante Evaluation von Innovationsförderprogrammen - das Beispiel Mikrosystemtechnik, 1992 (Aufsatz)

Evaluation der Förderung von vorwettbewerblichen FuE-Koordinationen, Instrumente, Erfolgsindikatoren und "Lessons from Policy" am Beispiel von Verbundvorhaben in der Mikrosystemtechnik, 1992 (Aufsatz)

Aus- und Bewertung von Technologietransfermaßnahmen im Rahmen der Innovationsförderung - Probleme, Ansatzpunkte und Instrumente der Technologietransfer-Evaluation am Beispiel der Mikrosystemtechnik, 1992 (Aufsatz)

GIB

Gesellschaft für Innovationsforschung und Beratung mbH, Berlin

Zur industriellen Verbreitung der Mikrosystemtechnik (zus. mit VDI/VDE-IT), Berlin 1993 (Bericht, in Vorbereitung)

❏ Aktivitäten in der Informationstechnik bzw. Meß- und Regelungstechnik

❏ Anwendung einzelner Mikrotechniken

❏ Einsatzgebiete informationstechnischer Produkte und Zufriedenheit der Anwender

Potentiale und Anforderungen der Mikrosystemtechnik: Ergebnisse einer bundesweiten Befragung, Berlin 1993 (Bericht in Vorbereitung)

❏ Technische Entwicklungsziele in der MST

❏ Weiterer Forschungsbedarf in der MST

❏ MST und Anforderungen im Innovationsprozeß

Innovationsmanagement in der Mikrosystemtechnik: Ergebnisse einer bundesweiten Befragung, Berlin 1993 (Bericht, in Vorbereitung)

❏ Konkurrenzsituation und Innovationsstrategien

❏ FuE-Management: Planung und Steuerung der Innovationsaktivitäten

❏ Probleme beim MST-Einstieg

Kooperation als FuE-Strategie in der Mikrosystemtechnik? Ergebnisse einer bundesweiten Befragung (zus. mit VDI/VDE-IT), Berlin 1993 (Bericht, in Vorbereitung)

❏ Bedeutung der FuE-Kooperation im HighTech-Bereich

❏ Probleme der zwischenbetrieblichen Zusammenarbeit

❏ Internationale Kooperation in der der MST

VDI/VDE-

Technologiezentrum Informationstechnik GmbH, Teltow

Förderungsschwerpunkt Mikrosystemtechnik - Aus- und Bewertung Verbundmaßnahme, Zweiter Erfahrungsbericht, Berlin 1993

☐ Deskriptive Analysen der Verbundförderung

☐ Thematische Schwerpunkte, Ziele, Ergebnisse der Projekte

☐ Kurzportrait der ersten acht Verbundprojekte

Förderungsschwerpunkt Mikrosystemtechnik - Aus- und Bewertung der indirekt-spezifischen Maßnahme, Erster Erfahrungsbericht, Berlin 1990

☐ Deskriptive Analysen der indirekt-spezifischen Förderung

☐ Charakteristika der an der Förderung beteiligten Unternehmen

☐ Aktuelle Entwicklungstrends der Technologie für die Sensorik, Aktorik und Signalverarbeitung

Innovation Support Programme,
MICROSYSTEM TECHNOLOGIES
Evaluation of the indirect-specific Promotion Initiative;
First Results; Berlin 1991 (englische Kurzfassung)

Herausforderung für den Mittelstand,
Innovationsschub durch die Mikrosystemtechnik,
Elektronik 19 / 1992 (Aufsatz)

Sachregister

Autoren

Dr. rer. oec. Joachim Hafkesbrink studierte an der Universität Duisburg Wirtschaftswissenschaften und promovierte dort 1986 über das Thema "Effizienz und Effektivität innovativer Unternehmungsentwicklungen". Ab 1982 war er Mitarbeiter, von 1985 bis 1989 geschäftsführendes Vorstandsmitglied des Instituts für angewandte Innovationsforschung e.V. (IAI), Bochum. Seit 1989 ist er Geschäftsführer des Innovationsberatungsinstituts - Gesellschaft für Innovationsforschung und -beratung (iBi) in Düsseldorf.

Dipl.-Ing. Dipl.-Wirt.-Ing. Michael Krause studierte Maschinenbau und Wirtschaftsingenieurwesen an der Ruhr-Universität Bochum. Von 1990 bis 1992 arbeitete er als wissenschaftlicher Mitarbeiter am Institut für angewandte Innovationsforschung e.V. (IAI), Bochum. Seit Mitte 1992 ist er als Projektleiter am Innovationsberatungsinstitut - Gesellschaft für Innovationsforschung und -beratung (iBi) in Düsseldorf tätig.

Dr. rer. nat. Wilfried Mokwa studierte an der RWTH Aachen Physik und promovierte dort mit einer Arbeit über Untersuchungen chemischer Reaktionen an Halbleiteroberflächen. Seit 1985 leitet er beim Fraunhofer-Institut für Mikroelektronische Schaltungen und Systeme (FhG-IMS) in Duisburg eine Arbeitsgruppe, die sich mit Mikrosensoren und Mikrosystemen auf der Basis des Siliziums beschäftigt.

Dipl.-Phys. Matthias Rospert schloß sein Physikstudium an der RWTH Aachen 1989 mit einer Arbeit über Photoemissionsspektroskopie ab. Seither arbeitet er als wissenschaftlicher Mitarbeiter am Fraunhofer-Institut für Mikroelektronische Schaltungen und Systeme (FhG-IMS), Duisburg, in einer Arbeitsgruppe, die sich mit Mikrosensoren und Mikrosystemen beschäftigt.